개정판

건설재료실험

김홍철 지음

Construction Material Experiment

교문사

개정판

건설재료실험

2022년 10월 17일 개정판 1쇄 펴냄
지은이 김홍철
펴낸이 류원식 | **펴낸곳** **교문사**

편집팀장 김경수 | **책임편집** 안영선 | **표지디자인** 신나리 | **본문편집** 신성기획

주소 (10881) 경기도 파주시 문발로 116(문발동 536-2)
전화 031-955-6111~4 | **팩스** 031-955-0955
등록 1968. 10. 28. 제406-2006-000035호
홈페이지 www.gyomoon.com | **E-mail** genie@gyomoon.com
ISBN 978-89-363-2386-8 (93530)
값 20,000원

머리말

이 책은 오랫동안 대학에서 건설재료학 및 건설재료실험을 강의하면서 정리했던 자료를 정리하여 이번에 출간하게 되었다. 현재 많은 재료 실험법 등이 출간되어 있으나, 이 책은 대학 실험 과정에 맞도록 체계적으로 정리한 것이다. 재료 실험법은 한국 산업 규격(KS)에 따르며, 한국 산업 규격은 국제 규격과의 부합화에 따라 ISO(국제 표준화 기구) 규격을 기초로 하여 수정, 보완, 개정하고 있다. KS 규격은 5년마다 개정 또는 확인되며, 이에 따라 개정판을 내야 하겠지만 실정이 그렇지 못하므로, 필요한 규격은 확인 후 사용해야 한다.

체제는 5부분으로 나누어, 시멘트 시험, 골재 시험, 콘크리트 시험, 아스팔트 및 아스팔트 혼합물 시험, 강재 시험으로 구성하였다. 내용은 시험 목적, 사용 기기, 사용 재료, 시험 방법, 주의 사항, 시험 결과의 정리, 참고 사항, 관련 지식으로 나누어 집필하였다. 이에 따라 시험 원리 및 시험 방법을 이해하고, 시험 결과의 적합성과 응용 및 판정까지 하도록 하였다.

순서상 관계 지식을 맨 뒤쪽에서 서술하였으나, 시험하기 전에 먼저 읽으면 시험을 이해하는 데 도움이 될 것이다. 이 책으로 건설재료 실험법을 잘 익혀서 실무에 종사하게 될 때 많은 도움이 되기를 바란다.

끝으로 이 책이 나오도록 해주신 교문사에 감사드린다.

2018년 1월

저자 씀

2022년 개정에 대하여

이 책이 출판된 지가 4년이 지났다. 그 동안 KS 표준, 콘크리트표준시방서(2021년) 및 기타 관련 시방서와 관련 규정 등이 개정되었다. 이에 따라 이 책의 내용도 개정하게 되었다. 앞으로도 관련된 제 규정 등이 개정될 때마다 이 책의 내용도 개정하고자 한다.

2022년 9월

저자 씀

차례

1 시멘트 시험

1.1 시멘트의 밀도 시험 9
1.2 시멘트의 분말도 시험 13
1.3 시멘트의 응결 시간 시험 20
1.4 시멘트의 안정성 시험 25
1.5 시멘트의 강도 시험 29

2 골재 시험

2.1 골재의 체가름 시험 37
2.2 잔골재의 밀도 및 흡수율 시험 45
2.3 굵은 골재의 밀도 및 흡수율 시험 51
2.4 잔골재의 표면 수율 시험 56
2.5 골재의 전 함수율 및 표면 수율 시험 62
2.6 골재의 단위 용적 질량 및 실적률 시험 66
2.7 골재에 포함된 잔입자량 시험 72
2.8 골재 중의 점토 덩어리 양 시험 76
2.9 골재에 포함된 경량편량 시험 80
2.10 굵은 골재의 연석량 시험 85
2.11 잔골재에 포함된 유기 불순물 시험 89
2.12 골재 중의 염화물 함유율 시험 93
2.13 골재의 안정성 시험 98
2.14 굵은 골재의 마모 저항성 시험 105
2.15 굵은 골재의 파쇄값 측정 시험 110

3 콘크리트 시험

3.1 굳지 않은 콘크리트의 슬럼프 시험 117
3.2 굳지 않은 콘크리트의 슬럼프 플로 시험 121
3.3 굳지 않은 콘크리트의 반죽 질기 시험 125

3.4 굳지 않은 콘크리트의 공기량 시험 128
3.5 굳지 않은 콘크리트의 블리딩 시험 135
3.6 콘크리트의 압축 강도 시험 140
3.7 콘크리트의 인장 강도 시험 146
3.8 콘크리트의 휨 강도 시험 151
3.9 콘크리트의 정탄성 계수 시험 157
3.10 콘크리트의 압축 강도 추정 반발 경도 시험 163
3.11 콘크리트의 배합 설계 166

4 아스팔트 및 아스팔트 혼합물 시험

4.1 아스팔트의 밀도 시험 189
4.2 아스팔트의 침입도 시험 194
4.3 아스팔트의 신도 시험 199
4.4 아스팔트의 인화점 및 연소점 시험 204
4.5 아스팔트의 연화점 시험 209
4.6 아스팔트의 점도 시험 214
4.7 아스팔트의 증발량 시험 220
4.8 아스팔트의 용해도 시험 225
4.9 아스팔트 혼합물의 부피 밀도 시험 230
4.10 아스팔트 혼합물의 이론 최대 밀도 시험 235
4.11 아스팔트 혼합물의 아스팔트 함유율 시험 240
4.12 아스팔트 혼합물의 안정도 및 흐름값 시험 246
4.13 아스팔트 혼합물의 배합 설계 252

5 강재 시험

5.1 강재의 인장 시험 275
5.2 강재의 굽힘 시험 282

■ 참고문헌 288

1 시멘트 시험

1.1 시멘트의 밀도 시험
1.2 시멘트의 분말도 시험
1.3 시멘트의 응결 시간 시험
1.4 시멘트의 안정성 시험
1.5 시멘트의 강도 시험

1.1 시멘트의 밀도 시험

(Test for Density of Cement)

1. 시험 목적

(1) 시멘트의 밀도를 알면 시멘트 클링커의 소성 상태, 시멘트의 풍화 정도, 품질 등을 추정할 수 있다.

(2) 시멘트의 밀도로 미지 시멘트의 종류를 알 수 있다.

(3) 시멘트의 밀도는 콘크리트 단위 질량의 계산과 콘크리트의 배합 설계 등에 필요하다.

2. 사용 기기

(1) 르 샤틀리에 플라스크(Le Chatelier flask, 250 mL)

(2) 저울(용량 200 g, 감도 0.05 g)

(3) 항온 수조(20±2°C 유지)

(4) 보조 기구

① 온도계

② 시료 숟가락

③ 솔 및 붓

④ 추

⑤ 고무판

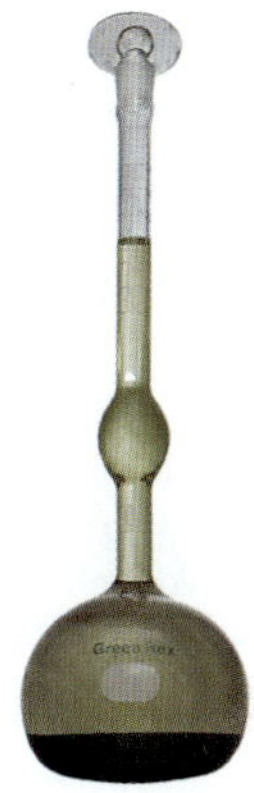

그림 1.1 르 샤틀리에 플라스크

3. 사용 재료

(1) 시멘트

(2) 광유(20±1°C에서 밀도 0.73 Mg/m^3 이상인 완전 탈수한 등유 또는 나프타(naphtha))

(3) 가는 철사

4. 시험 방법(KS L 5110)

[1] 시료의 준비

(1) 'KS L 5101 시멘트의 시료 채취 방법'에 따라 시료를 채취한다.

(2) 시멘트 시료 약 100 g을 준비한다.

[2] 밀도 시험

(1) 플라스크의 눈금 0~1 mL 사이에 광유를 넣고, 플라스크 목 부분에 묻은 광유를 마른 천으로 닦아 낸다.

(2) 플라스크를 수조 속에 가만히 넣어 두고, 광유의 온도 차가 0.2°C 이내로 되었을 때 광유 액면의 눈금(V_e)을 읽는다.

(3) 일정량의 시멘트 시료(m_c) (포틀랜드 시멘트는 약 64 g)를 0.05 g까지 계량한다.

(4) 시료를 목 부분에 닿지 않도록 하면서 플라스크에 넣는다.

(5) 플라스크의 마개를 닿고 경사지게 굴려서 시료의 내부에 들어 있는 공기를 빼낸다.

(6) 플라스크를 다시 수조에 넣은 다음, 광유의 온도 차가 0.2°C 이내로 되었을 때 광유 액면의 눈금(V_t)을 읽는다.

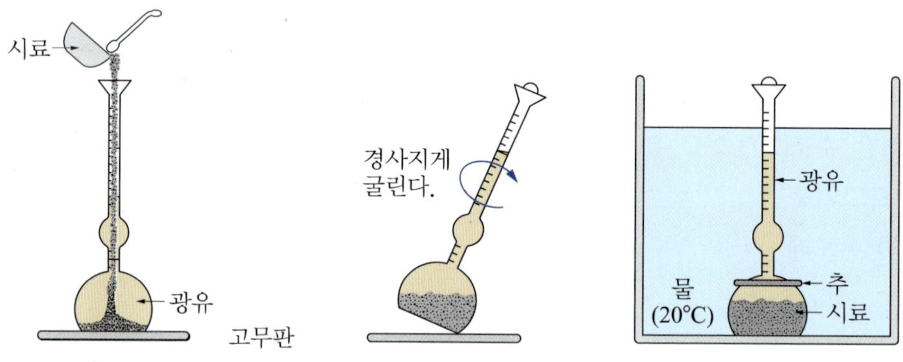

그림 1.2 시멘트의 밀도 시험

[3] 시험 결과의 산출

(1) 시멘트의 밀도는 다음 식으로 산출한다.

$$d_c = \frac{m_c}{V_t - V_e} \tag{1.1}$$

여기서, d_c : 시멘트의 밀도(Mg/m^3)

m_c : 시멘트의 질량(g)

V_t : 시료를 넣은 후 광유 액면의 눈금 읽음(mL)

V_e : 처음 광유 액면의 눈금 읽음(mL)

(2) 정밀도 및 편차는 동일 시험자가 동일 재료에 대하여 측정한 결과가 ±0.03 이내이어야 한다.

5. 주의 사항

(1) 시멘트, 광유, 수조의 물, 플라스크는 미리 실온과 같게 해놓고 사용한다.

(2) 광유의 액면은 그림 1.3과 같이 곡면(meniscus)이 있으므로 눈금을 읽을 때 가장 밑면을 읽는다.

(3) 수조의 수온 차는 0.2°C를 넘어서는 안 된다. 수온이 1°C 변하면 광유의 용적이 약 0.22 mL 변하고, 시멘트의 밀도는 0.02 Mg/m^{3}의 오차가 생긴다.

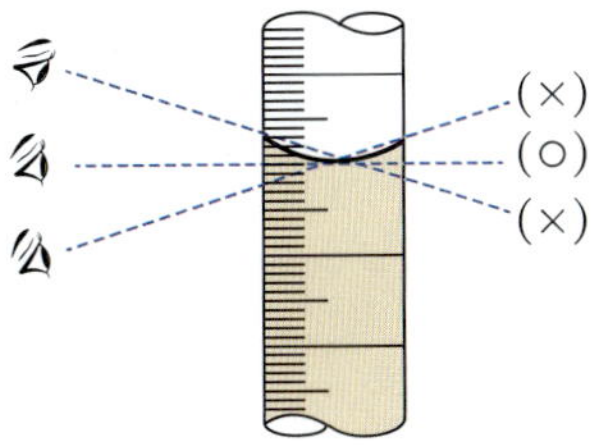

그림 1.3 눈금 읽는 법

(4) 시험이 끝나면 플라스크에 완전히 탈수한 광유와 마른 모래를 넣고, 잘 흔들어 깨끗이 닦는다. 이때 물을 사용해서는 안 된다.

6. 시험 결과의 정리

(1) 시험 결과를 정리하여 기록한다.

(2) 시멘트의 밀도 시험 결과의 예는 표 1.1과 같다.

표 1.1 시멘트의 밀도 시험 결과의 예

시멘트의 밀도 시험					
시험일	년 월 일	실온 22°C	습도 %		수온 20.3°C
시료	보통 포틀랜드 시멘트		시험자		
측정 번호		1	2	3	4
시멘트의 질량 m_c (g)		64.3	64.5		
광유 액면의 눈금	처음의 읽음 V_c (mL)	0.64	0.44		
	(광유+시료)의 읽음 V_t(mL)	21.04	20.85		
읽음 시의 수조 수온	처음의 읽음 t_1 (°C)	20.3	20.3		
	마지막의 읽음 t_2 (°C)	20.3	20.3		
밀도 $d_c = \dfrac{m_c}{V_t - V_e}$ (Mg/m^3)		3.15	3.16		
측정값의 차 (Mg/m^3)		0.01			
정밀도 및 편차 (Mg/m^3)		±0.03			

7. 참고 사항

(1) 시멘트 밀도의 개략 값은 표 1.2와 같다.

표 1.2 시멘트의 밀도

시멘트의 종류		밀도(Mg/m³)
포틀랜드 시멘트	보통	3.15
	중용열	3.21
	조강	3.13
	저열	3.22
	내황산염	3.21
백색 포틀랜드 시멘트		–
고로 슬래그 시멘트		3.03
플라이 애시 시멘트		2.94
포틀랜드 포졸란 시멘트		3.11

(2) 저장 기간에 따른 시멘트 밀도의 변화는 표 1.3과 같다.

표 1.3 저장 기간과 시멘트의 밀도

저장 기간(월)	0	1	2	3	6	9	12
시멘트의 밀도(Mg/m³)	3.16	3.15	3.14	3.13	3.10	3.08	3.07

(3) ‘KS L 5101 시멘트의 시료 채취 방법’은 다음과 같다.

① 벌크(bulk) 상태의 시멘트에서는 100 t마다 일정량의 시료를 채취한다.

② 포대 시멘트에서는 4 t마다 1포대씩 대각선으로 시료를 채취한다.

③ 규정된 모든 시험을 하기 위한 시료의 양은 5 kg 이상이어야 한다.

8. 관계 지식

(1) 시멘트의 밀도는 클링커(clinker)의 구성 화합물의 조성에 따라 달라진다.

(2) 시멘트 속에 석고량이 많으면 밀도가 작아진다(석고의 밀도는 2.32 g/cm³).

(3) 혼합 시멘트는 혼합재량이 많으면 밀도가 작아진다.

(4) 시멘트가 풍화하면 밀도가 작아진다.

1.2 시멘트의 분말도 시험
(Test for Fineness of Cement)

1. 시험 목적

(1) 시멘트 입자의 가는 정도를 알기 위해 시멘트의 분말도를 구한다.

(2) 브레인 방법에 의한 비표면적으로 시멘트의 분말도를 구한다.

(3) 시멘트의 분말도를 알면 모르타르나 콘크리트의 수화 반응 속도와 강도 발현 등을 추정할 수 있다.

(4) 시멘트의 분말도는 콘크리트의 수밀성과 내구성 등의 성질에 관계가 있다.

2. 사용 기기

(1) 블레인(Blaine) 공기 투과 장치
  ① 셀(cell, 안지름 12.7±1 mm, 안쪽 높이 50±3 mm의 금속제 원통형)
  ② 유공 금속판(두께 0.09±1 mm의 금속판, 지름 1 mm의 구멍 25～35개)
  ③ 플런저(plunger)
  ④ 마노미터(manometer)

(2) 저울(감도 0.001 g의 정밀도)

(3) 초시계

(4) 보조 기구
  ① 시료병
  ② 시료 숟가락
  ③ 깔대기

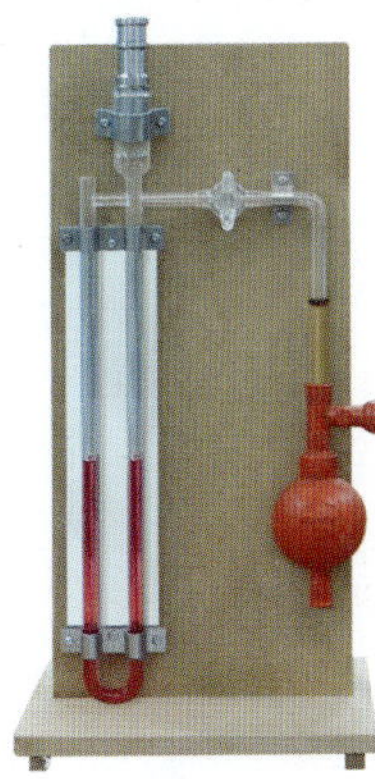

그림 1.4 블레인 공기 투과 장치

3. 사용 재료

(1) 시멘트

(2) 교정용 표준 시료(밀도 3.15 Mg/m^3, 기공률 0.500 ± 0.005, 비표면적 3 310 cm^2/g)

(3) 마노미터액(디부틸프탈레이트 또는 경질 광유)

(4) 수은

(5) 보조 재료

① 거름종이(KS M 7602에 규정된 것) ② 유리판

4. 시험 방법(KS L 5106)

[1] 시료의 준비

(1) 'KS L 5101 시멘트의 시료 채취 방법'에 따라 시료를 채취한다.

(2) 시험 시료 약 20 g을 준비한다.

(3) 표준 시료 약 10 g을 시료병에 넣고 밀봉하여 약 1분 동안 잘 흔들어 덩어리를 푼다.

[2] 분말도 시험(블레인 공기 투과식 방법)

(가) 장치의 표준화

(ㄱ) 시멘트 베드의 체적 측정

(1) 셀 안에 유공 금속판을 놓고, 그 위에 거름종이 2장을 깐다.

(2) 셀 안에 수은을 가득 채우고, 수은의 표면을 유리판으로 눌러 수평이 되도록 한다.

(3) 셀 안의 수은을 쏟아내어 질량(m_a)을 측정한다.

(4) 셀 안의 거름종이 1장을 꺼내고, 시멘트 시료 2.8 g을 넣는다(그림 1.5(a) 참조).

(5) 시멘트 위에 거름종이 1장을 올려놓고, 플런저의 턱이 셀의 윗부분에 닿을 때까지 플런저를 가볍게 누른 다음(그림 1.5(c) 참조), 천천히 뺀다.

(6) 셀 안의 남아 있는 공간에 수은을 가득 채우고 공기를 없앤 다음, 윗부분을 유리판으로 눌러 수평이 되도록 한다.

(7) 셀 안의 수은을 쏟아내어 질량(m_b)을 측정한다.

(8) 시멘트 베드(bed)가 차지하는 체적을 다음 식에 따라 0.005 cm^3까지 측정한다.

$$V = \frac{m_a - m_b}{D} \tag{1.2}$$

여기서, V : 시멘트 베드의 체적(cm^3)

m_a : 셀 안을 전부 채운 수은의 질량(g)

m_b : 셀 안에 시멘트 베드를 만들고 남은 공간을 채운 수은의 질량(g)

D : 시험 온도에서 수은의 밀도(g/cm^3) (표 1.8 참조)

(9) 시멘트 베드의 체적 측정 시험은 2회 이상 해야 하며, 계산 결과의 값이 $\pm 0.005\ \text{cm}^3$ 이내로 되는 것의 평균값을 취한다.

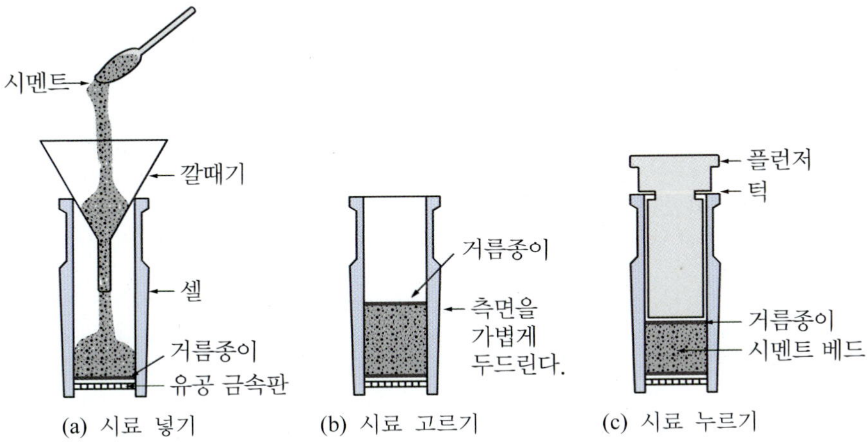

그림 1.5 시멘트 베드 만들기

(ㄴ) 장치의 표준화 시험

(1) 교정용 표준 시료의 질량(m)을 다음 식으로 구하여 0.005 g까지 측정한다.

$$m_c = d_c V(1-e) \tag{1.3}$$

여기서, m_c : 교정용 표준 시료의 질량(g)

d_c : 교정용 표준 시료의 밀도($3.15\ \text{Mg/m}^3$)

V : 시멘트 베드의 체적(cm^3) (식 (1.2) 참조)

e : 교정용 표준 시료 베드의 기공률(0.500 ± 0.005)

(2) 셀 안에 유공 금속판을 놓고 거름종이를 깐다.

(3) (1)에서 구한 교정용 표준 시료(m_c)를 계량하여 셀 안에 넣는다(그림 1.5(a) 참조).

(4) 셀의 측면을 가볍게 두들겨 시료를 고르고, 시료 위에 거름종이를 놓는다(그림 1.5(b) 참조).

(5) 플런저를 턱이 셀의 윗부분에 닿을 때까지 가볍게 누른 다음(그림 1.5(c) 참조), 천천히 뺀다.

(6) 셀을 마노미터 관의 윗부분에 공기가 새지 않도록 밀착시킨다.

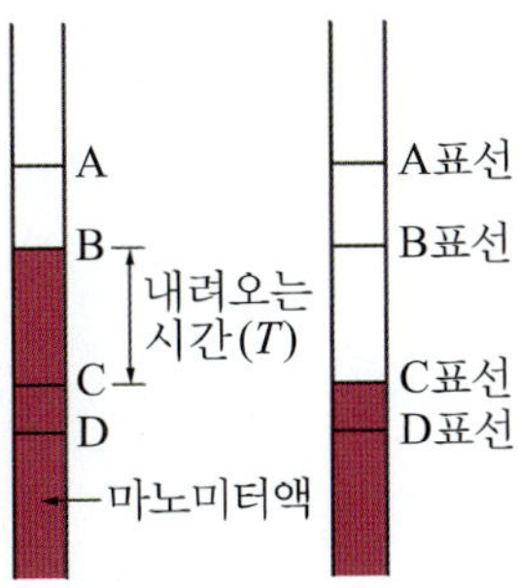

그림 1.6 마노미터액의 내려오는 시간

(7) 고무공으로 마노미터 U자관의 한쪽에 있는 공기를 천천히 빼내어 마노미터액을 A표선까지 올리고 콕(cock)을 닫는다.

(8) 마노미터액이 내려오기 시작하면, B표선에서 C표선까지 내려오는 시간을 초 단위로 측정하여 T_s로 한다.

(나) 시험 시료의 투과 시험

(1) 식 (1.3)에 따라 시험 시료의 질량을 구한다. 이때, 시험 시료의 밀도 및 베드의 기공률은 표 1.4에 따른다.

표 1.4 각종 시멘트의 밀도 및 베드의 기공률

시멘트의 종류		밀도(Mg/m^3)	기공률
포틀랜드 시멘트	보통	3.15	0.500±0.005
	중용열	3.20	0.500±0.005
	조강	3.12	0.520±0.005
	초조강	3.11	0.540±0.005
	저열	3.22	0.520±0.005
	내황산염	3.20	0.500±0.005
고로 슬래그 시멘트		실측값	0.510±0.005
플라이 애시 시멘트		실측값	0.510±0.005
포틀랜드 포졸란 시멘트		실측값	0.510±0.005

(2) (가)(ㄴ)의 (2)~(7)과 같은 방법으로 시험 시료의 투과 시험을 한다.

(3) 마노미터액이 B표선에서 C표선까지 내려오는 시간(T)을 0.5초까지 측정한다.

[3] 시험 결과의 산출

(1) 시멘트의 비표면적은 다음 식으로 산출한다.

$$S = kS_s\sqrt{\frac{T}{T_s}} \tag{1.4}$$

여기서, S : 시멘트의 비표면적(cm^2/g)

S_s : 표준 시료의 비표면적(cm^2/g)

T : 시험 시료를 베드로 사용했을 때의 마노미터액이 B표선에서 C표선까지 내려오는 시간(초)

T_s : 교정용 표준 시료를 베드로 사용했을 때의 마노미터액이 B표선에서 C표선까지 내려오는 시간(초)

k : 시멘트의 종류에 따른 정수(표 1.5 참조)

표 1.5 각종 시멘트의 정수

시멘트의 종류		정수 k값
포틀랜드 시멘트	보통	1.000
	중용열	0.984
	조강	1.116
	초조강	1.236
	저열	1.081
	내황산염	0.984
고로 슬래그 시멘트		3.310/밀도
플라이 애시 시멘트		3.310/밀도
포틀랜드 포졸란 시멘트		3.310/밀도

(2) 시험 결과는 2개의 측정값이 2% 이내로 일치한 것의 평균을 취하여 정수 첫째 자리를 0으로 한다.

5. 주의 사항

(1) 시멘트는 그 풍화의 상태에 따라 측정 결과에 영향을 끼치므로 시료의 보존에 주의하여야 한다

(2) 시험할 때 시멘트와 시험 장치는 미리 실온으로 맞추어 놓도록 한다.

(3) 시험할 때 표준 시료와 시험 시료의 온도 차가 ±3°C 이상이 되지 않도록 한다.

(4) 시험은 매회 새로운 시멘트 베드를 만들어 한다.

(5) 셀은 수은과 아말감(amalgam) 작용을 일으키는 재료로 되어 있으면, 수은을 넣기 전에 기름을 엷게 발라야 한다.

(6) 시험 전후에 셀 주위의 온도를 기록해 둔다.

6. 시험 결과의 정리

(1) 시험 결과를 정리하여 기록한다.

(2) 시멘트의 분말도 시험 결과의 예는 표 1.6과 같다.

표 1.6 시멘트의 분말도 시험 결과의 예

시멘트의 분말도 시험					
시험일	년 월 일	실온 24°C	습도 65 %	수온 °C	
시료	보통 포틀랜드 시멘트		시험자		
시험 방법		비표면적법			
측정 번호		1	2	3	4
시멘트 베드의 체적	셀 안을 전부 채운 수은의 질량 m_a (g)	83.32	83.21		
	셀 안에 시멘트 베드를 만들고 남은 공간을 채운 수은의 질량 m_b (g)	58.45	58.33		
	수은의 밀도 D (g/cm^3)	13.54			
	시멘트 베드의 체적 $V=\frac{m_a-m_b}{D}$ (cm^3)	1.836	1.837		
	측정값의 차 (cm^3)	0.001			
	허용차 (cm^3)	±0.005			
	평균값 (cm^3)	1.837			
시험 시료의 질량	시료의 밀도 d_c (g/cm^3)	3.15			
	시료의 기공률 e	0.500			
	시료의 질량 $m_c=d_cV(1-e)$ (g)	2.89			
교정용 표준 시료	비표면적 S_s (cm^2/g)	3 310			
	마노미터액이 B표선에서 C표선까지 내려오는 시간 T_s (초)	57.4			
시험 시료	시멘트의 정수 k	1.000			
	마노미터액이 B표선에서 C표선까지 내려오는 시간 T (초)	46.5	47.2		
비표면적 $S=kS_s\sqrt{\frac{T}{T_s}}$ (cm^2/g)		2 979	3 001.5		
평균 비표면적 (cm^2/g)		2 990			
측정값의 차 (%)		0.8			
허용차 (%)		2			

7. 참고 사항

(1) 시멘트의 분말도는 KS에 규정되어 있으며 표 1.7과 같다.

표 1.7 시멘트의 분말도

시멘트의 종류		비표면적(블레인 방법)(cm^2/g)	표준 번호
포틀랜드 시멘트	보통	2 800 이상	KS L 5201
	중용열	2 800 이상	
	조강	3 300 이상	
	저열	2 800 이상	
	내황산염	2 800 이상	
백색 포틀랜드 시멘트		3 000 이상	KS L 5204
고로 슬래그 시멘트		3 000 이상	KS L 5210
플라이 애시 시멘트		2 500 이상	KS L 5211
포틀랜드 포졸란 시멘트		3 000 이상	KS L 5401

(2) 수은의 밀도는 표 1.8과 같다.

표 1.8 수은의 밀도

실온(°C)	수은의 밀도(g/cm^3)	실온(°C)	수은의 밀도(g/cm^3)
16	13.56	26	13.53
18	13.55	28	13.53
20	13.55	30	13.52
22	13.54	32	13.52
24	13.54	34	13.51

8. 관계 지식

(1) 시멘트 입자의 가는 정도를 분말도라고 하며, 입자가 가늘수록 분말도가 높다.

(2) 시멘트의 분말도는 블레인 공기 투과 장치에 의해 시멘트 베드에 공기를 투과시켜, 그 투과 속도로 구한 시멘트의 비표면적으로 나타낸다.

(3) 시멘트의 비표면적(specific surface area)(cm^2/g)이란, 1 g의 시멘트가 가지고 있는 입자의 총 표면적(cm^2)을 말한다.

(4) 시멘트의 분말도가 높으면 워커빌리티가 좋고, 수화 작용이 빨라 조기 강도가 커진다. 그러나 수화열이 많아 균열이 생기기 쉽고, 건조 수축이 크다.

1.3 시멘트의 응결 시간 시험

(Test for Setting Time of Cement)

1. 시험 목적

(1) 시멘트의 응결 시간을 알면 콘크리트의 응결 시간을 추정할 수 있다.

(2) 콘크리트의 치기 작업을 하기 위해서는 시멘트의 응결 시간을 알아야 한다.

2. 사용 기기

(1) 비카(Vicat) 장치

① 플런저(plunger, 길이 50±1 mm, 지름 10±0.05 mm, 하중 부분의 질량 300 g)

② 초결 침(지름 1.13±0.05 mm, 길이 50±1 mm)

③ 종결 침(지름 5 mm, 길이 30±1 mm)

④ 원뿔형 틀(경질 고무제 또는 금속제, 윗면의 안지름 70±5 mm, 아랫면의 안지름 80±5 mm, 높이 40±0.2 mm)

⑤ 눈금판(50 mm의 눈금이 매겨진 것)

⑥ 가동봉

⑦ 질량 보정판

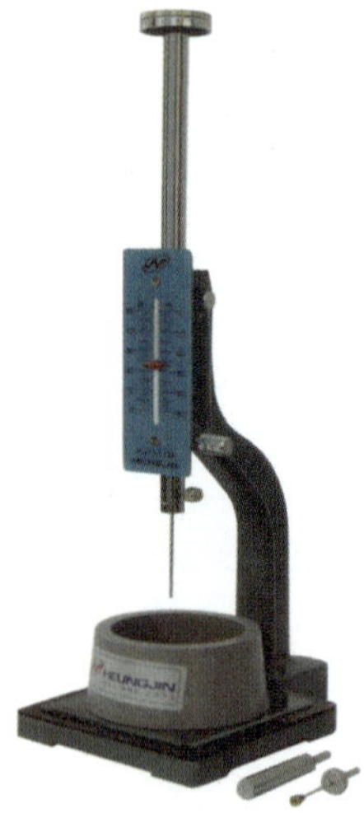

그림 1.7 비카 장치

(2) 저울(용량 1 000 g, 감량 0.1 g)

(3) 혼합기(KS L ISO 679에 규정된 것, 저속은 140±5 rpm, 고속은 285±10 rpm)

(4) 보조 기구

① 시료용 칼 ② 메스실린더 ③ 스크레이퍼

④ 시계 ⑤ 습기함 ⑥ 흙손

3. 사용 재료

(1) 시멘트

(2) 그리스

(3) 유리판(100×100×5 mm)

4. 시험 방법(KS L ISO 9597)

[1] 시료 및 시험체의 준비

(가) 시료의 준비

(1) 'KS L 5101 시멘트의 시료 채취 방법'에 따라 시료를 채취한다.

(2) 시멘트 시료 약 2 000 g을 준비한다.

(나) 표준 반죽 질기의 결정

(1) 시멘트(m_c) 500 g을 1 g 단위까지 계량한다.

(2) 표준 반죽 질기를 얻기에 적당한 물의 양을 눈금이 있는 메스실린더로 재어 혼합 용기에 넣는다.

(3) 시멘트를 5초 이상 10초 내에 혼합기 용기 내의 물에 넣고 시각을 기록한다.

(4) 혼합기를 저속으로 90초 동안 혼합하고, 15초 동안에 시멘트 풀을 긁어모은다.

(5) 혼합기를 다시 저속으로 90초 동안 혼합한다.

(6) 즉시 그리스를 엷게 바른 유리판 위의 틀에 시멘트 풀을 채우고 윗면을 고른다.

(7) 비카 장치의 가동봉에 플런저를 끼운다.

(8) 틀과 유리판을 비카 장치의 한 가운데에 놓고, 플런저의 끝을 시험체의 표면과 접촉시킨 후 멈춤 나사를 죈다.

(9) 가동 지침을 눈금자의 0에 맞춘다.

(10) 시멘트를 물에 넣은 시각부터 4분 후에 가동봉을 풀어 플런저가 시험체에 침입하게 한다.

(11) 30초 후, 플런저의 끝과 바닥판의 거리가 6±1 mm 될 때의 반죽 상태를 표준 반죽 질기로 한다(그림 1.8 참조). 이때 물의 양(V_w)을 표준 반죽 질기의 혼합 수량(W_w)으로 한다.

(12) 그 거리가 6±1 mm 되지 않을 때는 물의 양을 변경하여 (1)~(11)의 방법을 반복한다.

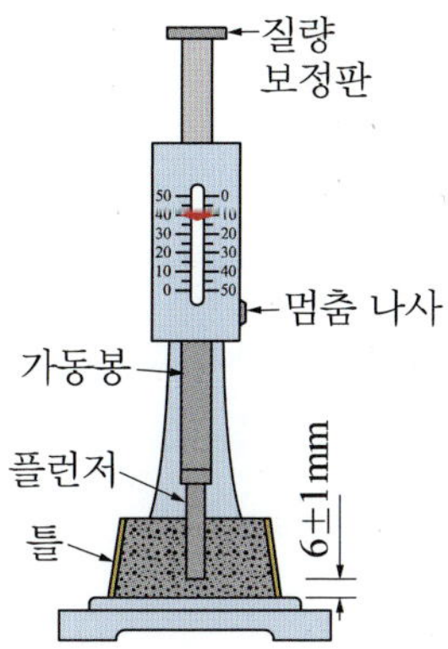

그림 1.8 표준 반죽 질기의 결정

(다) 시험체의 제작

(1) 시멘트(m_c) 500 g을 계량한다.

(2) 표준 반죽 질기를 얻는 데 필요한 물의 양(V_w)을 계량한다.

(3) (나)의 (3)~(7)과 같은 방법으로 시험체를 만들어 습기함에 넣어 둔다.

[2] 응결 시간 시험

(가) 초결 시간의 측정

(1) 비카 장치에 초결 침을 끼운다.

(2) 가동봉의 상단에 질량 보정판을 올려놓고, 전 하중을 300±0.1 g으로 한다.

(3) 시험체가 들어 있는 틀을 습기함에서 꺼내어 비카 장치의 바닥판에 올려놓는다.

(4) 시험체의 표면에 초결 침을 접촉시켜 멈춤 나사를 죄고, 가동 지침을 눈금자의 0에 맞춘다.

(5) 멈춤 나사를 풀어 30초 동안 초결 침의 끝과 바닥판의 거리가 4±1 mm 될 때까지, 10분 간격으로 침입 시험을 하고 시간을 기록한다(그림 1.9 참조).

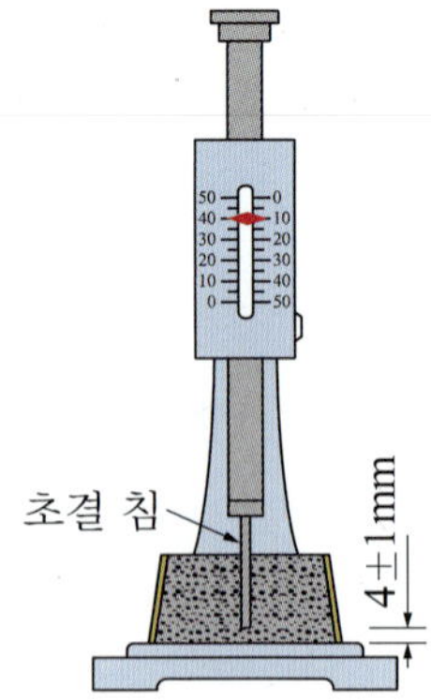

그림 1.9 초결 시간의 측정

(나) 종결 시간의 측정

(1) 초결 시간의 측정에 사용한 시험체가 들어 있는 틀을 바닥판에 뒤집어 놓는다.

(2) 비카 장치에 종결 침을 갈아 끼운다.

(3) 가동봉의 상단에 질량 보정판을 올려놓고, 전 하중을 300±0.1 g으로 한다.

(3) 시험체의 표면에 종결 침을 접촉시켜 멈춤 나사를 죄고, 가동 지침을 눈금자의 0에 맞춘다.

(4) 멈춤 나사를 풀어 종결 침이 시험체를 0.5 mm 관통할 때까지, 30분 간격으로 침입 시험을 하고 시간을 기록한다(그림 1.10 참조).

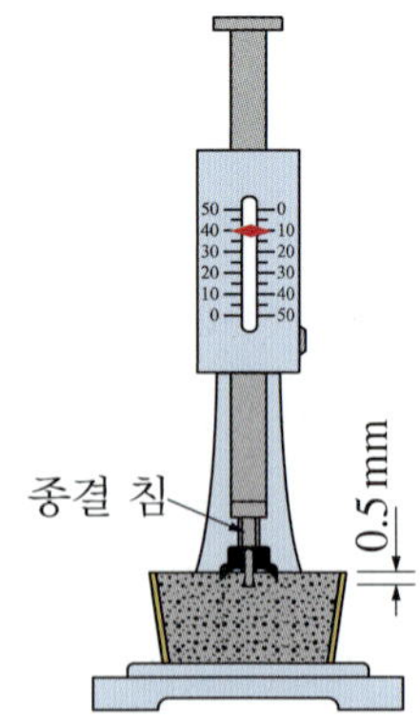

그림 1.10 종결 시간의 측정

[3] 시험 결과의 표시

(1) 30초 동안 초결 침의 끝이 바닥판과의 거리 4±1 mm가 될 때까지의 시간을 시멘트의 초결 시간(T_i)으로 하고, 5분 단위로 측정한다.

(2) 종결 침이 시험체를 0.5 mm 관통하였을 때의 시간을 시멘트의 종결 시간(T_f)으로 하고, 15분 단위로 측정한다.

5. 주의 사항

(1) 실험실의 온도는 20±1°C로 유지해야 하고, 상대 습도는 90% 이상이어야 한다.
(2) 초결 시간 측정은 이미 시험한 곳에서부터 10 mm 이상 떨어진 곳에서 해야 한다.
(3) 표준 반죽 질기 시험은 다시 시험할 때마다 반드시 새로운 시멘트 반죽으로 한다.

6. 시험 결과의 정리

(1) 시험 결과를 정리하여 기록한다.
(2) 시멘트의 응결 시간 시험 결과의 예는 표 1.9와 같다.

표 1.9 시멘트의 응결 시간 시험 결과의 예

시멘트의 응결 시간 시험					
시험일	년 월 일	실온 23°C	습도 %	수온 °C	
시료	보통 포틀랜드 시멘트		시험자		
측정 번호		1	2	3	4
표준 반죽 질기	시멘트의 질량 m_c (g)	500	500	500	
	물의 양 V_w (mL)	136	132	133*	
	플런저와 바닥판의 거리 l (mm)	3	7	6	
	혼합 수량(질량 백분율) $W=\frac{V_w}{m_c}\times 100$ (%)	27.2	26.4	26.6	
시험체	시멘트의 질량 m_c (g)	500	500	500	
	물의 양 V_w (mL)	133	133	133	
	물 넣은 시각 t (시 : 분)	10 : 00	10 : 20	10 : 30	
응결	초결 시간 T_i (시−분)	2−45	2−40	2−45	
	종결 시간 T_f (시−분)	3−15	3−10	3−25	
비고: * 표준 반죽 질기의 물의 양이다.					

7. 참고 사항

(1) 표준 반죽 질기의 시멘트 풀(cement paste)을 만들 때의 적당한 수량은 시멘트의 종류와 풍화의 정도에 따라 다르나, 시멘트 질량의 25~30% 정도이다.

(2) 보통 시멘트의 경우 수량 1 mL의 증감에 따라 플런저의 관입량은 약 1 mm 증감한다.

(3) 시멘트의 응결 시간은 KS에 규정되어 있으며, 표 1.10과 같다.

표 1.10 **시멘트의 응결 시간**

시멘트의 종류		응결 시간		표준 번호
		초결(분)	종결(시간)	
포틀랜드 시멘트	보통	60 이상	10 이하	KS L 5201
	중용열	60 이상	10 이하	
	조강	45 이상	7 이하	
	저열	60 이상	10 이하	
	내황산염	60 이상	10 이하	
백색 포틀랜드 시멘트		60 이상	10 이하	KS L 5204
고로 슬래그 시멘트(1종)		60(45) 이상	10(7) 이하	KS L 5210
플라이 애시 시멘트		60 이상	10 이하	KS L 5211
포틀랜드 포졸란 시멘트		60 이상	10 이하	KS L 5401

8. 관계 지식

(1) 시멘트가 물과의 수화 반응에 의해 시멘트 풀이 점성을 잃고, 점점 굳어지는 상태를 시멘트의 응결(setting of cement)이라 한다.

(2) 시멘트의 응결 시간이 너무 빠르거나 너무 늦어도 실제 공사하는 데 영향이 있으므로, 시멘트의 초결 시간(initial setting time)과 종결 시간(final setting time)을 알아야 한다.

(3) 시멘트의 응결 시간은 습도가 높고 수량이 많으면 늦어지고, 온도가 높고 분말도가 높으면 빨라진다.

1.4 시멘트의 안정성 시험
(Test for Soundness of Cement)

1. 시험 목적

(1) 시멘트의 응결 경화 중에 생기는 이상 팽창의 정도를 알기 위해서 팽창도를 구한다.

(2) 시멘트의 팽창도로 시멘트의 안정성을 판단할 수 있다.

2. 사용 기기

(1) 르 샤틀리에 장치

(2) 비카 장치(표준 반죽 질기 시험 장치) (1.3의 2.(1) 참조)

(3) 중탕 수조

(4) 저울(용량 1 000 g, 감량 0.1 g)

(5) 혼합기(1.3의 2.(3) 참조)

(6) 보조 기구

① 메스실린더 ② 습기함 ③ 온도계

④ 시계 ⑤ 시료용 칼

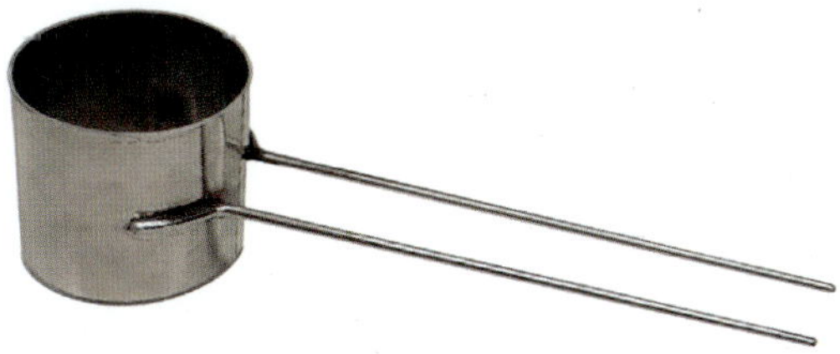

그림 1.11 르 샤틀리에 장치

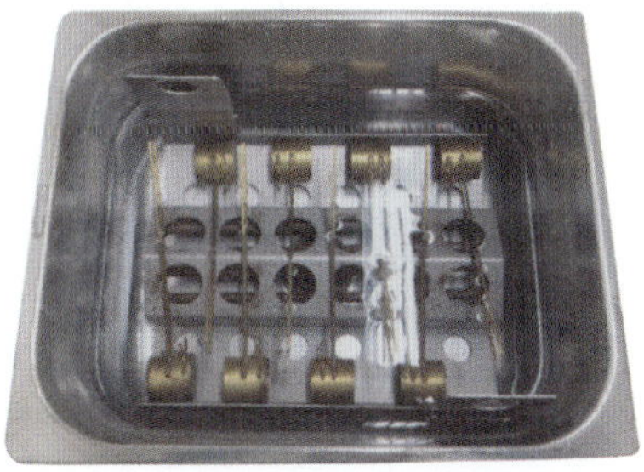

그림 1.12 중탕 수조

3. 사용 재료

(1) 시멘트

(2) 유리판(100×100×5 mm, 질량 75 g 이상)

(3) 그리스

4. 시험 방법(KS L ISO 9597)

[1] 시료 및 시험체의 준비

(가) 시료의 준비

(1) 'KS L 5101 시멘트의 시료 채취 방법'에 따라 시료를 채취한다.

(2) 시멘트 시료 약 2 000 g을 준비한다.

(나) 표준 반죽 질기의 결정

(1) 시멘트(m_c) 500 g을 계량한다.

(2) **1.3**의 4.[1](나) (2)~(11)의 방법으로 표준 반죽 질기의 물의 양(V_w)을 구한다.

(다) 시험체의 제작

(1) 시멘트(m_c) 500 g을 계량한다.

(2) 표준 반죽 질기를 얻는 데 필요한 물의 양(V_w)을 계량한다.

(3) **1.3**의 4.[1](나) (3)~(5)와 같은 방법으로 시멘트 풀 시료를 만든다.

(4) 르 샤틀리에 틀을 그리스를 엷게 바른 유리판 위에 올려 놓는다.

(5) 틀에 시료를 채워 넣고 윗면을 고른 후, 유리판을 덮어 습기함에 넣어 둔다.

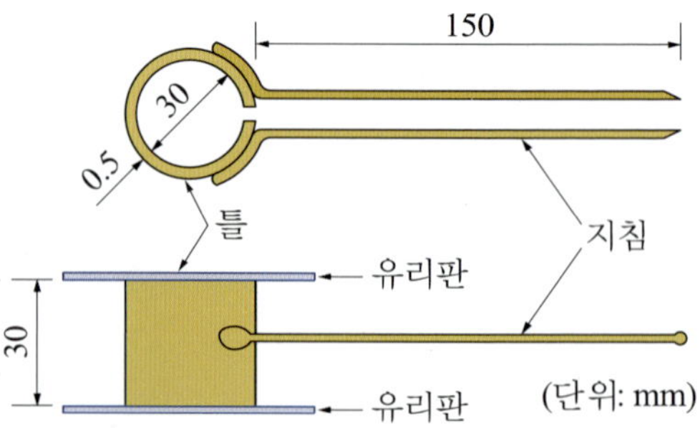

그림 1.13 르 샤틀리에 장치의 구조

[2] 안정도 시험

(1) 24±0.5시간 후, 틀을 습기함에서 꺼내어 지침 간의 간격(A)을 0.5 mm 단위까지 측정한다.

(2) 틀을 중탕 수조에 넣고 30±5분 동안 물을 천천히 끓이고, 3시간±5분 동안 끓는 온도에 둔다.

(3) 끓는 시간이 끝날 때쯤 지침 간의 간격(B)을 0.5 mm 단위까지 측정한다.

(4) 틀을 20±2°C의 온도로 식힌 후 지침 간의 간격(C)을 0.5 mm 단위까지 측정한다.

[3] 시험 결과의 산출

(1) 시멘트의 안정도는 다음 식으로 산출한다.

$$S_c = C - A \tag{1.5}$$

여기서, S_c : 시멘트의 안정도(mm)

C : 끓인 시험체 20±2°C 냉각 후 지침 간의 간격(mm)

A : 시험체 제작 24±0.5시간 후 지침 간의 간격(mm)

(2) B와 C 간의 측정값에 큰 차이가 없다면, 차이 $B-A$를 기록해도 된다.

(3) 시험 결과는 2회 측정값의 평균을 0.5 mm 단위까지 측정한다.

5. 주의 사항

(1) 실험실과 습기함의 온도는 20±2°C를 유지해야 한다.

(2) 동일한 시멘트 풀에서 성형된 2개의 시료를 동시에 시험한다.

6. 시험 결과의 정리

(1) 시험 결과를 정리하여 기록한다.

(2) 시멘트의 안정성 시험 결과의 예는 표 1.11과 같다.

표 1.11 시멘트의 안정성 시험 결과의 예

시멘트의 안정성 시험						
시험일	년 월 일		실온 21°C	습도 %		수온 °C
시료	보통 포틀랜드 시멘트			시험자		
시험 방법			르 샤틀리에 방법			
측정 번호			1	2	3	4
시험체	시멘트의 질량 m_c	(g)	500	500		
	물의 양 V_w	(mL)	133*	133*		
지침 간의 간격	24±0.5시간 후 A	(mm)	9.5	10.5		
	끓는 시간이 끝날 때 B	(mm)	10.0	11.0		
	20±2°C 냉각 후 C	(mm)	10.0	11.0		
안정도 $S=C-A$		(mm)	0.5	0.5		
평균 안정도		(mm)	0.5			
비고 : * 표준 반죽 질기 물의 양으로서, 표 1.9에서 구한 값이다.						

7. 참고 사항

(1) 시멘트의 안정도는 KS에 규정되어 있으며, 표 1.12와 같다.

표 1.12 시멘트의 안정도

시멘트의 종류	르 샤틀리에 (mm)	오토클레이브 팽창도(%)	표준 번호
포틀랜드 시멘트	10 이하	0.80 이하	KS L 5201
백색 포틀랜드 시멘트	10 이하	0.80 이하	KS L 5204
고로 슬래그 시멘트	10 이하	0.20 이하	KS L 5210
플라이 애시 시멘트	10 이하	0.50 이하	KS L 5211
포졸란 시멘트	–	0.50 이하	KS L 5401

(2) 상온 상태에서의 안정성 시험은 다음과 같이 한다.

① 시료를 틀과 함께 20±2°C의 물에 넣고, 즉시 틀 지침 간의 간격 A를 0.5 mm 단위까지 측정한다.

② 7일±12시간 후 틀 지침 간의 간격 D를 0.5 mm 단위까지 측정한다.

③ 시멘트의 안정도(S)는 다음 식으로 구한다.

$$S = D - A \tag{1.6}$$

(3) 'KS L 5107 시멘트의 오토클레이브 팽창도 시험 방법'은 다음과 같다.

① 표준 반죽 질기의 시멘트 풀을 만든다('KS L 5102 수경성 시멘트의 표준 주도 시험 방법' 참조).

② 시멘트 풀로 시험체(25.4 × 25.4 × 254 mm)를 만들어 습기함에 넣어 둔다.

③ 시험체를 성형한 후 24시간 ± 30분에 탈형하여 오토크레이브에 넣고, 증기압 2± 0.07 MPa에서 3시간 가압한다.

④ 시험체를 냉각한 후, 시험체의 길이 변화율을 측정하여 시멘트의 오토클레이브 팽창도(%)(표 1.12 참조)로 한다.

8. 관계 지식

(1) 시멘트의 안정성은 경화 중의 균열이나 뒤틀림 변형의 정도를 나타내는 것이다.

(2) 시멘트의 안정도 시험에는 르 샤틀리에 장치에 의한 방법과 오토크레이브에 의한 방법이 있다.

1.5 시멘트의 강도 시험

(Test for Strengh of Cement)

1. 시험 목적

(1) 시멘트는 콘크리트의 결합재로 사용되므로, 시멘트의 결합력을 알면 콘크리트의 여러 가지 성질을 알 수 있다.

(2) 시멘트의 강도를 알면 콘크리트의 강도를 추정할 수 있다.

2. 사용 기기

(1) 압축 강도 시험기(2400 N/s±200 N/s의 재하 가능)

(2) 휨 강도 시험기(50±10 N/s의 재하 가능)

(3) 압축 강도 시험 장치

(4) 휨 강도 시험 장치

(5) 시험체 틀(mold, 40 mm×40 mm×160 mm의 각주)

(6) 진동 다짐기(jolting apparatus)

(7) 혼합기(1.3의 2.(3) 참조)

(8) 양생 수조

(9) 저울(용량 2 kg, 감도 1 g)

(10) 보조 기구

① 메스실린더 ② 온도계 ③ 습도계

④ 고무 스크레이퍼(scraper) ⑤ 고무 스프레더(spreader) ⑥ 습기함

⑦ 시료용 칼 ⑧ 금속 직선자 ⑨ 흙손

그림 1.14 모르타르 강도 시험기

그림 1.15 시험체 틀

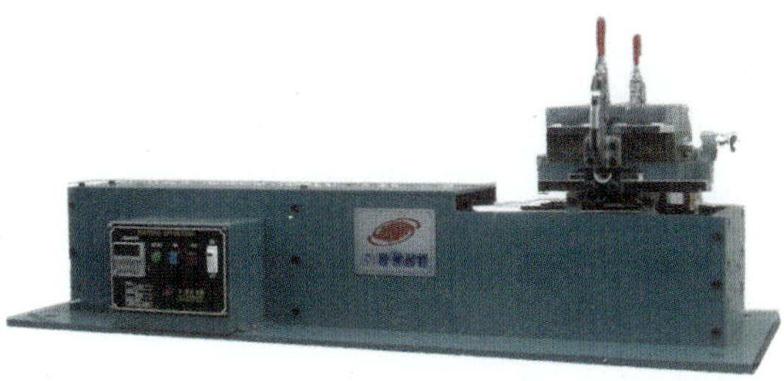

그림 1.16 진동 다짐기

3. 사용 재료

(1) 시멘트

(2) 표준사(KS L ISO 679의 기준 모래, 표 1.14 참조)

(3) 보조 재료

① 유리판(210 mm×185 mm×6 mm)

② 그리스

4. 시험 방법(KS L ISO 679)

[1] 시료 및 시험체의 준비

(가) 시료의 준비

(1) 'KS L 5101 시멘트의 시료 채취 방법'에 따라 시료를 채취한다.

(2) 시멘트 시료 약 500 g을 준비한다.

(3) 표준사를 준비한다.

(나) 시험체의 제작

(1) 시멘트와 표준사의 질량비를 1 : 3으로 하고, 물-시멘트비를 0.5로 한다.

(2) 시험체 3개의 1회분 재료량(시멘트 450±2 g, 표준사 1 350±5 g, 물 225±1 g)을 계량한다.

(3) 용기에 물과 시멘트를 넣고, 저속으로 혼합기를 30초 동안 작동시킨다.

(4) 그 후 30초 동안 모래를 고르게 넣고, 혼합기를 고속으로 회전시킨다.

(5) 90초 동안 혼합기를 멈추고, 처음 15초 동안 부착된 모르타르를 긁어모은다.

(6) 60초 동안 고속으로 혼합을 계속한다.

(7) 시험체 틀과 테를 진동 다짐기의 받침대에 단단히 고정한다.

(8) 시험체 틀에 모르타르를 1층(높이의 1/2)으로 채우고 스프레더로 고른 뒤, 진동기로 60번 진동시켜 다진다.

(9) 시험체 틀의 나머지 부분에 모르타르를 채우고 진동기로 60번 진동시켜 다진다.

(10) 평면대로부터 시험체 틀을 들고 테를 제거한다.

(11) 금속 직선자를 사용하여 시험체의 표면을 평평하게 고르고, 유리판을 덮어 바로 습기함에 넣는다.

(12) 24시간 후 시험체 틀을 떼어내고, 시험체를 20±1°C의 양생 수조에 넣는다.

[2] 강도 시험

(가) 휨 강도 시험

(1) 시험체를 양생 수조에서 꺼내어 각주의 긴 축이 지지봉과 직교하도록 휨 강도 시험 장치에 올려놓는다(그림 1.17 참조).

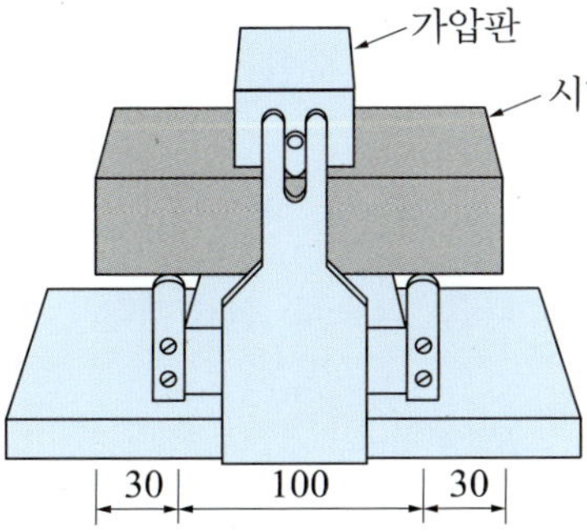

그림 1.17 시멘트의 휨 강도 시험 장치

(2) 시험체에 50±10 N/s의 비율로 재하한다.

(3) 시험체가 파괴되었을 때의 최대 하중(P)을 기록한다.

(나) 압축 강도 시험

(1) 휨 강도 시험에서 파단된 시험체를 압축 강도 시험 장치의 가압판에 ±0.5 mm 이내로 올려 놓는다(그림 1.8 참조).

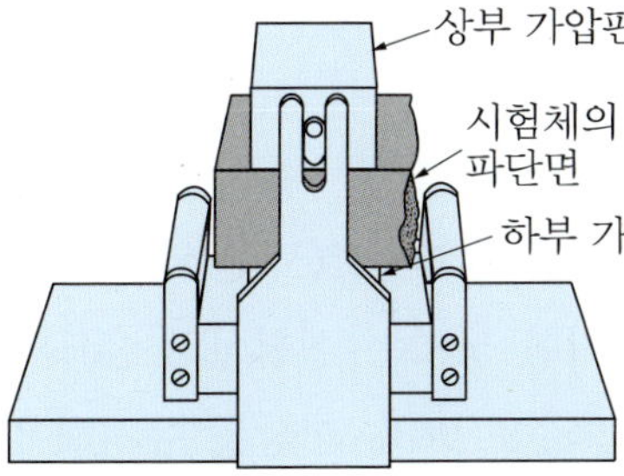

그림 1.18 시멘트의 압축 강도 시험 장치

(2) 시험체에 2 400±200 N/s의 비율로 하중을 가한다.

(3) 시험체가 파괴되었을 때의 최대 하중(P)을 기록한다.

[3] 시험 결과의 산출

(1) 시멘트 모르타르의 휨 강도는 다음 식으로 산출한다.

$$R_f = \frac{1.5Pl}{b^3} \tag{1.7}$$

여기서, R_f : 시멘트의 휨 강도(N/mm^2)

P : 파괴 시에 시험체의 중앙에 가한 하중(N)

l : 지점 간의 거리(mm)

b : 시험체 변의 길이(mm)

(2) 시멘트 모르타르의 압축 강도는 다음 식으로 산출한다.

$$R_c = \frac{P}{A} \tag{1.8}$$

여기서, R_c : 시멘트의 압축 강도(N/mm^2)

P : 최대 파괴 하중(N)

A : 가압판의 면적(mm^2) ($40\,mm \times 40\,mm = 1\,600\,mm^2$)

(3) 시험 결과는 3개를 한 조로 하여 측정하는 압축 강도 측정 결과의 산술 평균으로 정의된다.

6개의 측정값 중에서 1개의 결과가 6개의 평균값보다 ±10% 이상 벗어나는 경우에는 이 결과를 버리고, 나머지 5개의 평균으로 계산한다.

(4) 측정된 시멘트의 압축 강도 시험 결과 값은 (3)에 따라 평균을 계산하고, 0.1 MPa까지 계산한다.

5. 주의 사항

(1) 시험체를 제작하는 실험실은 온도 20±2°C 및 상대 습도 50% 이상을 유지해야 한다.

(2) 모르타르 제작용 재료 및 시험 장치는 실험실의 온도와 같은 상태이어야 한다.

(3) 항습기는 온도 20±1°C 및 습도 90% 이상을 유지해야 한다.

(4) 양생 수조의 수온은 20±1°C를 유지해야 한다.

(5) 시험에 사용하는 물은 증류수 또는 수돗물로 한다.

(6) 시험체를 수평으로 양생할 경우에는 시험체 제작 시 평행하게 깎은 면을 위쪽에 위치하게 놓는다.

6. 시험 결과의 정리

(1) 시험 결과를 정리하여 기록한다.

(2) 시멘트 강도 시험 결과의 예는 표 1.13과 같다.

표 1.13 시멘트의 강도 시험 결과의 예

시멘트의 강도 시험									
시험일	년 월 일			실온 24°C		습도 63%		수온 23°C	
시료	시멘트 모르타르 각주 시험체					시험자			
모르타르의 배합	시멘트 1 : 표준사 3(질량비), $W/C=0.5$								
측정 번호	1	2	3	1	2	3	1	2	3
재령 (일)	3			7			28		
양생 방법	수중 양생			수중 양생			수중 양생		
양생 온도 (°C)	20			20			20		
휨 강도 시험									
시험체 변의 길이 b (mm)	40	40	40	40	40	40	40	40	40
지점 간의 거리 l (mm)	100	100	100	100	100	100	100	100	100
최대 하중 P (kN)	1.40	1.52	1.45	2.01	2.09	2.05	3.29	3.25	3.38
휨 강도 $R_f=\dfrac{1.5Pl}{b^3}$ (N/mm^2)	3.3	3.6	3.4	4.7	4.9	4.8	7.7	7.6	7.9
평균 휨 강도 (N/mm^2)	3.4			4.8			7.7		
압축 강도 시험									
가압판의 면적 A (mm^2)	1 600	1 600	1 600	1 600	1 600	1 600	1 600	1 600	1 600
최대 하중 P (kN)	27.0	27.3	28.1	41.6	42.0	41.5	70.4	69.6	70.2
	27.2	26.9	27.7	41.3	41.9	41.0	70.7	69.4	70.8
압축 강도 $R_c=\dfrac{P}{A}$ (N/mm^2)	16.9	17.1	17.6	26.0	26.3	25.9	44.0	43.5	43.9
	17.0	16.8	17.3	25,8	26.2	25.6	44.2	43.4	44.3
평균 압축 강도 (N/mm^2)	17.1			26.0			43.9		

7. 참고 사항

(1) 시멘트의 강도 시험용 표준사의 품질 및 입도 분포는 표 1.14와 같다.

표 1.14 ISO 기준 모래의 품질 및 입도 분포 (KS L ISO 679)

품질		입도 분포	
		체눈의 크기(mm)	체에 누적된 잔분(%)
모양	천연의 둥근 입자	2	0
성분	이산화규소(SiO_2) 98% 이상 함유	1.6 1 0.5	7±5 33±5 67±5
수분	0.2% 미만 (건조 시료에 대한)	0.16 0.08	87±5 99±1

(2) 시멘트의 압축 강도는 KS에 규정되어 있으며, 표 1.15와 같다.

표 1.15 시멘트의 압축 강도

시멘트의 종류		압축 강도(MPa)					표준 번호
		1일	3일	7일	28일	91일	
포틀랜드 시멘트	보통	–	12.5 이상	22.5 이상	42.5 이상	–	KS L 5201
	중용열	–	7.5 이상	15.5 이상	32.5 이상	–	
	조강	10.0 이상	20.0 이상	32.0 이상	47.5 이상	–	
	저열	–	–	7.5 이상	22.5 이상	42.5	
	내황산염	–	10.0 이상	20.0 이상	40.0 이상	–	
백색 포틀랜드 시멘트		–	12.5 이상	22.5 이상	42.5 이상	–	KS L 5204
고로 슬래그 시멘트	1종	–	12.5 이상	22.5 이상	42.5 이상	–	KS L 5210
	2종	–	10.0 이상	17.5 이상	42.5 이상	–	
	3종	–	7.5 이상	15.0 이상	40.0 이상	–	
플라이 애시 시멘트	1종	–	12.5 이상	22.5 이상	42.5 이상	–	KS L 5211
	2종	–	10.0 이상	17.5 이상	37.5 이상	–	
	3종	–	7.5 이상	15.0 이상	37.5 이상	–	
포졸란 시멘트	1종	–	12.5 이상	22.5 이상	42.5 이상	–	KS L 5401
	2종	–	10.0 이상	17.5 이상	37.5 이상	–	
	3종	–	7.5 이상	15.0 이상	32.5 이상	–	

8. 관계 지식

(1) 시멘트의 강도 시험은 시멘트 모르타르(cement mortar) 시험체로 한다.

(2) 시멘트의 시험체는 시험 조건을 일정하게 하기 위해 표준사를 사용한다.

2 골재 시험

2.1 골재의 체가름 시험
2.2 잔골재의 밀도 및 흡수율 시험
2.3 굵은 골재의 밀도 및 흡수율 시험
2.4 잔골재의 표면 수율 시험
2.5 골재의 전 함수율 및 표면 수율 시험
2.6 골재의 단위 용적 질량 및 실적률 시험
2.7 골재에 포함된 잔입사량 시험
2.8 골재 중의 점토 덩어리 양 시험
2.9 골재에 포함된 경량편량 시험
2.10 굵은 골재의 연석량 시험
2.11 잔골재에 포함된 유기 불순물 시험
2.12 골재 중의 염화물 함유율 시험
2.13 골재의 안정성 시험
2.14 굵은 골재의 마모 저항성 시험
2.15 굵은 골재의 파쇄값 측정 시험

2.1 골재의 체가름 시험
(Test for Sieve Analysis of Aggregate)

1. 시험 목적

(1) 콘크리트용 및 아스팔트 혼합물용 골재의 입도를 구한다.

(2) 골재의 입도, 조립률 및 굵은 골재의 최대 치수를 구한다.

(3) 혼합 골재의 혼합비 결정 등에 필요한 자료를 얻는다.

2. 사용 기기

(1) 시험용 체(KS A 5101－1에 규정된 것)

① 굵은 골재용(1.2 mm, 2.5 mm, 5 mm, 10 mm, 20 mm, 25 mm, 30 mm, 40 mm, 50 mm, 65 mm, 75 mm, 100 mm의 망체)

② 잔골재용(0.15 mm, 0.3 mm, 0.6 mm, 1.2 mm, 2.5 mm, 5 mm, 10 mm의 망체)

(2) 체 접시

(3) 체 뚜껑

(4) 체 진동기

(5) 저울(시료 질량의 0.1% 이하의 눈금 양 또는 감량을 가진 것)

(6) 건조기(105±5°C의 온도를 유지할 수 있는 것)

(7) 보조 기구

① 시료 분취기　② 시료 용기　③ 시료 삽

그림 2.1 체 진동기

그림 2.2 건조기

3. 사용 재료

(1) 잔골재

(2) 굵은 골재

4. 시험 방법(KS F 2502)

[1] 시료의 준비

(1) 'KS F 2501 골재의 시료 채취 방법'에 따라 시료를 채취한다.

(2) 골재 시료를 4분법(그림 2.3 참조) 또는 시료 분취기로 축분한다.

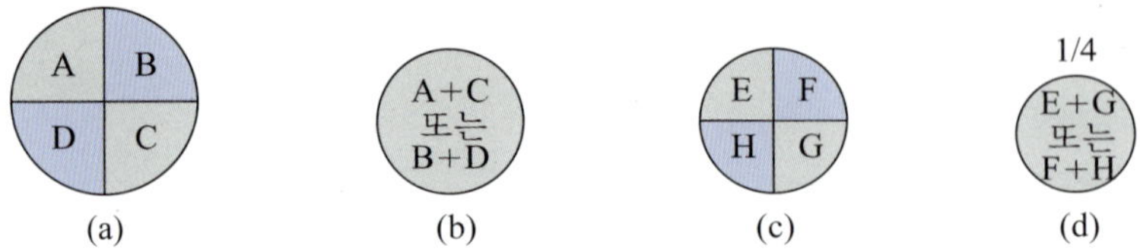

(a) 시료를 고루 펴서 4등분한다. (b) A+C 또는 B+D를 취해 고르게 편다.
(c) 시료를 4등분한다. (d) E+G 또는 F+H를 취하고, 필요한 양이 될 때까지 반복한다.

그림 2.3 시료의 4분법

(3) 시료를 건조기에서 105±5°C로 24시간 동안 건조시킨 후, 실온까지 냉각시킨다.

(4) 시료의 질량을 표 2.1에 따라 0.1% 이상의 정밀도로 계량한다. 다만, 구조용 경량 골재에서는 최소 건조 질량의 1/2로 한다.

표 2.1 체가름 시험 시료의 질량

골재의 종류	골재 입자의 크기	최소 건조 질량(kg)
잔골재	1.2 mm체를 95%(질량비) 이상 통과하는 것	0.1
	1.2 mm체에 5%(질량비) 이상 남는 것	0.5
굵은 골재	최대 치수 10 mm 정도의 것	2
	최대 치수 13 mm 정도의 것	2.6
	최대 치수 15 mm 정도의 것	3
	최대 치수 20 mm 정도의 것	4
	최대 치수 25 mm 정도의 것	5
	최대 치수 30 mm 정도의 것	6
	최대 치수 40 mm 정도의 것	8
	최대 치수 50 mm 정도의 것	10
	최대 치수 65 mm 정도의 것	12
	최대 치수 75 mm 정도의 것	16
	최대 치수 100 mm 정도의 것	20

[2] 체가름 시험

(1) 체 접시 위에 체가름 시험용 체 1조를 체눈이 작은 것을 아래로 하여 체 진동기에 건다(그림 2.4 참조).

(2) 시료를 체에 넣어 체 뚜껑을 닫고, 체를 고루 움직이게 하며 연속적으로 체질을 한다.

(3) 1분 동안 각 체에 남는 시료의 양이 1% 이상 통과하지 않을 때까지 체가름 한다.

(4) 체 진동기에서 체를 들어 내어 각 체에 남는 시료의 질량을 전 시료 질량의 0.1% 이상까지 계량한다.

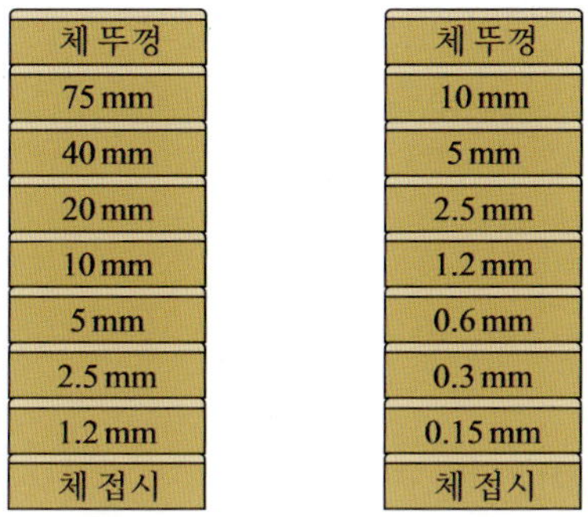

(a) 잔골재용 (b) 굵은 골재용

그림 2.4 체가름 시험용 체

[3] 시험 결과의 산출

(1) 각 체에 남는 시료의 질량 배분율은 다음 식으로 산출하고, 소수점 이하 1자리까지 계산하여 정수로 끝맺음 한다.

$$P_r = \frac{m_r}{m_a} \times 100 \tag{2.1}$$

여기서, P_m : 각 체에 남는 시료의 질량 백분율(%)

m_a : 전 시료의 질량(g)

m_r : 각 체에 남는 시료의 질량(g)

(2) 골재의 조립률은 다음 식으로 구한다.

$$FM = \frac{1}{100} \Sigma P \tag{2.2}$$

여기서, FM : 골재의 조립률

P : 규정된 각 체에 남는 시료의 질량 백분율 누계(%)

(3) 굵은 골재의 최대 치수(90% 이상 통과하는 체의 최소 치수)를 구한다.

(4) 골재의 입도 곡선을 그린다.

5. 주의 사항

(1) 잔골재(가열 골재 포함) 및 부순 잔골재는 0.08 mm 체를 통과하는 양을 사전에 'KS F 2511 골재에 포함된 잔입자 시험 방법' (2.7 참조)에 따라 측정하고, 잔골재 체가름 시험의 시료는 씻기 시험을 한 후 잔류분(노건조 후)으로 시험한다.

(2) 체눈에 막힌 입자는 파쇄되지 않도록 주의하여 되밀어 체에 남은 시료로 간주한다.

(3) 5 mm보다 작은 체에서는 체 작업이 끝난 시점에서 각 체에 남는 시료의 양이 다음 값을 넘어서는 안 된다.

$$m_r = \frac{A\sqrt{d}}{K} \tag{2.3}$$

여기서, m_r : 각 체에 남는 시료의 질량(g)

A : 체의 면적(mm^2)

d : 체의 호칭 치수(mm)

K : 300(현장 적용 때는 200)

각 체 중의 어느 쪽이 이 양을 넘는 경우는 다음 2가지 방법 중 하나를 실시한다.

① 그 부분의 시료를 규정한 최대 질량보다 작아지도록 나누어 이것들을 차례차례 체가름 한다.

② 5 mm의 체를 통과하는 시료를 시료 분취기 또는 4분법에 의해 축분하고 축분한 시료에 대하여 체가름 한다.

(4) 각 체에 남는 것과 받침 접시 안의 것의 총합은 체가름 전에 측정한 시료 질량과의 차이가 1% 미만이어야 한다.

(5) 기계식 체가름 시험 중 분쇄될 우려가 있는 골재는 수동으로 체가름 시험을 한다.

(6) 체 접시에 남는 시료의 양은 골재의 조립률 계산에 넣지 않는다.

6. 시험 결과의 정리

(1) 시험 결과를 정리하여 기록한다.

(2) 골재의 체가름 시험 결과의 예는 표 2.2와 같다.

표 2.2 골재의 체가름 시험 결과의 예

골재의 체가름 시험								
시험일	년 월 일			실온 23°C		습도 %	수온 °C	
시료	잔골재, 굵은 골재					시험자		
체의 호칭 치수	잔골재				굵은 골재			
	각 체에 남는 시료의 질량			통과 질량	각 체에 남는 시료의 질량			통과 질량
(mm)	질량 m_r (g)	백분율 $P_r = m_r/m_a \times 100$(%)	백분율 누계 P(%)	백분율 $P_p = 100 - P$ (%)	질량 m_r (g)	백분율 $P_r = m_r/m_a \times 100$(%)	백분율 누계 P (%)	백분율 $P_p = 100 - P$ (%)
75					0	0	0	100
40					750	5	5	95*
20					5 400	36	41	59
10	0	0	0	100	5 100	34	75	25
5	20	4	4	96	3 300	22	97	3
2.5	30	6	10	90	450	3	100	0
1.2	80	16	26	74	0	0	100	0
0.6	160	32	58	42	0	0	100	0
0.3	140	28	86	14	0	0	100	0
0.15	60	12	98	2	0	0	100	0
접시	10	2	(100)	0				
합계	m_a 500	100	282		m_a 15 000	100	718	
조립률	$FM = \sum P/100 = 282/100 = 2.82$				$FM = \sum P/100 = 718/100 = 7.18$			
굵은 골재의 최대 치수(mm)			40* (90% 이상 통과하는 체 중 최소 치수 체눈의 호칭 치수)					

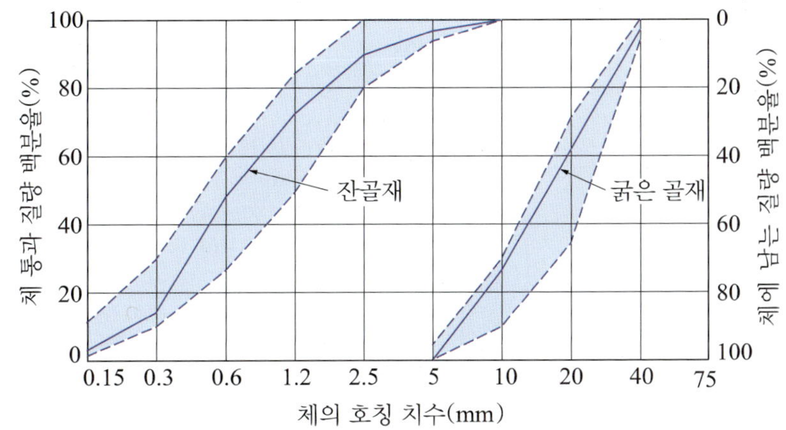

(---- 선은 표 2.5의 천연 잔골재 입도 및 표 2.4의 굵은 골재 467번 입도 범위이다.)

7. 참고 사항

(1) 골재 시험용 표준체의 호칭 치수는 표 2.3과 같다.

표 2.3 골재 시험용 표준체의 호칭 치수 (KS F 2523)

체의 호칭 치수(mm)	KS A 5101의 호칭 치수(mm)	체의 호칭 치수(mm)	KS A 5101의 호칭 치수(mm)	체의 호칭 치수(mm)	KS A 5101의 호칭 치수(mm)
100	106	20	19.0	1.2	1.18
90	90	15	16.0	0.6	0.6
75	75	13	13.2	0.4	0.425
65	63	10	9.5	0.3	0.3
50	53	5	4.75	0.15	0.15
40	37.5	3.5	3.35	0.08	0.075
30	31.5	2.5	2.36		
25	26.5	1.7	1.7		

(2) 콘크리트용 골재의 입도 범위는 다음과 같다.

① 굵은 골재의 입도는 표 2.4의 범위를 표준으로 한다.

표 2.4 굵은 골재의 입도 (KS F 2527)

골재 번호	체의 치수(mm) / 입도 범위(mm)	체를 통과하는 것의 질량 백분율(%)												
		100	90	75	65	50	40	25	20	13	10	5	2.5	1.2
1	90~40	100	90~100		25~60		0~15		0~5					
2	65~40			100	90~100	35~70	0~15		0~5					
3	50~25				100	90~100	35~70	0~15		0~5				
357	50~5				100	95~100		35~70		10~30		0~5		
4	40~20					100	90~100	20~55	0~15		0~5			
467	40~5					100	95~100	–	35~70		10~30	0~5		
5	25~13						100	90~100	20~55	0~10	0~5			
57	25~5						100	95~100		25~60		0~10	0~5	
6	20~13							100	90~100		0~10	0~5		
67	20~5							100	90~100		20~55	0~10	0~5	
7	13~5								100	90~100	40~70	0~15	0~5	
78	13~2.5								100	90~100	40~75	5~25	0~10	0~5
8	10~2.5									100	85~100	10~30	0~10	0~5

② 잔골재의 입도는 표 2.5의 범위를 표준으로 한다.

표 2.5 잔골재의 입도 (KS F 2527)

체의 호칭 치수(mm)	체를 통과하는 것의 질량 백분율(%)		체의 호칭 치수(mm)	체를 통과하는 것의 질량 백분율(%)	
	천연 잔골재	부순 잔골재		천연 잔골재	부순 잔골재
10	100	100	0.6	25～65	25～60
5	95～100	95～100	0.3	10～35	10～30
2.5	80～100	80～100	0.15	2～15	2～10
1.2	50～90	50～85			

(3) 골재의 조립률은 골재 입자의 지름이 클수록 크며, 잔골재는 2.3～3.1, 굵은 골재는 6～8 정도가 좋다.

(4) 조립률이 각각 다른 2종류의 골재로부터 혼합 골재의 조립률은 다음 식으로 구할 수 있다.

$$f_m = \frac{m}{m+n} \cdot p + \frac{n}{m+n} \cdot q \tag{2.4}$$

여기서, f_m : 혼합 골재의 조립률

p, q : 골재 각각의 조립률

m, n : 골재 각각의 혼합비(질량비)

(5) ‘KS F 2501 골재의 시료 채취 방법’은 다음과 같다.

① 잔골재는 저장되어 있는 경우, 시료 채취관을 사용하여 한 번에 1 kg의 시료를 채취한다.

② 굵은 골재는 무더기인 경우, 무더기의 상단부, 중앙부 및 하단부에서 각각 시료를 채취한다.

③ 자갈과 모래가 혼합되어 있는 경우는 모래 15 kg, 자갈 35 kg 이상을 얻을 수 있도록 채취한다.

④ 자갈, 부순 골재, 모래는 약 50 t마다 별개의 시료를 채취해야 한다.

⑤ 차량에서 시료를 채취할 때는 각각의 시료를 한군데로 혼합한 후 4분법에 의해 채취한다.

8. 관계 지식

(1) 콘크리트용 골재는 골재 입자의 크기에 따라 굵은 골재와 잔골재로 나뉘며, 그 정의는 다음과 같다(콘크리트표준시방서).

(ㄱ) **굵은 골재**(coarse aggregate) 1) 5 mm 체에 거의 다(85% 이상) 남는 골재, 또는 2) 5 m 체에 다 남는 골재를 말한다.

(ㄴ) **잔골재**(fine aggregate) 1) 10 mm 체를 전부 통과하고 5 mm 체를 거의 다(85% 이상) 통과하며, 0.08 mm 체에 남는 골재, 또는 2) 5 mm 체를 통과하고 0.08 mm 체에 남는 골재를 말한다.

여기서, 1)은 자연 상태 또는 가공 후의 모든 골재에 적용되는 것이고, 2)는 콘크리트의 시방 배합을 정할 때 적용되는 것이다.

(2) 골재의 입도 및 치수에 관한 용어의 정의는 다음과 같다.

(ㄱ) **골재의 입도**(grading) 골재의 크고 작은 알이 섞여 있는 정도를 말하며, 입도 곡선이나 조립률로 나타낸다.

(ㄴ) **골재의 조립률**(FM, fineness modulus) 골재의 입도를 수치적으로 나타내는 방법이다. 75 mm, 40 mm, 20 mm, 10 mm, 5 mm, 2.5 mm, 1.2 mm, 0.6 mm, 0.3 mm, 0.15 mm의 체 등 10개의 체를 1조로 하여 체가름 시험하였을 때, 각 체에 남는 시료 질량의 전 시료에 대한 질량 백분율 누계의 합을 100으로 나눈 값을 말한다.

(ㄷ) **굵은 골재의 최대 치수**(maximum size of coarse aggregate) 질량으로 90% 이상 통과하는 체 중에서 최소 치수 체눈의 호칭 치수로 나타낸 굵은 골재의 치수를 말한다.

(ㄹ) **굵은 골재의 최소 치수**(minimum size of coarse aggregate) 굵은 골재의 최소 치수란, 프리플레이스트 콘크리트(preplaced concrete)에 사용되는 굵은 골재에서 질량으로 적어도 95% 이상 남는 체 중에서 최대 치수 체눈의 호칭 치수로 나타낸 굵은 골재의 치수를 말한다.

2.2 잔골재의 밀도 및 흡수율 시험

(Test for Density and Absorption of Fine Aggregate)

1. 시험 목적

(1) 잔골재의 밀도는 잔골재의 실적률 계산과 절대 용적을 구할 때 필요하다.

(2) 잔골재의 흡수율은 콘크리트 배합 설계에서 혼합 수량의 조정에 필요하다.

2. 사용 기기

(1) 원뿔형 몰드(윗지름 40±3 mm, 밑지름 90±3 mm, 높이 75±3 m, 최소 두께 0.8 mm 이상)

(2) 다짐봉(질량 340±15 g, 지름 25±3 mm)

(3) 저울(용량 1 kg 이상, 감도 0.1 g 이상)

(4) 플라스크(용량 500 mL)

(5) 건조기(105±5°C의 온도 유지의 것)

(6) 항온 수조

(7) 데시케이터 및 피펫

그림 2.5 원뿔형 몰드와 다짐봉

3. 사용 재료

(1) 잔골재

4. 시험 방법(KS F 2504)

[1] 시료의 준비 및 제작

(가) 시료의 준비

(1) 'KS F 2501 골재의 시료 채취 방법'에 따라 시료를 채취한다.

(2) 4분법 또는 시료 분취기에 의해 잔골재 시료 1 kg을 준비한다.

(나) 표면 건조 포화 상태 시료의 제작

(1) 시료를 20±5°C의 물속에 24±4시간 담근다.

(2) 시료를 용기에 펴서 따뜻한 공기로 표면에 물기가 거의 없게 건조시킨다.

(3) 시료를 원뿔형 몰드에 느슨하게 채우고, 다짐봉으로 표면을 가볍게 25회 다진다.

(4) 원뿔형 몰드를 수직으로 빼 올린다. 이때, 원뿔 모양이 흘러내리지 않고 그 상태를 그대로 유지하면 잔골재에 표면수가 있는 것이다(그림 2.6(a) 참조).

(5) 다시 잔골재를 펴서 건조시키고, 앞의 (3), (4)의 방법을 반복한다.

(6) 원뿔형 몰드를 빼 올렸을 때, 잔골재의 원뿔 모양이 흘러내리기 시작하면 이것을 잔골재의 표면 건조 포화 상태로 한다(그림 2.6(b) 참조).

(a) 습윤 상태 (b) 표면 건조 포화 상태 (c) 공기 중 건조 상태

그림 2.6 잔골재의 함수 상태

[2] 밀도 및 흡수량 시험

(1) 표면 건조 포화 상태 시료 500 g 이상 채취하고, 그 질량(m_s)을 0.1 g까지 측정한다.

(2) 시료를 바로 플라스크에 넣고 검정 용량의 90%까지 물을 채운다.

(3) 플라스크를 평평한 면에 굴려서 기포를 없앤다. 이때 물의 온도(t_1)를 측정한다.

(4) 플라스크를 항온 수조에 약 1시간 동안 담가 20±5°C로 조정한 후, 검정 용량의 눈금까지 물을 채우고 플라스크, 시료 및 물의 질량(m_t)을 0.1 g까지 측정한다.

(5) 플라스크 내의 시료를 전부 용기에 옮기고, 플라스크에 검정 용량의 눈금까지 물을 채워 그 질량(m_e)을 측정한다. 이때 물의 온도(t_2)는 (3)에서 측정한 물의 온도(t_1)와 1°C 이상 차이가 나서는 안 된다.

(6) 용기 내의 시료를 건조로에서 105±5°C의 온도로 24시간 건조시킨다.

(7) 시료를 데시케이터 내에서 실온까지 냉각하여 그 질량(m_d)을 0.1 g까지 측정한다.

[3] 시험 결과의 산출

(1) 잔골재의 절대 건조 상태의 밀도는 다음 식으로 산출하고, 소수점 이하 2자리로 한다.

$$d_d = \frac{m_d}{m_e + m_s - m_t} \times d_w \tag{2.5}$$

여기서, d_d : 잔골재의 절대 건조 상태의 밀도(g/cm^3)

m_d : 절대 건조 상태 시료의 질량(g)

m_e : 검정 용량의 눈금까지 물을 채운 플라스크의 질량(g)

m_s : 표면 건조 포화 상태 시료의 질량(g)

m_t : 검정 용량의 눈금까지 시료와 물을 채운 플라스크의 질량(g)

d_w : 시험 온도에서 물의 밀도(g/cm^3)(표 2.7 참조)

(2) 잔골재의 표건 상태의 밀도는 다음 식으로 산출하고, 소수점 이하 2자리로 한다.

$$d_s = \frac{m_s}{m_e + m_s - m_t} \times d_w \tag{2.6}$$

여기서, d_s : 잔골재의 표면 건조 포화 상태의 밀도(g/cm^3)

(3) 잔골재의 겉보기 밀도는 다음 식으로 산출하고, 소수점 이하 2자리까지 구한다.

$$d_A = \frac{m_d}{m_e + m_d - m_t} \times d_w \tag{2.7}$$

여기서, d_A : 잔골재의 겉보기 밀도(g/cm^3)

(4) 잔골재의 흡수율은 다음 식으로 산출하고, 소수점 이하 2자리까지 구한다.

$$Q = \frac{m_s - m_d}{m_d} \times 100 \tag{2.8}$$

여기서, Q : 잔골재의 흡수율(%)

(5) 2회 시험의 평균값을 잔골재의 밀도 및 흡수율 값으로 한다.

(6) 정밀도는 시험값이 평균값과의 차가 밀도의 경우는 0.01 g/cm^3, 흡수율의 경우는 0.05% 이하이어야 한다.

5. 주의 사항

(1) 시료를 표면 건조 포화 상태로 만들 때 너무 빨리 건조시키면 안 된다.

(2) 흡수량 시험할 때, 건조 작업 중에 작은 입자가 날리지 않도록 한다.

6. 시험 결과의 정리

(1) 시험 결과를 정리하여 기록한다.

(2) 잔골재의 밀도 및 흡수율 시험 결과의 예는 표 2.6과 같다.

표 2.6 **잔골재의 밀도 및 흡수율 시험 결과의 예**

<table>
<tr><td colspan="6">잔골재의 밀도 및 흡수율 시험</td></tr>
<tr><td>시험일</td><td>년 월 일</td><td>실온 23°C</td><td>습도 %</td><td colspan="2">수온 23°C</td></tr>
<tr><td>시료</td><td colspan="2">잔골재</td><td>시험자</td><td colspan="2"></td></tr>
<tr><td colspan="2">측정 번호</td><td>1</td><td>2</td><td>3</td><td>4</td></tr>
<tr><td colspan="6">밀도 시험</td></tr>
<tr><td colspan="2">표면 건조 포화 상태 시료의 질량 m_s (g)</td><td>500.0</td><td>500.0</td><td></td><td></td></tr>
<tr><td colspan="2">(플라스크+물)의 질량 m_e (g)</td><td>697.3</td><td>697.5</td><td></td><td></td></tr>
<tr><td colspan="2">(플라스크+시료+물)의 질량 m_t (g)</td><td>1 005.6</td><td>1 004.8</td><td></td><td></td></tr>
<tr><td rowspan="2">플라스크 내의 수온</td><td>(시료+물)의 온도 t_1 (°C)</td><td>23</td><td>23</td><td></td><td></td></tr>
<tr><td>검정 용량의 물 온도 t_2 (°C)</td><td>23</td><td>23</td><td></td><td></td></tr>
<tr><td colspan="2">절대 건조 상태 시료의 질량 m_d (g)</td><td>488.5</td><td>488.7</td><td></td><td></td></tr>
<tr><td colspan="2">물의 밀도(23°C) (g/cm^3)</td><td>0.9975</td><td>0.9975</td><td></td><td></td></tr>
<tr><td colspan="2" rowspan="2">절대 건조 상태 밀도
$d_d = \frac{m_d}{m_e + m_s - m_t} \times d_w$ (g/cm^3)</td><td>2.54</td><td>2.53</td><td rowspan="2"></td><td rowspan="2"></td></tr>
<tr><td colspan="2">(평균) 2.535</td></tr>
<tr><td colspan="2">평균값과의 차 (g/cm^3)</td><td colspan="2">0.005</td><td colspan="2"></td></tr>
<tr><td colspan="2">정밀도의 허용차 (g/cm^3)</td><td colspan="2">0.01</td><td colspan="2"></td></tr>
<tr><td colspan="2">평균 절대 건조 상태 밀도 (g/cm^3)</td><td colspan="2">2.54</td><td colspan="2"></td></tr>
<tr><td colspan="2" rowspan="2">표면 건조 포화 상태 밀도
$d_s = \frac{m_s}{m_e + m_s - m_t} \times d_w$ (g/cm^3)</td><td>2.60</td><td>2.59</td><td rowspan="2"></td><td rowspan="2"></td></tr>
<tr><td colspan="2">(평균) 2.595</td></tr>
<tr><td colspan="2">평균값과의 차 (g/cm^3)</td><td colspan="2">0.005</td><td colspan="2"></td></tr>
<tr><td colspan="2">정밀도의 허용차 (g/cm^3)</td><td colspan="2">0.01</td><td colspan="2"></td></tr>
<tr><td colspan="2">평균 표면 건조 포화 상태 밀도 (g/cm^3)</td><td colspan="2">2.60</td><td colspan="2"></td></tr>
<tr><td colspan="6">흡수율 시험</td></tr>
<tr><td colspan="2" rowspan="2">흡수율(절건 시료에 대한 질량 백분율)
$Q = \frac{m_s - m_d}{m_d} \times 100$ (%)</td><td>2.35</td><td>2.31</td><td rowspan="2"></td><td rowspan="2"></td></tr>
<tr><td colspan="2">(평균) 2.33</td></tr>
<tr><td colspan="2">평균값과의 차 (%)</td><td colspan="2">0.02</td><td colspan="2"></td></tr>
<tr><td colspan="2">정밀도의 허용차 (%)</td><td colspan="2">0.05</td><td colspan="2"></td></tr>
<tr><td colspan="2">평균 흡수율 (%)</td><td colspan="2">2.33</td><td colspan="2"></td></tr>
</table>

7. 참고 사항

(1) 물의 밀도는 표 2.7과 같다.

표 2.7 **물의 밀도** (KS F 2308)

온도(°C)	밀도(g/cm^3)	온도(°C)	밀도(g/cm^3)	온도(°C)	밀도(g/cm^3)
10	0.9997	17	0.9988	24	0.9973
11	0.9996	18	0.9986	25	0.9970
12	0.9995	19	0.9984	26	0.9968
13	0.9994	20	0.9982	27	0.9965
14	0.9992	21	0.9980	28	0.9962
15	0.9991	22	0.9978	29	0.9959
16	0.9989	23	0.9975	30	0.9956

(2) 골재의 표면 건조 포화 상태 밀도와 골재의 절대 건조 상태 밀도의 관계는 흡수율 Q를 파라미터(parameter)로 하여, 다음 식의 관계가 성립된다.

$$d_d = \frac{d_S}{1 + Q/100} \tag{2.9}$$

여기서, d_d : 골재의 절대 건조 상태의 밀도(g/cm^3)

d_S : 골재의 표면 건조 포화 상태의 밀도(g/cm^3)

Q : 골재의 흡수율(%)

(3) 천연 잔골재의 밀도는 2.50~2.65 g/cm^3 정도이고, 흡수율은 1~6% 정도이다.

(4) 콘크리트용 잔골재의 밀도 및 흡수율은 KS F 2527에 규정되어 있으며, 표 2.8과 같다.

표 2.8 **콘크리트용 잔골재의 밀도 및 흡수량** (KS F 2527)

골재의 종류	절건 밀도(g/cm^3)	흡수율(%)
천연 잔골재	2.5 이상	3.0 이하
부순 잔골재	2.5 이상	3.0 이하
고로 슬래그 잔골재	2.5 이상	3.5 이하
순환 잔골재	2.3 이상	4.0 이하

(5) 흡수율이 3% 이상 되는 잔골재는 콘크리트의 강도나 내구성에 나쁜 영향을 끼친다.

8. 관계 지식

(1) 골재의 밀도는 다음과 같이 3종류가 있다.

(ㄱ) **절대 건조 상태의 밀도**(density OD) 투수성 공극(permeable pores)과 불투수성 공극을 포함한 골재 입자의 단위 체적당 절대 건조 상태의 질량이다.

(ㄴ) **표면 건조 포화 상태의 밀도**(density SSD) 물로 차 있는 투수성 공극과 불투성 공극을 포함한 골재 입자의 단위 체적당 표면 건조 포화 상태의 질량이다.

(ㄷ) **겉보기 밀도**(apparent density) 골재 입자의 불투수성 부분(impermeable portion)의 단위 체적당 절대 건조 상태의 질량이다.

(2) 골재의 밀도는 일반적으로 표면 건조 포화 밀도를 말한다.

(3) 골재의 함수 상태(moisture condition)는 수분 상태에 따라 다음 4종류로 분류된다.

(ㄱ) **절대 건조 상태**(absolute dry condition) 골재를 100~105°C의 온도로 질량이 일정하게 될 때까지 건조하여, 골재 입자 내부의 공극에 있는 물이 완전히 제거된 상태이다. 절건 상태 또는 노건조 상태(oven dry condition, OD)라고도 한다.

(ㄴ) **공기 중 건조 상태**(air dry condition, AD) 골재를 실내에서 자연 건조하여, 골재 입자의 내부 공극 일부가 물로 차 있는 상태이다. 기건 상태라고도 한다.

(ㄷ) **표면 건조 포화 상태**(saturated surface dry condition, SSD) 골재 입자의 표면은 건조하고, 내부의 공극이 물로 차 있는 상태이다. 표건 상태라고도 한다.

(ㄹ) **습윤 상태**(wet condition) 골재 입자 내부의 공극과 표면에 물이 있는 상태이다.

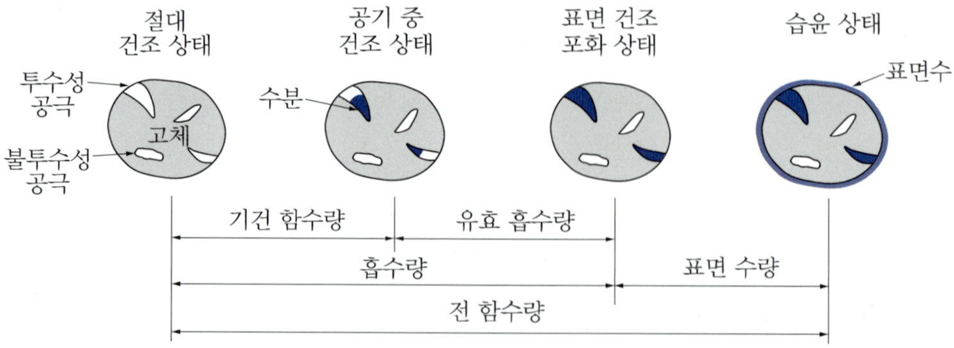

그림 2.7 골재의 함수 상태

(4) 골재의 흡수율(absorption ratio)은 표면 건조 포화 상태의 골재 입자에 함유되어 있는 수량을 절대 건조 상태 골재의 질량으로 나누어 백분율로 나타낸다.

(5) 콘크리트의 배합 설계는 표면 건조 포화 상태의 골재를 기준으로 한다.

2.3 굵은 골재의 밀도 및 흡수율 시험

(Test for Density and Absorption of Coarse Aggregate)

1. 시험 목적

(1) 굵은 골재의 밀도는 실적률 계산과 절대 용적을 구할 때 필요하다.

(2) 굵은 골재의 흡수율은 콘크리트의 배합 설계에서 혼합 수량의 조정에 필요하다.

2. 사용 기기

(1) 골재의 밀도 측정 장치

① 물통(철망태를 담을 수 있는 크기)

② 철망태(지름 200 mm, 높이 200 mm) 및 갈고리

③ 저울(시료 질량의 0.1%를 읽을 수 있는 것)

(2) 건조기(105±5°C의 온도 유지가 가능한 것)

(3) 시험용 체(5 mm의 망체)

(4) 보조 기구

① 데시케이터

② 시료 분취기

③ 시료 용기 및 작은 삽

그림 2.8 골재의 밀도 측정 장치

3. 사용 재료

(1) 굵은 골재

(2) 흡수 천

4. 시험 방법(KS F 2503)

[1] 시료의 준비 및 제작

(가) 시료의 준비

(1) 'KS F 2501 골재의 시료 채취 방법'에 따라 시료를 채취한다.

(2) 5 mm 체에 남는 굵은 골재를 4분법 또는 시료 분취기에 의해 축분한다.

(3) 시료의 양을 다음과 같이 한다.

① 보통 골재의 최소의 질량은 굵은 골재 최대 치수(mm)의 0.1배를 kg으로 나타낸 양으로 한다.

② 경량 골재 시료의 양은 다음 식으로 정한다.

$$m_{\min} = \frac{d_{\max} \times D_e}{25} \tag{2.10}$$

여기서, $m_{\min}$: 시료의 최소 질량(kg)

$d_{\max}$: 굵은 골재의 최대 치수(mm)

D_e : 굵은 골재의 추정 밀도(g/cm^3)

(4) 시료를 물로 충분히 씻고, 입자 표면의 불순물 및 그 밖의 이물질을 제거한다.

(나) 표건 상태의 시료 제작

(1) 시료를 철망태에 넣고 입자의 표면과 입자 간의 부착 공기를 제거한 뒤, 20±5°C의 물속에 24시간 담근다.

(2) 철망태와 시료를 수중에서 꺼내어 물기를 제거한다.

(3) 시료를 흡수 천에 굴리고 수막을 제거하여 표면 건조 포화 상태로 만든다.

[2] 밀도 및 흡수율 시험

(1) 표면 건조 포화 상태 시료의 질량(m_s)을 측정한다.

(2) 20±5°C의 수중에서 시료의 질량(m_w)과 수온(t)을 측정한다.

(3) 시료를 건조기에서 105±5°C의 온도로 질량의 변화가 없을 때까지 건조시킨다.

(6) 시료를 실온까지 냉각하여 절대 건조 상태의 질량(m_d)을 측정한다.

[3] 시험 결과의 산출

(1) 굵은 골재의 절대 건조 상태의 밀도는 다음 식에 따라 산출하고, 소수점 이하 2자리까지 구한다.

$$D_d = \frac{m_d}{m_s - m_w} \times d_w \tag{2.11}$$

여기서, D_d : 굵은 골재의 절대 건조 상태의 밀도(g/cm^3)

m_d : 절대 건조 상태 시료의 질량(g)

m_s : 표면 건조 포화 상태 시료의 질량(g)

m_w : 수중에서 시료의 질량(g)

d_w : 시험 온도에서 물의 밀도(g/cm³)(표 2.7 참조)

(2) 굵은 골재의 표면 건조 포화 상태의 밀도는 다음 식으로 산출하고, 소수점 이하 2자리까지 구한다.

$$D_s = \frac{m_s}{m_s - m_w} \times d_w \tag{2.12}$$

여기서, D_s : 굵은 골재의 표면 건조 포화 상태의 밀도(g/cm³)

(3) 굵은 골재의 겉보기 밀도는 다음 식으로 산출하고, 소수점 이하 2자리까지 구한다.

$$D_A = \frac{m_d}{m_d - m_w} \times d_w \tag{2.13}$$

여기서, D_A : 굵은 골재의 겉보기 밀도(g/cm³)

(4) 굵은 골재의 흡수율은 다음 식으로 산출하고, 소수점 이하 2자리까지 구한다.

$$Q = \frac{m_s - m_d}{m_d} \times 100 \tag{2.14}$$

여기서, Q : 굵은 골재의 흡수율(%)

(5) 2회 시험의 평균값을 굵은 골재의 밀도 및 흡수율 값으로 한다.

(6) 정밀도는 시험값이 평균값과의 차가 밀도의 경우는 0.01 g/cm³, 흡수율의 경우는 0.03% 이하이어야 한다.

5. 주의 사항

(1) 시료의 표면 건조 포화 상태의 작업을 할 때 입자가 굵은 것은 1개씩 닦는다.

(2) 일반적인 경우 굵은 골재를 여러 개의 무더기로 나누어 시험하는 것이 좋다.

6. 시험 결과의 정리

(1) 시험 결과를 정리하여 기록한다.

(2) 굵은 골재의 밀도 및 흡수율 시험 결과의 예는 표 2.9와 같다.

표 2.9 굵은 골재의 밀도 및 흡수율 시험 결과 예

굵은 골재의 밀도 및 흡수율 시험						
시험일	년 월 일	실온 23°C		습도 %		수온 23°C
시료	굵은 골재(최대 치수 25 mm)			시험자		

측정 번호	1	2	3	4
밀도 시험				
수중에서 철망태의 질량 m_1 (g)	435.4	435.8		
수중에서 (철망태+시료)의 질량 m_2 (g)	2 302.0	2 299.6		
수중에서 시료의 질량 $m_w = m_2 - m_1$ (g)	1 866.6	1 863.8		
수온 t (°C)	23	23		
표면 건조 포화 상태 시료의 질량 m_s (g)	3 000.0	3 000.5		
절대 건조 상태 시료의 질량 m_d (g)	2 953.4	2 953.7		
물의 밀도(23°C) d_w (g/cm³)	0.9975	0.9975		
절대 건조 상태의 밀도 $D_d = \frac{m_d}{m_s - m_w} \times d_w$ (g/cm³)	2.60	2.59		
	(평균) 2.595			
평균값과의 차 (g/cm³)	0.005			
정밀도의 허용차 (g/cm³)	0.01			
평균 절대 건조 상태의 밀도 (g/cm³)	2.60			
표면 건조 포화 상태의 밀도 $D_s = \frac{m_s}{m_s - m_w} \times d_w$ (g/cm³)	2.64	2.63		
	(평균) 2.635			
평균값과의 차 (g/cm³)	0.005			
정밀도의 허용차 (g/cm³)	0.01			
평균 표면 건조 포화 상태의 밀도(g/cm³)	2.64			
흡수율 시험				
흡수율(절건 시료에 대한 질량 백분율) $Q = \frac{m_s - m_d}{m_d} \times 100$ (%)	1.57	1.58		
	(평균) 1.575			
평균값과의 차 (%)	0.005			
정밀도의 허용차 (%)	0.03			
평균 흡수율 (%)	1.58			

7. 참고 사항

(1) 시료를 여러 개의 무더기로 나누어 시험하였을 때, 골재의 밀도 및 흡수율 평균값은 각각 다음 식으로 산출한다.

$$\text{밀도의 평균값 } D(\mathrm{g/cm^3}) = \frac{1}{\dfrac{P_1}{100D_1} + \dfrac{P_2}{100D_2} + \cdots + \dfrac{P_n}{100D_n}} \tag{2.15}$$

$$\text{흡수율의 평균값 } Q(\%) = \frac{P_1Q_1}{100} + \frac{P_2Q_2}{100} + \cdots + \frac{P_nQ_n}{100} \tag{2.16}$$

여기서, $D_1, D_2, \cdots, D_n$: 각 무더기의 밀도(g/cm^3)

$P_1, P_2, \cdots, P_n$: 원 시료에 대한 각 무더기의 질량 백분율(%)

$Q_1, Q_2, \cdots, Q_n$: 각 무더기의 흡수율(%)

(2) 천연 굵은 골재의 밀도는 2.55~2.70 g/cm^3 정도이고, 흡수율은 1~3% 정도이다.

(3) 콘크리트용 굵은 골재의 밀도 및 흡수율은 표 2.10에 규정되어 있는 것과 같다.

표 2.10 **콘크리트용 굵은 골재의 밀도 및 흡수율** (KS F 2527)

골재의 종류	절건 밀도(g/cm^3)	흡수율(%)
천연 굵은 골재	2.5 이상	3.0 이하
부순 굵은 골재	2.5 이상	3.0 이하
고로 슬래그 굵은 골재	(N) 2.2 이상, (H) 2.4 이상	(N) 6.0 이하, (H) 4.0 이하
순환 굵은 골재	2.5 이상	3.0 이하

주: (N)은 보통 품질(Normal Quality), (H)는 고급 품질(High Quality)이다.

8. 관계 지식

(1) 골재의 밀도는 일반적으로 표면 건조 포화 상태의 밀도를 말한다.

(2) 굵은 골재의 흡수율(absorption)은 표건 상태일 때, 골재 입자에 함유되어 있는 수량을 절대 건조 상태 굵은 골재의 질량으로 나누어 백분율로 나타낸다.

2.4 잔골재의 표면 수율 시험

(Test for Surface Moisture in Fine Aggregate)

1. 시험 목적

(1) 잔골재의 표면수는 모르타르나 콘크리트의 반죽 질기에 영향을 미친다.

(2) 잔골재의 표면수는 콘크리트 배합 설계에서 혼합 수량의 조정에 필요하다.

2. 사용 기기

(1) 유리 용기(용량 500∼1 000 mL이고, 일정한 용량의 표시가 있는 것 또는 눈금이 새겨져 있는 것)

(2) 메스실린더(1 000 mL)

(3) 저울(용량 2 kg 이상, 감도 0.5 g)

(4) 보조 기구

① 피펫

② 뷰렛

③ 시료 용기

그림 2.9 유리 용기

3. 사용 재료

(1) 잔골재

4. 시험 방법(KS F 2509)

[1] 시료의 준비

(1) 'KS F 2501 골재의 시료 채취 방법'에 따라 시료를 채취한다.

(2) 잔골재 시료 500 g 이상을 준비한다.

[2] 표면수 측정

(가) 질량법

(1) 시료의 질량(m_z)을 0.1 g까지 측정한다.

(2) 유리 용기에 표시선까지 물을 넣고 질량(m_e)을 측정한다.

(3) 유리 용기를 비우고, 시료가 잠기기에 충분한 물을 넣는다.

(4) 유리 용기에 시료를 넣고 시료와 물을 흔들거나 휘저어서 공기를 빼낸다.

(5) 유리 용기의 표시선까지 물을 넣고, 유리 용기와 시료 및 물의 합계 질량(m_t)을 측정한다.

(6) 시료에서 치환된 물의 질량은 다음 식으로 산출한다.

$$m_w = m_z + m_e - m_t \tag{2.17}$$

여기서, m_w : 시료에서 치환된 물의 질량(g)

m_z : 시료의 질량(g)

m_e : 표시선까지 물을 넣은 유리 용기의 질량(g)

m_t : 표시선까지 물을 넣은 용기와 시료의 질량(g)

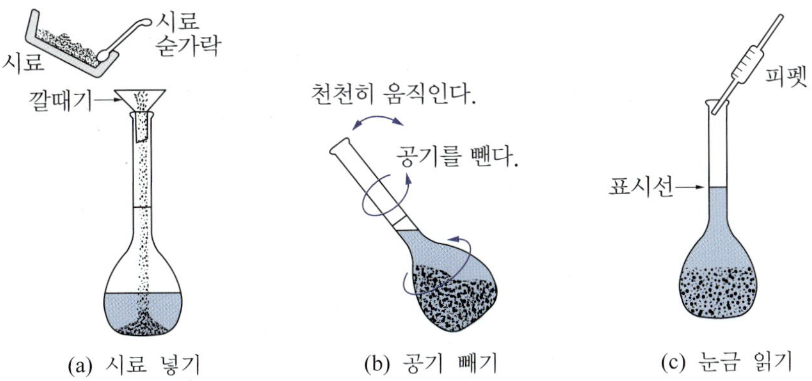

그림 2.10 잔골재의 표면 수율 측정

(나) 용적법

(1) 시료의 질량(m_z)을 0.1 g까지 측정한다.

(2) 시료가 잠길 수 있는 수량(V_e)을 0.5 mL까지 측정하여 유리 용기에 넣는다.

(3) 시료를 유리 용기에 넣고, 시료와 물을 흔들거나 휘저어서 공기를 뺀다.

(4) 눈금이 있는 용기를 사용할 때는 시료와 물의 용적 합(V_t)의 눈금을 읽는다. 표시가 있는 용기를 사용할 때는 시료와 물의 용적 합(V_t)은 넣는 양을 알 수 있도록 하여 물을 표시까지 채우고, 이 물의 용적을 용기의 용량에서 빼서 구한다.

(5) 시료에서 치환된 물의 양은 다음 식으로 산출한다.

$$V_w = V_t - V_e \tag{2.18}$$

여기서, V_w : 시료에서 치환된 물의 양(mL)

V_t : 시료와 물의 용적 합(mL)

V_e : 시료가 잠길 수 있도록 넣은 물의 양(mL)

[3] 시험 결과의 산출

(1) 잔골재의 표면 수율은 다음 식에 따라 산출하고, 반올림하여 소수점 이하 1자리로 끝맺음 한다.

$$H = \frac{m_w - m_v}{m_z - m_w} \times 100 \tag{2.19}$$

여기서, H : 잔골재의 표면 수율(표건 시료에 대한 질량 백분율)(%)

m_z : 시료의 질량(g)

m_w : 시료에서 치환된 물의 질량(g)

단, 용적법에 따르는 경우는 물의 밀도를 근사적으로 1 g/cm^{3}으로 하여 $m_w = 1 \times V_w$를 이용한다.

m_v : 시료의 질량(m_z)을 표면 건조 포화 상태의 밀도(d_s)로 나눈 값(mL)

d_s : 'KS F 2504에 잔골재의 밀도 및 흡수율 시험(2.2 참조)에 따라 구한 잔골재의 표면 건조 포화 상태의 밀도(g/cm^3)

(2) 시험은 동시에 채취한 시료에 대하여 2회 실시하고, 결과는 그 평균값으로 한다.

(3) 정밀도는 시험값이 평균값에서의 차가 0.3 이하이어야 한다.

5. 주의 사항

(1) 시험하는 동안 유리 용기 및 그 내용물의 온도는 15~25°C의 범위를 유지한다.

(2) 시료는 오차를 적게 하기 위해, 주어진 시간 안에 될 수 있는 대로 많이 채취한다.

6. 시험 결과의 정리

(1) 시험 결과를 정리하여 기록한다.

(2) 잔골재 표면 수율 시험 결과의 예는 표 2.11과 같다.

표 2.11 잔골재의 표면 수율 시험 결과의 예

잔골재의 표면 수율 시험				
시험일 년 월 일	실온 23.5°C	습도 %	수온 22°C	
시료 잔골재		시험자		
측정 번호	1	2	3	4
질량법				
시료의 질량 m_z (g)	500.0	500.0		
(용기+표시선의 물)의 질량 m_e (g)	952.0	952.3		
(용기+시료+표시선의 물)의 질량 m_t (g)	1 250.5	1 251.0		
시료에서 치환된 물의 질량 $m_w = m_z + m_e - m_t$ (g)	201.5	201.3		
잔골재의 표건 상태의 밀도 d_s (g/cm^3)	2.60*	2.60*		
$m_v = m_z / d_s$ (mL)	192.3	192.3		
표면 수율(표건 시료에 대한 질량 백분율) $H = \frac{m_w - m_v}{m_z - m_w} \times 100$ (%)	3.1	3.0		
	(평균) 3.05			
평균값과의 차 (%)	0.05			
정밀도의 허용차 (%)	0.3			
평균 표면 수율 (%)	3.1			
용적법				
시료의 질량 m_z (g)	500.0	500.0		
시료가 잠길 수 있는 물의 양 V_e (mL)	200.0	200.0		
(시료+물)의 용적의 합 V_t (mL)	401.6	401.3		
시료에서 치환된 물의 양 $V_w = V_t - V_e$ (mL)	201.6	201.3		
표면 수율(표건 시료에 대한 질량 백분율) $H = \frac{m_w^{**} - m_v}{m_z - m_w^{**}} \times 100$ (%)	3.1	3.0		
	(평균) 3.05			
평균값과의 차 (%)	0.05			
정밀도의 허용차 (%)	0.3			
평균 표면 수율 (%)	3.1			

비고 : * 표 2.6에서 구한 값이다.

** 용적법의 경우는 물의 밀도를 근사적으로 1 g/cm^3으로 하여 $m_w=1 \times V_w$를 사용한다.

7. 참고 사항

(1) 잔골재의 표면 수율 간이 측정법(메스실린더법)은 다음과 같다.

(ㄱ) 표면 수량의 측정도 작성

① 표면 건조 포화 상태의 잔골재 400 g을 취한다.

② 1 000 mL의 메스실린더에 물 400 mL를 채우고, 잔골재를 넣는다.

③ 잔골재 윗면의 읽음(mL)과 물 윗면의 읽음(mL)을 기록한다.

④ 표면 건조 상태 잔골재 450 g, 500 g, …을 취해서 위와 같은 방법으로 하여, 잔골재 윗면과 물 윗면의 읽음(mL)을 기록한다.

⑤ 이와 같이 얻은 값으로 그림 2.11(a)와 같이 A선과 B선을 그어서 표면 수량 측정도를 만든다.

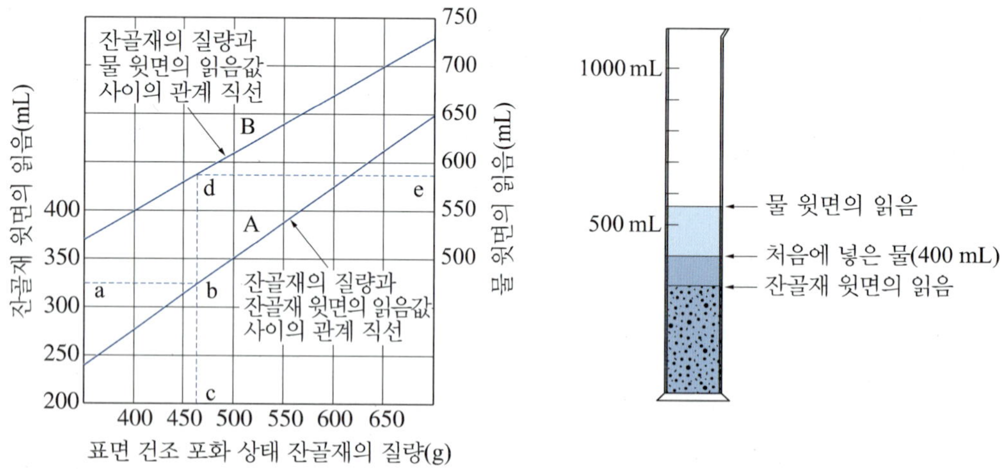

(a) 표면 수량의 측정도 (b) 물 윗면 및 잔골재 윗면의 읽음

그림 2.11 잔골재의 표면 수량 측정법

(ㄴ) 표면 수율의 측정 예

① 표면 수율을 구하고자 하는 임의의 양의 젖은 잔골재를 취한다.

② 1 000 mL의 메스실린더에 물 400 mL를 채우고, 젖은 잔골재를 넣는다.

③ 잔골재 윗면의 읽음값 325 mL, 물 윗면의 읽음값 594 mL를 읽는다.

④ 그림 2.11(a)의 세로축 위 잔골재 윗면의 325 mL가 되는 곳에 점 a를 찍고 a → b → c를 따라가면, 점 c에서 임의의 양을 취한 잔골재의 질량이 표면 건조 포화 상태로 460 g이라는 것을 알 수 있다.

⑤ a → b → c → d → e를 따라가면 점 e의 읽음값 580 mL를 얻는다.

⑥ 잔골재의 표면 수량과 표면 수율은 다음과 같이 된다.

$$\text{표면 수량} = 594 - 580 = 14\ \text{mL}$$

$$\text{표면 수율}(H) = \frac{14}{460} \times 100 = 3\,\%$$

(2) 잔골재의 표면 수율 대략 값은 표 2.12와 같다.

표 2.12 모래의 표면 수율

모래의 상태	표면 수율(%)
조금 젖은 모래(손에 쥐면 모양이 바로 무너지고, 손바닥이 약간 젖은 것을 느낄 수 있다.)	0.5～2
보통 젖은 모래(손에 쥐면 모양이 쥐어지고, 손바닥에 물이 약간 묻는다.)	2～4
매우 젖은 모래(손에 쥐면 손바닥이 젖는다.)	5～8

(3) 식 (2.19)는 ASTM C70의 부록을 참조한다.

8. 관계 지식

(1) 잔골재의 표면 수량은 입자의 표면에 묻어 있는 수량이며, 잔골재가 함유하고 있는 함수량에서 입자 속에 흡수되어 있는 수량을 뺀 것이다(그림 2.7 참조).

(2) 잔골재의 표면 수율은 표면 수량을 표면 건조 포화 골재의 질량으로 나누어 백분율(%)로 나타낸다.

(3) 잔골재에 표면수가 있으면 부풂(bulking)이 생겨 건조 상태에 비해 체적이 15～30% 정도 커진다.

2.5 골재의 전 함수율 및 표면 수율 시험

(Test for Total Moisture Content and Surface Moisture of Aggregate)

1. 시험 목적

(1) 골재의 전 함수율을 구하고, 전 함수율에 의해 표면 수율을 구한다.

(2) 골재의 함수율은 콘크리트의 배합 설계에서 혼합 수량의 조정에 필요하다.

2. 사용 기기

(1) 건조용 기구(건조기, 적외선 램프, 전기 히터)

(2) 저울(용량은 시료 질량의 이상, 정밀도는 시료 질량의 % 이하인 것)

(3) 보조 기구

① 건조용 용기

② 숟가락 또는 주걱

3. 사용 재료

(1) 잔골재

(2) 굵은 골재

4. 시험 방법(KS F 2550)

[1] 시료의 준비

(1) 'KS F 2501 골재의 시료 채취 방법'에 따라 시료를 채취한다.

(2) 골재 시료의 채취량은 건조 후에 표 2.13의 값을 표준으로 한다.

표 2.13 **시료의 종류와 채취량**(2회 시험의 표준량)

시료의 종류		시료의 채취량(kg)	저울의 눈금 양(g)
잔골재		1	0.1
굵은 골재의 최대 치수 (mm)	10～15	4	0.4
	20～25	10	1
	40～60	20	2
	65 이상	40	4

[2] 전 함수율 및 표면 수율 시험

(1) 시료의 질량(m_z)을 0.1%의 정밀도로 측정한다.

(2) 시료는 다음과 같이 건조한다.

① 건조기 사용의 경우는 시료를 105±5°C로 일정한 질량이 될 때까지 건조한다.

② 적외선 램프, 전기 히터, 가스 히터 사용의 경우는 시료가 균일하게 건조되도록 숟가락 또는 주걱으로 저어 섞으면서 일정한 질량이 될 때까지 건조한다.

(3) 시료가 실온이 될 때까지 두었다가, 건조 후 시료의 질량(m_d)을 측정한다.

[3] 시험 결과의 산출

(1) 골재의 전 함수율은 다음 식에 의해 산출하여 반올림하고 소수점 이하 2자리에서 끝맺음 한다.

$$Z = \frac{m_z - m_d}{m_d} \times 100 \tag{2.20}$$

여기서, Z : 골재의 전 함수율(건조 시료에 대한 질량 백분율)(%)

m_z : 건조 전 시료의 질량(g)

m_d : 건조 후 시료의 질량(g)

(2) (1)에서 구한 함수율을 근거로 한 골재의 표면 수율은 다음 식으로 산출하여 반올림하고, 소수점 이하 1자리로 끝맺음 한다.

$$H = (Z - Q) \times \frac{1}{1 + Q/100} \tag{2.21}$$

여기서, H : 골재의 표면 수율(표건 시료에 대한 질량 백분율)(%)

Z : 식 (2.20)에서 구한 전 함수율(%)

Q : 흡수율(%)(천연 골재의 경우, 잔골재는 KS F 2504(2.2 참조), 굵은 골재는 KS F 2503(2.3 참조)에 따라 구한다.)

(3) 동시에 채취한 시료에 대하여 2회 시험하고, 결과는 그 평균값으로 나타낸다.

(4) 정밀도는 시험값이 평균값에서의 차가 0.3% 이하이어야 한다.

5. 주의 사항

(1) 채취한 시료는 가능한 한 함수량의 변화가 없도록 한다.

(2) 2회째의 시험에 사용하는 시료는 특히 함수량의 변화가 없어야 한다.

(3) 시험하는 동안 골재의 입자가 없어지지 않도록 한다.

(4) 골재의 함수량은 건조 전후의 질량을 정확하게 측정해야 한다.

6. 시험 결과의 정리

(1) 시험 결과를 정리하여 기록한다.

(2) 골재의 전 함수율 및 표면 수율 시험 결과의 예는 표 2.14와 같다.

표 2.14 골재의 전 함수율 및 표면 수율 시험 결과의 예

<table>
<tr><th colspan="6">골재의 전 함수율 및 표면 수율 시험</th></tr>
<tr><td>시험일</td><td>년 월 일</td><td>실온 23°C</td><td>습도 %</td><td colspan="2">수온 °C</td></tr>
<tr><td>시료</td><td colspan="2">잔골재, 굵은 골재(최대 치수 25 mm)</td><td>시험자</td><td colspan="2"></td></tr>
<tr><td colspan="2" rowspan="2">측정 번호</td><td colspan="2">잔골재</td><td colspan="2">굵은 골재</td></tr>
<tr><td>1</td><td>2</td><td>1</td><td>2</td></tr>
<tr><td colspan="6">전 함수율 시험</td></tr>
<tr><td colspan="2">건조 전 시료의 질량 m_z (g)</td><td>550</td><td>550</td><td>5 500</td><td>5 500</td></tr>
<tr><td colspan="2">건조 후 시료의 질량 m_d (g)</td><td>524.7</td><td>525.2</td><td>5 355.4</td><td>5 350.7</td></tr>
<tr><td colspan="2" rowspan="2">전 함수율(절건 시료에 대한 질량 백분율)
$Z=\frac{m_z-m_d}{m_d}\times 100$ (%)</td><td>4.82</td><td>4.72</td><td>2.70</td><td>2.79</td></tr>
<tr><td colspan="2">(평균) 4.77</td><td colspan="2">(평균) 2.745</td></tr>
<tr><td colspan="2">평균값과의 차 (%)</td><td colspan="2">0.05</td><td colspan="2">0.05</td></tr>
<tr><td colspan="2">정밀도의 허용차 (%)</td><td colspan="2">0.3</td><td colspan="2">0.3</td></tr>
<tr><td colspan="2">평균 전 함수율 (%)</td><td colspan="2">4.77</td><td colspan="2">2.75</td></tr>
<tr><td colspan="6">표면 수율 시험</td></tr>
<tr><td colspan="2">흡수율(질량 백분율) Q (%)</td><td colspan="2">2.33*</td><td colspan="2">1.58**</td></tr>
<tr><td colspan="2" rowspan="2">표면 수율(표건 시료에 대한 질량 백분율)
$H=(Z-Q)\times\frac{1}{1+(Q/100)}$ (%)</td><td>2.4</td><td>2.3</td><td>1.1</td><td>1.2</td></tr>
<tr><td colspan="2">(평균) 2.35</td><td colspan="2">(평균) 1.15</td></tr>
<tr><td colspan="2">평균값과의 차 (%)</td><td colspan="2">0.05</td><td colspan="2">0.05</td></tr>
<tr><td colspan="2">정밀도의 허용차 (%)</td><td colspan="2">0.3</td><td colspan="2">0.3</td></tr>
<tr><td colspan="2">평균 표면 수율 (%)</td><td colspan="2">2.4</td><td colspan="2">1.2</td></tr>
<tr><td colspan="6">비고: * 표 2.6에서 구한 값이다.
** 표 2.9에서 구한 값이다.</td></tr>
</table>

7. 참고 사항

(1) 시료의 양이 많을수록 정확한 시험 결과가 얻어진다.

(2) 잔골재의 표면 수율 대략 값은 표 2.12와 같다.

(3) 굵은 골재의 표면 수율은 골재의 종류에 따라 다르나, 일반적으로 젖은 자갈 또는 부순돌에서 1.5～2% 정도이다.

8. 관계 지식

(1) 골재의 전 함수량은 골재 입자의 표면 및 내부에 함유되어 있는 전 수량을 말한다(그림 2.7 참조)

(2) 골재의 함수량은 골재의 건조 전후의 질량 차에 의하여 구한다.

(3) 골재의 전 함수율은 함수량을 절대 건조 상태 골재의 질량으로 나누어 백분율로 나타낸다.

(4) 골재의 전 함수율에서 흡수율을 빼서 표면 수율을 구한다.

2.6 골재의 단위 용적 질량 및 실적률 시험

(Test for Bulk Density and Solid Content in Aggregate)

1. 시험 목적

(1) 골재의 단위 질량은 골재를 용적으로 나타낼 때 필요하다.

(2) 골재의 실적률은 골재의 공극률 계산 및 입형 판정에 사용된다.

2. 사용 기기

(1) 용기(금속제 원통) (표 2.15 참조)

(2) 다짐봉(지름 16 mm, 길이 500～600 m의 원형강)

(3) 저울(시험 질량의 0.2% 이하의 눈금 양 또는 감량을 가진 것)

(4) 시험용 체(5 mm, 10 mm, 40 mm, 75 mm의 망체)

(5) 건조기(105±5°C의 온도를 유지할 수 있는 것)

(6) 보조 기구

① 시료 분취기 ② 시료 삽

그림 2.12 단위 질량 측정 용기

표 2.15 용기와 다짐 횟수

굵은 골재의 최대 치수 (mm)	용적 (L)	안높이 / 안지름	1층당 다짐 횟수
5(잔골재) 이하	1～2	0.8～1.5	20
10 이하	2～3		20
10 초과 40 이하	10		30
40 초과 75 이하	30		50

3. 사용 재료

(1) 잔골재

(2) 굵은 골재

4. 시험 방법(KS F 2505)

[1] 시료의 준비

(1) 'KS F 2501 골재의 시료 채취 방법'에 따라 시료를 채취한다.

(2) 시료의 양은 용기 용적의 2배 이상으로 하고, 시료는 절대 건조 상태로 한다.

[2] 단위 질량 및 실적률 시험

(가) 봉 다지기에 의한 방법

(1) 시료를 용기의 $\frac{1}{3}$까지 넣고 다짐봉으로 표 2.15의 다짐 횟수로 다진다(그림 2.13 참조).

(2) 시료를 용기의 $\frac{2}{3}$까지 넣고 (1)과 같이 다진다.

(3) 시료를 용기에 넘치도록 넣고 (1)과 같은 방법으로 다진 후 윗면을 고른다.

(4) 용기 안의 절건 시료의 질량(m_d)을 측정한다.

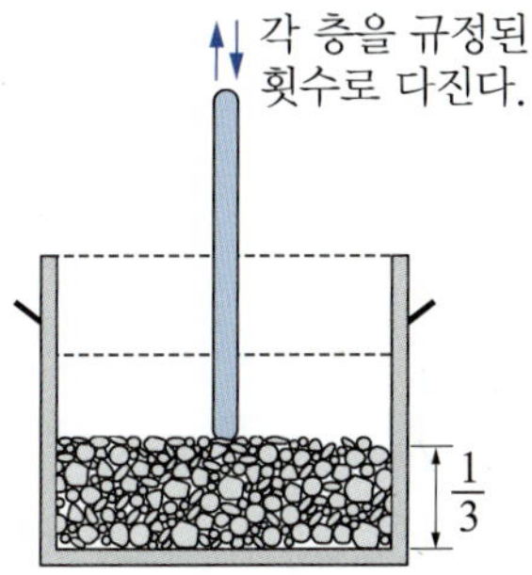

그림 2.13 봉 다지기에 의한 방법

(나) 충격에 의한 방법

(1) 용기를 단단한 기초 위에 놓고, 시료를 용기의 $\frac{1}{3}$까지 넣는다.

(2) 용기의 한쪽을 약 50 mm 들어올려 낙하시키고, 반대쪽을 약 50 mm 들어올려 낙하시켜 한쪽을 25회씩 전체적으로 50회 낙하시켜 시료를 다진다(그림 2.14 참조).

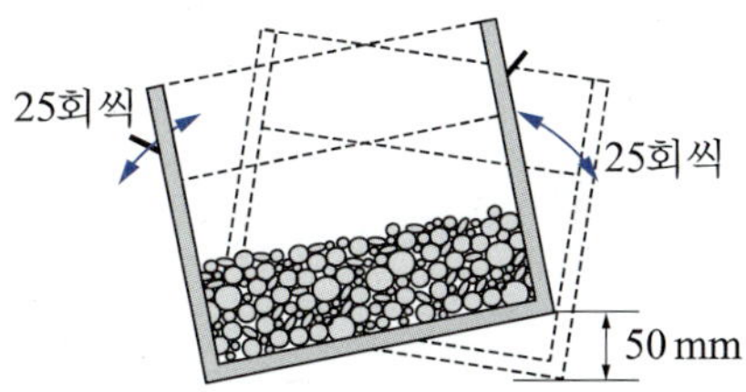

그림 2.14 충격에 의한 방법

(3) 시료를 용기의 $\frac{2}{3}$까지 넣고 (2)와 같은 방법으로 다진다.

(4) 시료를 용기에 넘치도록 넣고 (2)와 같은 방법으로 다진 후 윗면을 고른다.

(5) 용기 안의 절건 시료의 질량(m_d)을 측정한다.

(다) 밀도, 흡수율 및 함수율의 측정

(1) 질량을 측정한 시료에서 밀도, 흡수율 및 함수율을 측정할 시료를 채취한다.

(2) 골재의 밀도 및 흡수율은 잔골재의 경우 KS F 2504(2.2 참조) 및 KS F 2529, 굵은 골재의 경우 KS F 2503(2.3 참조) 및 KS F 2533에 따라 시험한다.

(3) 골재의 함수율은 KS F 2550(2.5 참조)에 따라 시험한다.

[3] 시험 결과의 산출

(1) 골재의 단위 용적 질량은 다음 식으로 산출하고, 유효 숫자 3자리로 끝맺음 한다.

$$M_a = \frac{m_d}{V} \tag{2.22}$$

여기서, M_a : 골재의 단위 용적 질량(kg/L)

V : 용기의 용적(L)

m_d : 용기 안의 절건 상태 시료의 질량(kg)

기건 상태의 시료를 사용하여 시험하고 함수율을 측정한 경우는 다음 식에 따른다.

$$M_a = \frac{m_a}{V} \times \frac{m_d{}'}{m_a{}'} \tag{2.23}$$

여기서, m_a : 기건 상태 시료의 질량(g)

$m_a{}'$: 함수율 측정에 사용된 건조 전 시료의 질량(kg)

$m_d{}'$: 함수율 측정에 사용된 건조 후 시료의 질량(kg)

(2) 골재의 실적률은 다음 식으로 산출하고, 유효 숫자 3자리로 끝맺음 한다.

$$G = \frac{M_a}{d_d} \times 100 \text{ 또는 } G = \frac{M_a}{d_s} \times (100 + Q) \tag{2.24}$$

여기서, G : 골재의 실적률(%)

M_a : 식 (2.22)에서 구한 골재의 단위 용적 질량(kg/L)

d_d : 골재의 절건 밀도(kg/L)

Q : 골재의 흡수율(%)

d_s : 골재의 표건 밀도(kg/L)

(3) 시험은 동시에 채취한 시료에 대하여 2회 하고, 시험 결과는 그 평균값으로 한다.

(4) 정밀도는 시험값이 단위 용적 질량의 평균값에서의 차이가 0.01 kg/L 이하이어야 한다.

5. 주의 사항

(1) 용기에 시료를 채울 때 굵은 입자와 잔입자가 분리되지 않도록 한다.

(2) 절건 상태 또는 함수율 1% 이하 시료의 경우는 함수율의 측정은 생략해도 된다.

6. 시험 결과의 정리

(1) 시험 결과를 정리하여 기록한다.

(2) 골재의 단위 용적 질량 및 실적률 시험 결과의 예는 표 2.16과 같다.

표 2.16 **골재의 단위 용적 질량 및 실적률 시험 결과의 예**

골재의 단위 용적 질량 및 실적률 시험						
시험일	년 월 일		실온 20°C	습도 %		수온 17°C
시료	잔골재, 굵은 골재(최대 치수 25 mm)			시험자		
시험 방법			봉 다지기에 의한 방법			
측정 번호			잔골재		굵은 골재	
			1	2	1	2
단위 질량 시험						
용기의 용적 V		(L)	2.000	2.000	10.000	10.000
절건 상태 시료의 질량 m_d		(kg)	3.255	3.252	16.930	16.910
기건 상태 시료의 질량 m_a		(kg)	3.300	3.298	17.188	17.168
함수율 측정 시료	건조 전의 질량 m_a'	(kg)	0.500	0.500	7.500	7.500
	건조 후의 질량 m_d'	(kg)	0.493	0.493	7.390	7.393
단위 용적 질량 $M_a = \frac{m_d}{V}$ 또는 $\frac{m_a}{V} \times \frac{m_d'}{m_a'}$		(kg/L)	1.627	1.626	1.693	1.691
			(평균) 1.6265		(평균) 1.692	
평균값과의 차이		(kg/L)	0.005		0.005	
정밀도의 허용차		(kg/L)	0.01		0.01	
평균 단위 용적 질량		(kg/L)	1.627		1.692	
실적률 시험						
절건 밀도 d_d		(kg/L)	2.54*		2.60**	
표건 밀도 d_s		(kg/L)	2.60*		2.64**	
흡수율 Q		(%)	2.33*		1.58**	
실적률 $G = \frac{M_a}{d_d} \times 100$ 또는 $\frac{M_a}{d_s} \times (100+Q)$		(%)	64.0	64.0	65.1	65.0
평균 실적률		(%)	64.0		65.1	
비고: * 표 2.6에서 구한 값이다. ** 표 2.9에서 구한 값이다.						

7. 참고 사항

(1) 골재의 단위 용적 질량 시험에서 굵은 골재의 치수가 커서 봉 다지기가 곤란한 경우 및 시료를 손상시킬 염려가 있는 경우에는 충격에 의한 방법으로 한다.

(2) 골재의 공극률(void content)은 다음 식으로 산출한다.

$$V_a = 100 - G \tag{2.25}$$

여기서, V_a : 골재의 공극률(%)

G : 골재의 실적률(%)

(3) 골재의 단위 용적 질량의 개략 값은 표 2.17과 같다.

표 2.17 골재의 단위 용적 질량

골재의 종류		단위 용적 질량(kg/m³)	
		다지지 않은 경우	다진 경우
잔골재	(건조) (습윤)	1 450～1 600 1 350～1 500	1 500～1 850 –
굵은 골재	(5～20 mm) (10～20 mm)	1 450～1 550 1 450～1 500	1 550～1 700 1 500～1 600

(4) 일반적으로 표준 계량한 골재의 실적률 개략 값은 잔골재의 경우는 53～73%이고, 굵은 골재는 45～70%, 혼합 골재는 75% 이하이다.

(5) 골재의 입형 판정에 실적률을 사용하며, 그 값은 표 2.18과 같다.

표 2.18 골재의 입형 판정 실적률 (KS F 2527)

골재의 종류	용적 백분율(%)	
	잔골재	굵은 골재
부순 골재 순환 골재	53 이상 53 이상	55 이상 55 이상

8. 관계 지식

(1) 단위 용적당 골재의 질량을 골재의 단위 용적 질량이라 한다. 단위는 kg/L 또는 kg/m^3를 사용한다.

(2) 골재의 단위 용적 질량은 다음의 요인에 따라 달라진다.

① 골재의 밀도가 크면 단위 질량이 커진다.

② 골재의 입형과 입도, 용기의 모양과 크기 및 채우는 방법에 달라진다.

(3) 골재의 실적률(solid content)이란, 골재의 단위 용적 중 공극을 제외한 골재 실질 부분의 비율(%)을 말한다.

(4) 골재의 실적률이 크면, 콘크리트에 다음과 같은 이점이 있다.

① 시멘트 풀의 양이 적어져 경제적이다.

② 단위 시멘트 양이 적어 수화열이 적다.

③ 건조 수축이 작아지고, 균열이 적다.

④ 강도, 수밀성, 내구성 및 내마모성 등이 커진다.

2.7 골재에 포함된 잔입자량 시험

(Test for Amount of Fine Material in Aggregate)

1. 시험 목적

(1) 골재에 포함된 0.08 mm 체를 통과하는 잔입자의 양을 측정한다.

(2) 골재에 잔입자가 많이 들어 있으면 콘크리트의 혼합 수량이 많아지고, 건조 수축에 의하여 콘크리트에 균열이 생기기 쉽다.

(3) 골재에 잔입자가 포함되어 있으면, 콘크리트의 블리딩 현상으로 인해 레이턴스가 많이 생긴다.

(4) 골재에 잔입자가 많이 붙어 있으면, 시멘트 풀과 골재의 부착력이 약해져서 콘크리트의 강도와 내구성이 작아진다.

2. 사용 기기

(1) 저울(시료 질량의 0.1% 이상 정밀도를 가진 것)

(2) 시험용 체(0.08 mm, 1.2 mm, 2.5 mm, 5 mm, 10 mm, 20 mm, 40 mm의 망체)

(3) 씻기용 용기(물에 침수된 시료를 휘저어도 시료나 물의 손실이 일어나지 않을 정도 크기의 것)

(4) 건조기(105±5°C의 온도를 유지할 수 있는 것)

(5) 보조 기구

① 시료 분취기

② 데시케이터

③ 시료 삽

그림 2.15 씻기 시험용 체 및 용기

3. 사용 재료

(1) 잔골재

(2) 굵은 골재

(3) 거름종이

4. 시험 방법(KS F 2511)

[1] 시료의 준비

(1) 'KS F 2501 골재의 시료 채취 방법'에 따라 시료를 채취한다.

(2) 골재 시료는 잘 혼합되고 재료 분리가 일어나지 않을 정도의 충분한 수분을 가진 것이어야 한다.

(3) 건조되었을 때의 시료의 질량은 대략 표 2.19의 값 이상이어야 한다.

표 2.19 시료의 질량

체의 최대 치수(mm)	시료의 최소 질량의 근삿값(kg)
2.5	0.1
5	0.5
10	1.0
20	2.5
40 및 그 이상	5.0

[2] 잔입자량 시험

(1) 시료를 건조기에서 105±5°C의 온도로 질량이 일정하게 될 때까지 건조시킨다.

(2) 시료의 질량(m_d)을 0.1% 정밀도로 정확하게 측정한다.

(3) 시료를 용기에 넣고 시료가 완전히 잠기도록 물을 붓는다(그림 2.16(a) 참조).

(4) 시료를 휘저어 잔입자와 굵은 입자를 분리시키고, 잔입자를 물에 뜨게 한다.

(5) 0.08 mm 체 위에 1.2 mm 체를 얹고, 그 위에 시료 씻은 물을 붓는다(그림 2.16(b) 참조).

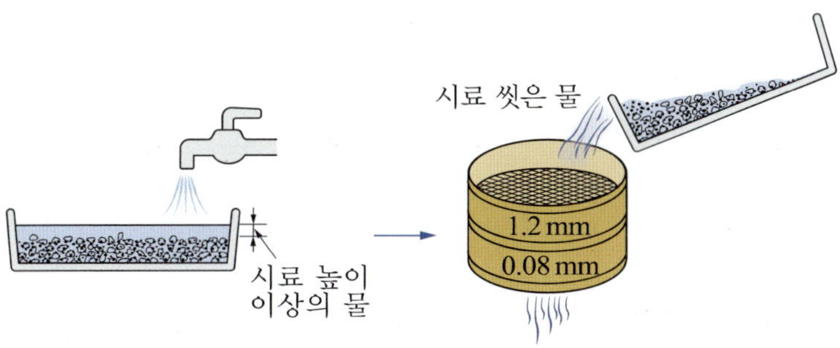

(a) 시료에 물 붓기 (b) 시료 씻은 물 붓기

그림 2.16 골재의 잔입자량 시험

(6) 한 벌의 체 위에 남은 모든 재료를 씻은 시료 속에 다시 넣는다.

(7) 시료의 씻은 물이 맑아질 때까지 위의 작업을 계속한다.

(8) 씻은 시료를 건조기에서 105±5°C로 질량이 일정하게 될 때까지 건조시킨다.

(9) 건조된 시료의 질량(m_r)을 0.1%의 정밀도로 측정한다.

[3] 시험 결과의 산출

(1) 골재의 잔입자량은 다음 식으로 산출한다.

$$F(\%) = \frac{m_d - m_r}{m_d} \times 100 \quad (2.26)$$

여기서, F : 골재의 잔입자(0.08 mm 체를 통과하는) 잔입자량의 질량 백분율(%)

m_a : 씻기 전 건조 시료의 질량(g)

m_b : 씻은 후 건조 시료의 질량(g)

(2) 시험 결과에 대한 검산이 필요할 때에는 시료 씻은 물을 증발시키거나 또는 여과지로 거른 후, 잔재를 충분히 건조시켜 질량(m_f)을 측정하고, 다음 식으로 그 백분율을 계산한다.

$$F(\%) = \frac{m_f}{m_d} \times 100 \quad (2.27)$$

여기서, m_f : 잔재의 질량(%)

5. 주의 사항

(1) 시료는 재료 분리가 일어나지 않도록 충분히 물기가 있어야 한다.

(2) 시료는 물속에서 잘 휘저어야 하고, 시료 속의 굵은 알은 씻은 물과 함께 흘러나가지 않도록 한다.

(3) 물에 뜬 입자는 씻은 물과 함께 흘러나가도록 한다.

(4) 시료를 씻은 물을 체에 붓거나 다른 용기에 옮길 때 시료가 없어지지 않도록 한다.

6. 시험 결과의 정리

(1) 시험 결과를 정리하여 기록한다.

(2) 골재에 포함된 잔입자량 시험 결과의 예는 표 2.20과 같다.

표 2.20 골재에 포함된 잔입자량 시험 결과의 예

골재에 포함된 잔입자량 시험							
시험일	년 월 일	실온 20°C		습도 %		수온 °C	
시료	잔골재, 굵은 골재(최대 치수 40 mm)			시험자			
측정 번호		잔골재		굵은 골재			
		1	2	1	2		
씻기 전 건조 시료의 질량 m_d (g)		500		5 000			
씻은 후 건조 시료의 질량 m_r (g)		489.2		4 975.5			
잔재의 질량 m_f (g)		10.8		24.5			
잔입자(0.08 mm의 체 통과)의 질량 백분율 $F=\dfrac{m_d-m_r}{m_d}\times 100$ (%)		2.2		0.5			
검산 $F=\dfrac{m_f}{m_d}\times 100$ (%)		2.2		0.5			

7. 참고 사항

(1) 0.08 mm의 망체를 통과하는 골재의 잔입자 함유량의 한도는 표 2.21과 같다.

표 2.21 골재의 잔입자 함유량의 한도 (KS F 2527)

항목	질량 백분율(%)	
	잔골재	굵은 골재
천연 골재		
콘크리트의 표면이 마모 작용을 받는 경우	3.0 이하	1.0 이하
그 밖의 경우	5.0 이하	1.0 이하
부순 골재 및 순환 골재	7.0 이하	1.0 이하

(2) 덩어리로 되어 있는 점토의 양은 'KS F 2512 골재 중의 점토 덩어리 양 시험 방법'(2.8 참조)의 시험 방법에 따라 측정한다.

8. 관계 지식

(1) 골재의 잔입자 시험은 골재를 물로 씻어서 0.08 mm 체를 통과하는 것을 잔입자로 본다.

(2) 골재 중의 잔입자량은 시험 전 건조 시료에 대한 질량 백분율(%)로 나타낸다.

(3) 골재에 들어 있는 잔입자는 점토, 실트(silt), 운모질 등이다.

2.8 골재 중의 점토 덩어리 양 시험
(Test for Clay Contained in Aggregate)

1. 시험 목적

(1) 골재에 점토가 붙어 있으면, 시멘트 풀과 골재 표면과의 부착력이 작아져 콘크리트의 강도가 작아진다.

(2) 골재 중에 점토 덩어리가 있으면 콘크리트의 혼합 수량이 증가한다.

(3) 골재 중의 점토 덩어리는 습윤과 건조, 동결과 융해 작용으로 부서지거나, 콘크리트의 표면을 손상시킨다.

2. 사용 기기

(1) 저울(전 시료 질량의 0.1% 이상 정밀도를 가진 것)

(2) 건조기(105±5°C의 온도를 유지할 수 있는 것)

(3) 시험용 체(0.6 mm, 1.2 mm, 2.5 mm, 5 mm의 망체)

(4) 보조 기구

① 시료 용기

② 시료 분취기

3. 사용 재료

(1) 잔골재

(2) 굵은 골재

4. 시험 방법(KS F 2512)

[1] 시료의 준비

(1) 'KS F 2501 골재의 시료 채취 방법'에 따라 시료를 채취한다.

(2) 골재 시료를 상온에서 건조하여 기건 상태로 한다.

(3) 잔골재 시료는 1.2 mm 체에 남는 것으로 1 kg 이상으로 한다.

(4) 굵은 골재 시료는 5 mm 체에 남는 것으로 하고, 최대 치수에 따라 표 2.22의 양 이상으로 한다.

표 2.22 굵은 골재의 시료량

굵은 골재의 최대 치수(mm)	시료의 질량(kg)
10 또는 15	2
20 또는 25	6
30 또는 40	10
40을 넘는 경우	20

(5) 시료를 이분하여 각각 1회 시험의 시료로 한다.

[2] 점토 덩어리 양 시험

(1) 시료를 용기에 넣고 건조로에서 105±5°C로 질량이 일정하게 될 때까지 건조한다.

(2) 건조한 시료의 질량(m_d)을 0.1%까지 측정한다.

(3) 시료를 용기 바닥에 얇게 펴고 시료가 잠길 때까지 물을 붓는다.

(4) 시료를 24시간 흡수시킨 후 여분의 물을 버린다.

(5) 시료를 손가락으로 누르면서 점토 덩어리를 조사한다. 이때, 손가락으로 눌러서 잘게 부술 수 있는 것을 점토 덩어리로 한다.

(6) 모든 점토 덩어리를 부수고 나서 잔골재는 0.6 mm 체, 굵은 골재는 2.5 mm 체 위에서 물로 씻는다.

(7) 체에 남은 골재 입자를 105±5°C에서 질량이 일정하게 될 때까지 건조시킨다.

(8) 건조한 골재 입자의 질량(m_r)을 0.1%까지 정확히 측정한다.

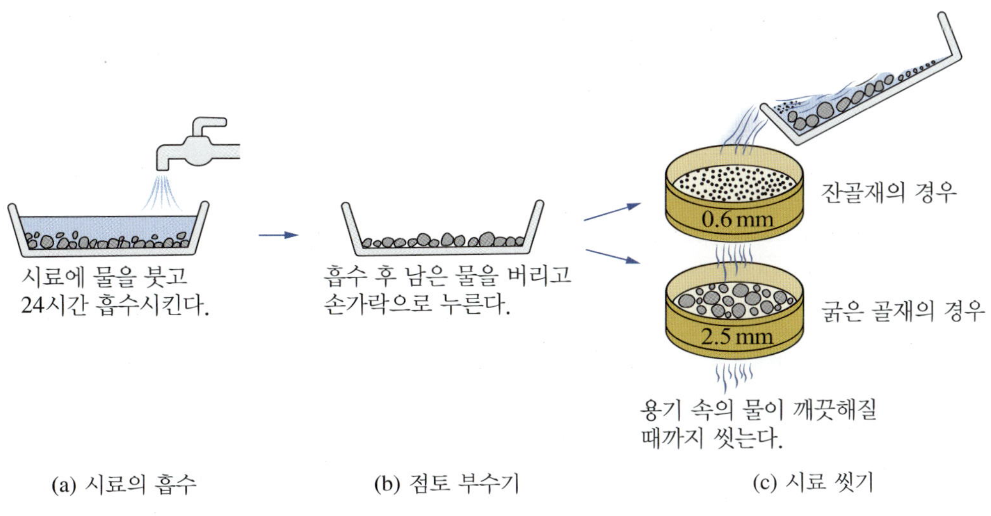

그림 2.17 골재의 점토 덩어리 양의 시험

[3] 시험 결과의 산출

(1) 골재의 점토 덩어리 양은 다음 식으로 산출하고, 소수점 이하 1자리로 끝맺음 한다.

$$C = \frac{m_d - m_r}{m_d} \times 100 \tag{2.28}$$

여기서, C : 골재의 점토 덩어리 질량 백분율(%)

m_d : 시험 전 건조 시료의 질량(g)

m_r : 시험 후 건조 시료의 질량(g)

(2) 시험은 2회 실시하여 평균값으로 한다.

(3) 정밀도는 시험값이 평균값과의 차이가 0.2% 이하이어야 한다.

5. 주의 사항

(1) 시료에 들어 있는 점토 덩어리는 부서지지 않도록 한다.

(2) 시료에 잔골재와 굵은 골재가 섞여 있는 경우에는 5 mm 체로 체가름 하여 사용한다.

6. 시험 결과의 정리

(1) 시험 결과를 정리하여 기록한다.

(2) 골재 중의 점토 덩어리 양 시험 결과의 예는 표 2.23과 같다.

표 2.23 **골재 중의 점토 덩어리 양 시험 결과의 예**

<table>
<tr><th colspan="5">골재 중의 점토 덩어리 양 시험</th></tr>
<tr><td>시험일</td><td>년 월 일</td><td>실온 °C</td><td>습도 %</td><td>수온 °C</td></tr>
<tr><td>시료</td><td colspan="2">잔골재, 굵은 골재(최대 치수 25 mm)</td><td>시험자</td><td></td></tr>
<tr><td rowspan="2">측정 번호</td><td colspan="2">잔골재</td><td colspan="2">굵은 골재</td></tr>
<tr><td>1</td><td>2</td><td>1</td><td>2</td></tr>
<tr><td>시험 전 건조 시료의 질량 m_d (g)</td><td>610</td><td>600</td><td>3 500</td><td>3 500</td></tr>
<tr><td>시험 후 건조 시료의 질량 m_r (g)</td><td>605.8</td><td>595.3</td><td>3 491.2</td><td>3 491.9</td></tr>
<tr><td rowspan="2">점토 덩어리 질량 백분율
$C=(m_d-m_r)/m_d\times 100$ (%)</td><td>0.7</td><td>0.78</td><td>0.25</td><td>0.23</td></tr>
<tr><td colspan="2">(평균) 0.74</td><td colspan="2">(평균) 0.24</td></tr>
<tr><td>평균값과의 차 (%)</td><td colspan="2">0.04</td><td colspan="2">0.01</td></tr>
<tr><td>정밀도의 허용차 (%)</td><td colspan="2">0.2</td><td colspan="2">0.2</td></tr>
<tr><td>평균 점토 덩어리 질량 백분율 (%)</td><td colspan="2">0.7</td><td colspan="2">0.2</td></tr>
</table>

7. 참고 사항

(1) 콘크리트용 골재의 점토 덩어리 함유량의 한도는 표 2.24와 같다.

표 2.24 **골재의 점토 덩어리 양의 한도** (KS F 2527)

골재의 종류	질량 백분율(%)	
	잔골재	굵은 골재
천연 골재	1.0 이하	0.25 이하
순환 골재	1.0 이하	0.25 이하
구조용 경량 골재	1.0 이하	0.25 이하

(2) 덩어리로 되어 있지 않은 점토 등 아주 작은 물질의 양은 'KS F 2511 골재에 포함된 잔입자량의 시험 방법(2.7 참조)'에 따라 시험한다.

8. 관계 지식

(1) 점토는 흙 속의 세립분으로서 입경이 0.005 mm 이하의 흙을 말한다.

(2) 골재 중의 점토 덩어리 양은 점토 덩어리를 제거하지 않은 원 시료에 대한 질량 백분율(%)로 나타낸다.

2.9 골재에 포함된 경량편량 시험

(Test for Lightweight Pieces in Aggregate)

1. 시험 목적

(1) 골재에 들어 있는 경량편은 그 자체의 강도가 작은 유해 물질이다.

(2) 골재에 경량편이 많이 함유되어 있으면, 콘크리트의 강도 및 내구성 등에 나쁜 영향을 미치게 된다.

(3) 골재의 경량편은 골재의 성질을 판단하는 기준이 된다.

2. 사용 기기

(1) 시험용 용기(밀도가 큰 액체를 담아 두는 데 적합한 것)

(2) 국자(0.3 mm 체의 눈으로 된 것)

(3) 시험용 체(0.3 mm, 5 mm, 20 mm, 40 mm, 75 mm의 망체)

(4) 저울

① 잔골재용(용량 500 g 이상, 최소 감도 0.1 g)

② 굵은 골재용(용량 5 000 g, 최소 감도 1 g)

(5) 건조기(105±5°C의 온도를 유지할 수 있는 것)

(6) 비중계(눈금의 감도 0.01 이내)

3. 사용 재료

(1) 잔골재

(2) 굵은 골재

(3) 화학 약품

① 사브롬화아세틸렌

② 벤젠

③ 브로모폼

④ 사염화탄소

⑤ 모노브로모벤젠

⑥ 브로모트리클로로에탄(밀도 2.0 g/cm^{3}인 용액)

4. 시험 방법(KS F 2513)

[1] 시료 및 시험용 용액의 준비

(가) 시료의 준비

(1) 'KS F 2501 골재의 시료 채취 방법'에 따라 시료를 채취한다.

(2) 골재 시료를 4분법 또는 시료 분취기로 축분한다.

(3) 시료를 105±5°C의 온도로 질량이 일정하게 될 때까지 건조한다.

(4) 시료의 최소 질량은 표 2.25와 같이 한다.

표 2.25 **시료의 최소 질량**

굵은 골재의 최대 치수(mm)	시료의 최소 질량(g)
5	200
20	3 000
40	5 000
75	10 000

(나) 시험용 용액의 준비

(1) 밀도가 2.0 g/cm^{3}인 용액은 다음과 같은 화학 약품을 혼합하여 만들어서 사용한다.

① 사염화탄소와 사브롬화아세틸렌

② 브로모폼과 모노브로모벤젠

③ 브로모폼과 벤젠

이들 화학 약품으로 시험에 필요한 혼합 용액을 만들기 위해서 섞어야 할 재료의 근사량은 표 2.26의 밀도 값을 사용한다.

표 2.26 **화학 약품의 밀도**

화학 약품명	밀도(g/cm^3)
사브롬화아세틸렌	2.97
벤젠	0.88
브로모폼	2.88
사염화탄소	1.58
모노브로모벤젠	1.49

(2) 밀도가 2.0 g/cm^{3}인 브로모트리클로로메탄 용액을 사용해도 된다.

[2] 경량편량 시험

(가) 잔골재의 경우

(1) 건조된 시료를 실내 온도까지 냉각시킨다.

(2) 시료를 0.3 mm 체로 1분 동안 체질하여, 체에 남는 시료의 양이 1% 이상 체를 통과하지 않을 때까지 계속한다.

(3) 0.3 mm 체에 남는 건조 시료의 질량(m_d)을 0.1 g의 정밀도로 계량한다.

(4) 용기에 최소한 골재 절대 용적의 3배의 시험용 용액을 넣고 시료를 담근다.

(5) 시료를 담근 시험용 용액을 체눈으로 된 국자를 대고 다른 용기에 붓는다.

(6) 다른 용기에 옮긴 시험용 용액을 처음에 사용한 용기에 다시 옮긴다.

(7) 시험용 용액에 뜨는 시료가 완전히 분리될 때까지 (5)와 (6)의 방법을 반복한다.

(8) 국자에 뜬 시험편을 사염화탄소로 씻어서 시험용 용액을 없앤 후 건조시킨다.

(9) 뜬 시험편을 국자에서 집어내어 건조 질량(m_l)을 1 g까지 계량한다.

(나) 굵은 골재의 경우

(1) 건조된 시료를 실내 온도까지 냉각시킨다.

(2) 시료를 5 mm 체로 체질하고, 체에 남는 건조 시료의 질량(m_d)을 최소 1 g까지 계량한다.

(3) 용기에 최소한 골재 절대 용적의 3배의 시험용 용액을 넣고 시료를 담근다.

(4) 시험용 용액의 표면에 뜨는 시험편을 분리시켜 국자로 건져 낸다.

(5) 시험 용액에 뜨는 시료가 완전히 분리될 때까지 (4)의 방법을 반복한다.

(6) 국자에 뜬 시험편을 사염화탄소로 씻어서 시험용 용액을 없앤 후 건조시킨다.

(7) 뜬 시험편의 건조 질량(m_l)을 1 g까지 계량한다.

[3] 시험 결과의 산출

(1) 골재의 경량편량은 다음 식에 따라 산출한다.

$$L_i = \frac{m_l}{m_d} \times 100 \qquad (2.29)$$

여기서, L_i : 잔골재 또는 굵은 골재의 경량편 질량 백분율(%)

m_d : 0.3 mm 체(잔골재용) 또는 5 mm 체(굵은 골재용)에 남는 건조 시료의 질량(g)

m_l : 뜬 건조 시험편의 질량(g)

5. 주의 사항

(1) 시험 중 시험용 용액에 뜬 골재가 씻겨서 없어지지 않도록 한다.

(2) 시험용 용액의 밀도값의 변화는 시험이 끝날 때까지 필요한 밀도값의 ±0.01 g/cm^3 이내이어야 한다.

(3) 젖은 골재를 시험 용액에 넣으면 용액의 밀도가 작아진다.

(4) 건조한 골재는 시험 용액에 넣으면 용액을 흡수하여 밀도가 커지는 경향이 있다.

(5) 잔골재의 시험에서 뜬 시료를 국자에 대고 부을 때 모래가 섞이지 않아야 한다.

6. 시험 결과의 정리

(1) 시험 결과를 정리하여 기록한다.

(2) 골재에 포함된 경량편량 시험 결과의 예는 표 2.27과 같다.

표 2.27 **골재에 포함된 경량편량 시험 결과의 예**

골재에 포함된 경량편량 시험				
시험일	년 월 일	실온 22.0°C	습도 %	수온 °C
시료	잔골재, 굵은 골재(최대 치수 25 mm)		시험자	
사용 용액	브로모트리클로로에탄(밀도 2.0 g/cm^3)			
골재의 종류	잔골재		굵은 골재	
측정 번호	1	2	1	2
0.3 mm 체(잔골재용) 또는 5 mm 체(굵은 골재용)에 남는 건조 시료의 질량 m_d (g)	216.9		5 370.5	
뜬 건조 시험편의 질량 m_l (g)	0.7		16.3	
경량편의 질량 백분율 $L = \frac{m_l}{m_d} \times 100$ (%)	0.3		0.3	

7. 참고 사항

(1) 골재 중에 포함된 경량편은 콘크리트의 겉모양을 나쁘게 하므로, 외관을 중요시 하는 곳에 사용하면 안 된다.

(2) 골재의 경량편 함유량의 한도는 표 2.28과 같다.

표 2.28 골재의 경량편 함유량의 한도 (KS F 2527)

항목	질량 백분율(%)	
	잔골재	굵은 골재
천연 골재		
콘크리트의 겉모양이 중요한 경우	0.5 이하	0.5 이하
기타의 경우	1.0 이하	1.0 이하

8. 관계 지식

(1) 골재의 경량편량 시험은 부침 분리법(sink-float seperation)에 의해 밀도가 2.0 g/cm^{3}인 액체에 뜨는 물질을 측정하는 것이다.

(2) 골재에 포함되어 있는 경량편은 석탄이나 갈탄 등이다.

(3) 석탄에 들어 있는 황은 물과 공기와 결합하여 체적이 팽창하므로 콘크리트에 나쁜 영향을 준다.

2.10 굵은 골재의 연석량 시험
(Test for Content of Soft Particles in Coarse Aggregate)

1. 시험 목적

(1) 연석의 골재는 온도, 습도의 변화와 동결 융해 작용에 의하여 체적 변화가 생긴다.

(2) 연석이 많이 포함된 골재를 사용한 콘크리트는 균열이 생기기 쉽고, 강도와 내구성이 작아진다.

2. 사용 기기

(1) 골재의 긁기 경도 측정기

① 황동봉(경도가 65～75 HRB이고, 지름이 약 1.6 mm인 것)

② 하중봉(1 kg)

(2) 시험용 체(10 mm, 15 mm, 20 mm, 25 mm, 40 mm, 65 mm의 망체)

(3) 저울(칭량이 시료의 질량 이상이고, 눈금 양이 0.1% 이하인 것)

(4) 보조 기구

① 시료 분취기

② 시료 용기 및 시료 삽

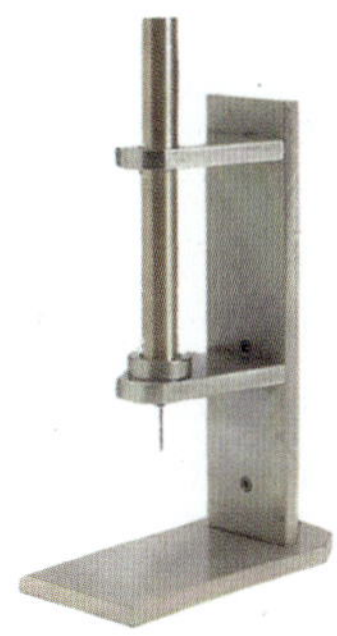

그림 2.18 골재의 긁기 경도 측정기

3. 사용 재료

(1) 굵은 골재

4. 시험 방법(KS F 2516)

[1] 시료의 준비

(1) 'KS F 2501 골재의 시료 채취 방법'에 따라 시료를 채취한다.

(2) 굵은 골재 시료를 물로 씻고, 10 mm 체를 통과하는 입자를 제거한다.

(3) 건조 후 시료를 4분법 또는 시료 분취기에 의해 표 2.29의 질량이 될 때까지 축분한다.

표 2.29 채취 시료의 질량

굵은 골재의 최대 치수(mm)	채취 시료의 질량(kg)
15 정도의 것	2.5
20 정도의 것	5
25 정도의 것	10
40 정도의 것	15
65 정도의 것	30

(4) 시료를 KS F 2502(2.1 참조)에 따라 체가름 시험을 하여 표 2.30의 골재 입자의 지름에 따른 군(group)으로 나누고, 각 군의 시료의 질량(m_a')을 계량한다.

표 2.30 군별 시료의 질량

골재 입자의 지름에 따른 시료의 군	시료의 질량(kg)
15 mm를 통과하고 10 mm에 남는 것	0.2 이상
20 mm를 통과하고 15 mm에 남는 것	0.7 이상
25 mm를 통과하고 20 mm에 남는 것	1.5 이상
40 mm를 통과하고 25 mm에 남는 것	3 이상
65 mm를 통과하고 40 mm에 남는 것	6 이상

(5) 각 군의 시료 질량 백분율(P_a)을 구한다.

(6) (5)에서 구한 각 군의 백분율이 10% 이상이 된 군에 대해서만 표 2.30의 시료의 질량 이상의 양을 취하여 시료로 하고, 시료의 질량(m_a)과 시료의 개수(n_a)를 구한다.

[2] 긁기 경도 시험

(1) 각 군의 시료를 1개씩 취하여 황동봉으로 10 N의 힘을 가하면서 선 모양으로 몇 번 긁는다.

(2) 황동의 색이 나타나지 않고 긁기 흔적이 생긴 골재 입자 또는 일부가 부서진 골재 입자를 연석으로 한다.

(3) 골재의 각 군에 대해서 나타난 연석의 질량(m_s)과 연석의 개수(n_s)를 구한다.

[3] 시험 결과의 산출

(1) 굵은 골재의 연석량은 다음 식으로 산출하고, 반올림하여 소수점 이하 1자리로 끝맺음 한다.

$$P_s = \frac{m_s}{m_a} \times 100 \tag{2.30}$$

$$P_n = \frac{n_s}{n_d} \times 100 \tag{2.31}$$

$$S_o = \Sigma \frac{P_a \times P_s}{100} \tag{2.32}$$

여기서, P_s : 각 군의 연석 질량 백분율(%)

m_a : 시험한 각 군의 시료의 질량(g)

m_s : 각 군의 연석의 질량(g)

P_n : 각 군의 연석 개수 백분율(%)

n_a : 시험한 각 군의 시료의 개수

n_s : 각 군의 연석의 개수

P_a : 각 군의 시료 질량 백분율(%)

S_o : 굵은 골재의 연석 질량 백분율(%)

(2) 전 질량의 10%에 미치지 않는 군의 것에 대해서는 시험은 하지 않지만, 그 군의 앞뒤에서의 값의 평균값을 가지고 그 군의 값으로 한다.
앞뒤의 군 중 어느 쪽이 빠져 있을 때는 존재하는 쪽의 값을 가지고 그 군의 값으로 한다.

5. 주의 사항

(1) 황동봉의 끝은 뾰족하게 하지 않고, 연필 모양의 막대에 끼워 두면 편리하다.

(2) 사암질 골재는 일부가 긁혀서 흠이 생기고, 일부는 황동색이 칠해지는 경우가 있다. 이러한 것은 연석으로 본다.

(3) 하나의 골재 입자에서 시험 부분에 따라 판정 결과가 다른 경우는 많은 시험 부분의 판정 결과를 그 입자의 판정으로 한다.

6. 시험 결과의 정리

(1) 시험 결과를 정리하여 기록한다.

(2) 굵은 골재의 연석량 시험 결과의 예는 표 2.31과 같다.

표 2.31 굵은 골재의 연석량 시험 결과의 예

굵은 골재의 연석량 시험										
시험일		년 월 일			실온 23°C		습도 %		수온 °C	
시료		굵은 골재					시험자			
체의 호칭		체가름에 의한 각 군의 시료의 질량 m_a'	각 군의 시료 질량 백분율 $P_a = \frac{m_a'}{S} \times 100$	시험한 각 군의 시료의 질량 m_a	시험한 각 군의 시료의 개수 n_d	각 군의 연석의 질량 m_s	각 군의 연석의 개수 n_s	각 군의 연석 질량 백분율 $P_s = \frac{m_s}{m_a} \times 100$	각 군의 연석 개수 백분율 $P_n = \frac{n_s}{n_d} \times 100$	연석 질량 백분율 $S_o = \frac{P_a \times P_s}{100}$
남는 체 (mm)	통과 체 (mm)	(%)	(%)	(g)		(g)		(%)	(%)	(%)
10	15	1 803	12	500	51	29	2	5.8	4.0	0.7
15	20	2 339	16	1 000	63	54	3	5.4	4.8	0.9
20	25	4 897	32	2 000	81	97	4	4.9	5.0	1.6
25	40	5 543	37	3 500	90	99	3	2.8	3.3	1.0
40	65	418	3					2.8*	3.3*	0.1
합계		S 15 000	100							4.3
비고 : * 65~40 mm의 골재는 전 시료 질량의 10% 미만이므로 앞 군의 값으로 한다.										

7. 참고 사항

(1) 천연 굵은 골재의 연석 함유량의 한도는 최댓값을 5%(질량 백분율)로 한다(KS F 2527).

(2) 굵은 골재의 연석량이 한도를 넘을 경우에는 'KS F 2508 굵은 골재의 마모 저항성 시험 방법'(**2.14** 참조) 또는 'KS F 2524 굵은 골재의 파쇄값 측정 시험 방법'(**2.15** 참조) 등을 참고한다.

8. 관계 지식

(1) 굵은 골재의 연석이란, 재질이 무르고 긁히기 쉬운 연한 석편을 말한다.

(2) 굵은 골재의 연석량 시험은 긁기 경도를 기준으로 한다.

2.11 잔골재에 포함된 유기 불순물 시험

(Test for Organic Impurities in Sands Aggregate for Concrete)

1. 시험의 목적

(1) 콘크리트용 모래에 포함되어 있는 유기 불순물의 양을 측정한다.

(2) 잔골재의 유기 불순물 정도를 알고, 콘크리트용 잔골재로 사용할 수 있는지를 판단한다.

2. 사용 기기

(1) 비색계(colorimeter, 마개가 있고 눈금이 있는 용량 400 mL의 무색 유리병)

(2) 저울(질량 2 kg 이상, 감도 0.1 g 이상)

(3) 화학 저울

(4) 보조 기구

① 칭량병 ② 메스실린더

③ 피펫 ④ 비커

⑤ 시료 분취기 ⑥ 시료 숟가락

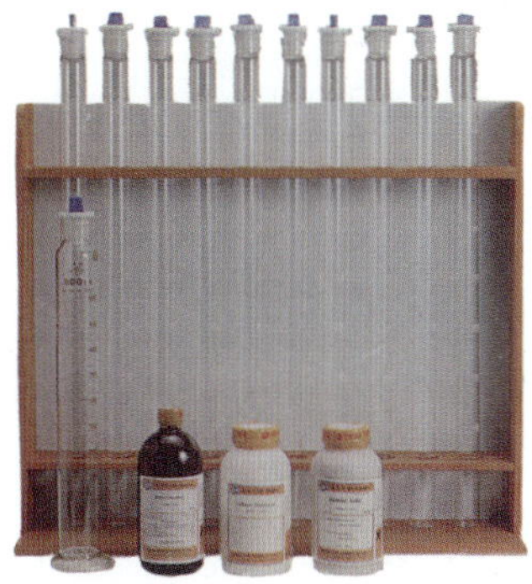

그림 2.19 비색계

3. 사용 재료

(1) 콘크리트용 모래

(2) 화학 약품

① 수산화나트륨(NaOH) ② 탄닌산(tannic acid) ③ 메탄올

4. 시험 방법(KS F 2510)

[1] 시료 및 표준색 용액의 준비

(가) 시료의 준비

(1) ‘KS F 2501 골재의 시료 채취 방법’에 따라 시료를 채취한다.

(2) 공기 중 건조 상태의 시료 450 g을 준비한다.

(나) 표준색 용액 제조

(1) 알코올 10 g에 물 90 g을 타서 10%의 알코올 용액을 만든다(그림 2.20(a) 참조).

(2) 10%의 알코올 용액 9.8 g에 탄닌산 가루 0.2 g을 넣어서 2%의 탄닌산 용액을 만든다(그림 2.20(b) 참조).

여기서 2%의 탄닌산 용액 약 10 mL가 얻어진다.

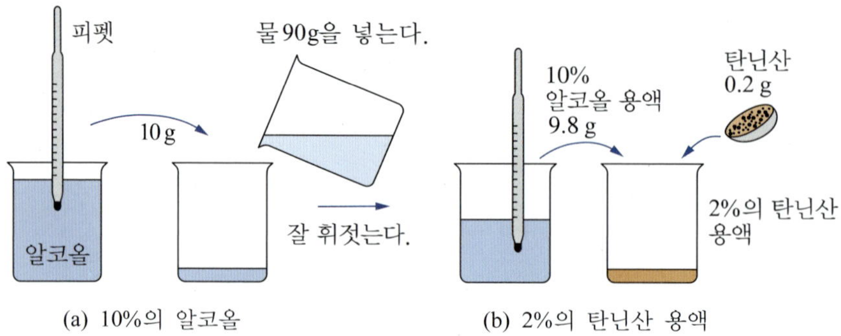

그림 2.20 2%의 탄닌산 용액 제조[2)]

(3) 물 291 g에 수산화나트륨 9 g(질량비로 97 : 3)을 넣어 3%의 수산화나트륨 용액을 만든다(그림 2.21 참조).

여기서 3%의 수산화나트륨 용액 약 300 mL가 얻어진다.

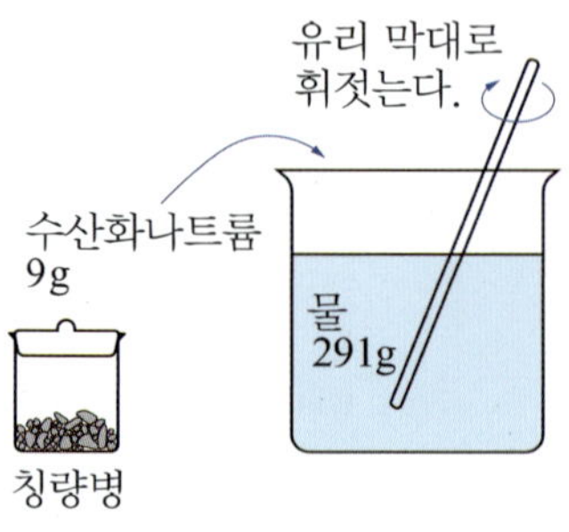

그림 2.21 3%의 수산화나트륨 용액 제조

(4) 2%의 탄닌산 용액 2.5 mL를 3%의 수산화나트륨 용액 97.5 mL에 타서 식별용 표준색 용액을 만든다(그림 2.22(a) 참조).

(5) 식별용 표준색 용액을 400 mL의 시험용 무색 유리병에 넣어 마개를 막고 잘 흔들어서 24시간 동안 가만히 놓아 둔다.

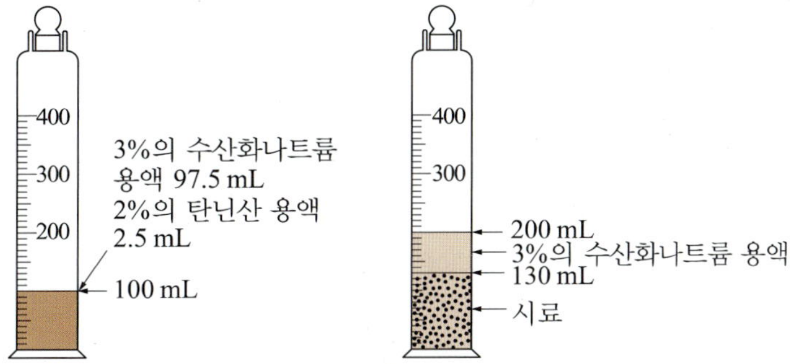

(a) 표준색 용액 (b) 시험용 용액

그림 2.22 표준색 용액과 시험용 용액

[2] 유기 불순물 시험

(가) 시험용 용액의 제조

(1) 시료를 용량 400 mL의 무색 유리병에 130 mL의 눈금까지 넣는다.

(2) 시료가 든 무색 유리병에 3%의 수산화나트륨 용액을 200 mL의 눈금까지 넣는다(그림 2.22(b) 참조).

(3) 유리병 마개를 닫고 잘 흔들어서 24시간 동안 가만히 놓아 둔다.

(나) 색도의 측정

(1) 같은 색의 배경에서 두 병을 가까이 대고, 시료 윗부분의 투명한 용액의 색을 표준색 용액의 색과 비교한다.

(2) 시료 윗부분 용액의 색이 표준색 용액의 색보다 연한지 진한지 또는 같은지를 기록한다.

[3] 시험 결과의 판정

(1) 시험용 용액의 색이 표준색 용액의 색보다 연할 때에는 그 잔골재는 사용할 수 있는 것으로 판단한다.

(2) 시험용 용액의 색이 표준색 용액의 색보다 진할 때에는 유기 불순물의 유해량이 함유되어 있으므로, 기타의 시험을 행하여 사용 여부를 판단한다.

5. 주의 사항

(1) 수산화나트륨의 질량을 측정할 때는 칭량병을 사용해야 한다.

(2) 표준색 용액은 시험할 때마다 만들어 사용해야 한다.

6. 시험 결과의 정리

(1) 시험 결과를 정리하여 기록한다.

(2) 잔골재에 포함된 유기 불순물 시험 결과의 예는 표 2.32와 같다.

표 2.32 잔골재에 포함된 유기 불순물 시험 결과의 예

<table>
<tr><th colspan="8">잔골재에 포함된 유기 불순물 시험</th></tr>
<tr><td>시험일</td><td colspan="2">년 월 일</td><td>실온 22.5°C</td><td colspan="2">습도 %</td><td colspan="2">수온 °C</td></tr>
<tr><td>시료</td><td colspan="3">잔골재</td><td>시험자</td><td colspan="3"></td></tr>
<tr><td colspan="2">측정 번호</td><td colspan="2">1</td><td colspan="4">2</td></tr>
<tr><td colspan="2">시험 용액의 색깔</td><td colspan="2">표준색 용액보다 연하다</td><td colspan="4"></td></tr>
</table>

7. 참고 사항

(1) 잔골재의 시험 용액의 색이 표준색 용액의 색보다 진할 때에는 그 모래를 사용하지 않는 것이 일반적으로 안전하다(콘크리트표준시방서).

(2) 유기 불순물 함유량의 색도에 의한 판정 결과의 예를 들면 표 2.33과 같다.

표 2.33 유기 불순물 판정의 예[11)]

반응색	적부	1:3 모르타르의 7일 및 28일 압축 강도의 저하(%)
무색~담황색	좋은 콘크리트에 사용할 수 있다.	0
농황색	사용하여도 좋다.	10~20
적황색	콘크리트의 강도가 작을 때 사용할 수 있다.	15~30
담적갈색	사용할 수 없다.	25~50
암적갈색	사용할 수 없다.	50~100

8. 관계 지식

(1) 천연 모래 중에는 보통 부식된 형태로 유기 불순물이 함유되어 있다.

(2) 잔골재 중의 유기 불순물은 콘크리트의 강도를 저하시키고, 부셔져 깨지는 경우도 있다.

(3) 잔골재의 유기 불순물 시험은 유기 불순물이 수산화나트륨에 의해 갈색을 나타내므로, 탄닌산으로 만든 표준색 용액과 비교하여 판정한다.

2.12 골재 중의 염화물 함유율 시험

(Test for Chloride Content in Aggregate)

1. 시험 목적

(1) 골재 중에 염분이 포함되어 있으면 철근이 부식되며, 콘크리트의 강도와 내구성에 나쁜 영향을 주게 된다.

(2) 잔골재 중에 유해량의 염분이 과도하게 포함되어 있는지를 판단한다.

2. 사용 기기

(1) 메스 플라스크(갈색, 100 mL, 1 000 mL)

(2) 삼각 플라스크(100 mL)

(3) 홀 피펫(2 mL)

(4) 뷰렛(갈색, 25 mL)

(5) 저울(감도 0.1 g으로 용량 2 kg 이상 및 감도 0.1 mg 이상으로 용량 200 g 이상)

(6) 건조기(100~150°C의 온도를 유지할 수 있는 것)

(7) 보조 기구

① 시약병(갈색, 1 500 mL, 벽 두께 0.5 mm 이상인 고밀도 폴리에틸렌 용기)

② 비커(100 mL)

③ 메스실린더(500 mL)

④ 데시케이터

⑤ 유리 막대

3. 사용 재료

(1) 잔골재

(2) 증류수(약 2 L)

(3) 은박지

(4) 화학 약품

① 질산은($AgNO_3$)

② 크롬산칼륨(K_2CrO_4)

4. 시험 방법(KS F 2515)

[1] 시료 및 시약의 준비

(가) 시료의 준비

(1) 'KS F 2501 골재의 시료 채취 방법'에 따라 시료를 채취한다.

(2) 시료를 골재 무더기에서 채취하는 경우는 중심에서 가까운 부분의 것을 채취한다.

(3) 골재 시료 약 500 g을 준비한다.

(나) 시약의 제조

(1) 0.1N 질산은 용액은 다음과 같이 만든다.

① 질산은 특급 시약을 110～150°C의 온도로 유지된 건조기 안에서 약 1시간 건조시키고, 데이케이터 속에서 식힌다.

② 질산은 16.9873 g을 정확하게 달아서 1 000 mL의 메스실린더에 넣고, 증류수로 용해한다.

③ 여기에 증류수를 넣어 정확히 1 000 mL가 되도록 희석하여 시약병에 담아둔다.

(2) 5% 크롬산칼륨 용액은 다음과 같이 만든다.

① 크롬산칼륨 시약 5 g을 100 mL의 메스 플라스크에 넣고, 증류수를 조금 넣어 용해한다.

② 여기에 증류수를 넣어 정확히 100 mL가 되도록 희석하여 시약병에 넣어 둔다.

[2] 염화물 함유율 시험

(가) 절대 건조 시료의 질량 측정

(1) 시료를 잘 혼합하여 이 중 500 g을 계량하여 1 000 mL의 비커에 넣는다.

(2) 시료를 건조기에서 105±5°C의 온도로 일정한 질량이 될 때까지 건조하고, 데시케이터에서 냉각시킨다.

(3) 절대 건조 시료의 질량(m_d)을 측정한다.

(나) 시료 중의 염분 추출

(1) 절대 건조 시료가 든 비커에 증류수 500 mL를 넣는다.

(2) 3시간 뒤에 약 5분 간격으로 3회 이상 유리 막대로 휘저어서, 시료 속의 염분이 완전히 빠지도록 한다.

(3) 비커에 은박지를 덮고 부유 물질이 가라 앉도록 놓아 둔다(그림 2.23 참조).

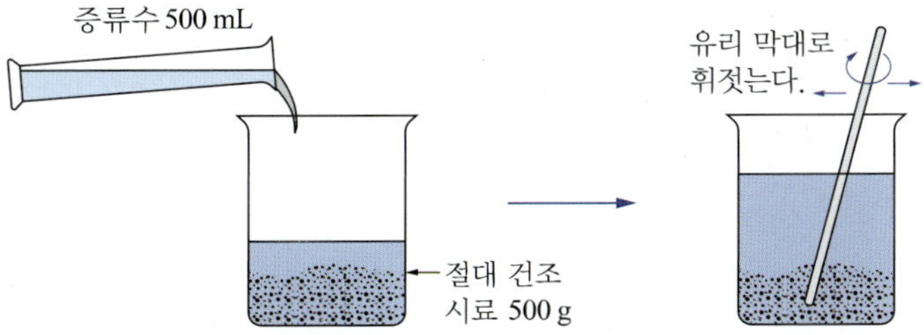

그림 2.23 염분의 추출

(다) 염소 이온의 정량

(1) 비커 윗부분의 맑은 용액 50 mL를 홀피펫으로 뽑아서 삼각 플라스크(100 mL)에 넣는다(그림 2.24(a) 참조).

(2) 여기에 5%의 크롬산칼륨 용액 1 mL를 피펫으로 넣는다(그림 2.24(b) 참조).

(3) 시험액을 휘저으면서 뷰렛으로 0.1N 질산은 용액을 한 방울씩 천천히 넣는다(그림 2.24(c) 참조).

(4) 용액의 색이 황색에서 적갈색으로 변하여 일정한 색으로 될 때까지 사용된 질산은 용액의 양 V_t(mL)를 구한다.

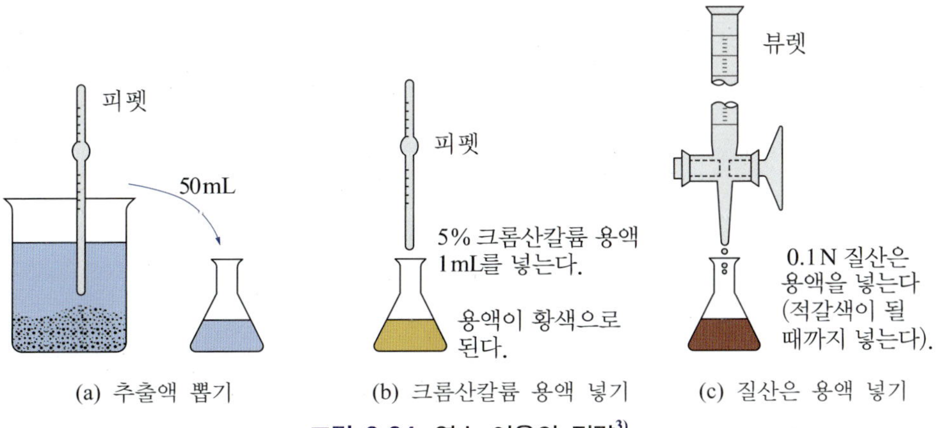

그림 2.24 염소 이온의 정량[3)]

(라) 바탕 시험

(1) 시험에 사용한 증류수 50 mL에 크롬산칼륨 용액 약 1 mL를 넣는다.

(2) 여기에 0.1N 질산은 용액을 한 방울씩 천천히 넣는다.

(3) 용액의 색이 황색에서 갈색으로 변하여 일정한 색으로 될 때까지 사용된 질산은 용액의 양 V_b(mL)를 구한다.

[3] 시험 결과의 산출

(1) 골재의 염화물 함유율은 다음 식으로 산출한다.

$$C_l = 0.00584 \times \frac{(V_t - V_b) \times 10}{m_d} \times 100 \qquad (2.33)$$

여기서, C_l : 골재의 염화물 함유율(염화나트륨(NaCl)으로 환산한 수치)(%)

0.00584 : 0.1N 질산은 용액 1 mL의 염화나트륨 해당량

V_t: 시험에 사용된 0.1N 질산은 용액의 양(mL)

V_b : 바탕 시험에 사용된 0.1N 질산은 용액의 양(mL)

m_d : 추출에 사용된 절대 건조 시료의 질량(g)

(2) 시험 결과는 2회 이상 시험한 값의 평균값으로 한다.

5. 주의 사항

(1) 정제수는 증류수 또는 이온 교환 수지로 정제한 물을 사용한다.

(2) 부유물이 침전되지 않아 현탁한 상태로 있으면 이를 여과지로 걸러 시험한다.

6. 시험 결과의 정리

(1) 시험 결과를 정리하여 기록한다.

(2) 골재 중의 염화물 함유율 시험 결과의 예는 표 2.34와 같다.

표 2.34 골재의 염화물 함유율 시험 결과의 예

골재의 염화물 함유율 시험					
시험일	년 월 일	실온 23°C	습도 %	수온 C	
시료	잔골재		시험자		
측정 번호		1	2	3	4
추출에 사용된 절대 건조 시료의 질량 m_d (g)		447.3	447.6		
0.1N 질산은 용액	시험에 사용된 양 V_t (mL)	11.53	11.52		
	바탕 시험에 사용된 양 V_b (mL)	0.03	0.03		
염화물 함유율(NaCl로 환산한 수치) $C_l = 0.00584 \times \frac{(V_t - V_b) \times 10}{m_d} \times 100$ (%)		0.15	0.15		
평균 염화물 함유율 (%)		0.15			

7. 참고 사항

(1) 콘크리트용 잔골재의 염화물 함유량의 한도는 표 2.35와 같다.

표 2.35 **잔골재의 염화물 함유량의 한도** (KS F2527)

골재의 종류	질량 백분율(NaCl로 환산한 수치)(%)
천연 잔골재	0.04 이하
동 슬래그 잔골재	0.04 이하
연 슬래그 잔골재	0.04 이하

(2) 염화물 함유량의 한도는 무근 콘크리트의 경우에는 적용하지 않는다.

(3) 염화물 함유량의 한도를 넘는 골재는 물로 씻거나 그 밖의 방법을 이용하여 허용 한도 이하로 해서 사용해야 한다.

8. 관계 지식

(1) 골재 중의 염화물 함유량은 골재의 절대 건조 질량 백분율(%)로 나타낸다.

(2) 염분의 주성분은 염화나트륨(NaCl)이지만, 염소 이온량을 측정하여 그 양을 염화나트륨으로 환산하여 염화물의 양을 구한다.

2.13 골재의 안정성 시험
(Test for Soundness of Aggregate)

1. 시험 목적

(1) 기상 작용에 대한 골재의 내구성을 검토하기 위하여 촉진 시험을 한다.

(2) 기상 작용에 대하여 내구성이 큰 콘크리트를 만들기 위해서는 내구적인 골재가 필요하다.

2. 사용 기기

(1) 시험 용기
① 잔골재용(지름 100 mm, 높이 200 mm)
② 굵은 골재용(지름 210 mm, 높이 210 mm, 또는 지름 360 mm, 높이 360 mm)

(2) 철망태
① 잔골재용(지름 50 mm, 높이 75 mm)
② 굵은 골재용(지름 100 mm, 높이 150 mm, 또는 지름 200 mm, 높이 200 mm)

(3) 저울(잔골재용은 칭량 500 g, 감량 0.1 g, 굵은 골재용은 칭량 5 kg, 감량 1 g)

(4) 온도 조절 장치(시험 용액 중에 담근 시료를 소정의 온도로 유지할 수 있는 것)

(5) 건조기(105±5°C의 온도를 유지할 수 있는 것)

(6) 시료 용기

(7) 시험용 체
① 잔골재용(0.15 mm, 0.3 mm, 0.6 mm, 1.2 mm, 2.5 mm, 5 mm의 망체)
② 굵은 골재용(10 mm, 15 mm, 20 mm, 25 mm, 40 mm, 65 mm, 75 mm의 망체)

그림 2.25 안정성 시험 용기 및 철망태

3. 사용 재료

(1) 잔골재

(2) 굵은 골재

(3) 화학 약품

① 무수 황산나트륨 또는 황산나트륨(결정) ② 염화바륨($BaCl_2$, 농도 5～10%)

4. 시험 방법(KS F 2507)

[1] 시료 및 시험용 용액의 준비

(가) 시료의 준비

(1) 'KS F 2501 골재의 시료 채취 방법'에 따라 시료를 채취한다.

(2) 잔골재 시료는 다음과 같이 준비한다.

① 대표적인 시료 약 2 kg을 채취한다.

② 시료의 일부를 사용해서 KS F 2502(2.1 참조)에 따라 체가름 시험을 하여, 표 2.36에 나타낸 잔골재 입자의 지름에 의한 군으로 나누고, 각 군의 시료 질량(m_a)을 계량한다.

표 2.36 잔골재의 입자 지름에 의한 군의 분류

체의 호칭 치수로 구분한 각 군의 골재 입자 지름의 범위
0.6 mm를 통과하고 0.3 mm에 남는 것
1.2 mm를 통과하고 0.6 mm에 남는 것
2.5 mm를 통과하고 1.2 mm에 남는 것
5 mm를 통과하고 2.5 mm에 남는 것
10 mm를 통과하고 5 mm에 남는 것

③ 각 군의 시료 질량 백분율(P_a)을 구하여 5% 이상이 된 군에 대해서만 시험한다.

④ 체가름 시험에 사용하는 시료를 채취한 나머지 시료를 물로 잘 씻어내면서 0.3 mm 체에 남는 입자를 채취한다.

⑤ 0.3 mm 체에 남는 골재 입자를 105±5°C의 온도로 건조시켜 체가름 한다.

⑥ ②에서 규정한 각 군별로 100 g을 계량하여 각 군의 시료 질량(m_d)으로 한다.

(3) 굵은 골재의 시료는 다음과 같이 준비한다.

① 굵은 골재의 질량은 골재의 최대 치수에 따라 표 2.37에 나타낸 값으로 한다.

표 2.37 굵은 골재 시료의 질량

골재의 최대 치수(mm)	채취하는 시료의 질량(kg)
10	1
15	2.5
20	5
25	10
40	15
65	25
75	30

② 시료를 5 mm 체로 치고, 체에 남는 것을 KS F 2502(2.1 참조)에 따라 체가름 시험을 하여 표 2.38에 나타낸 굵은 골재 입자 지름에 의한 군으로 나누고, 각 군의 시료 질량(m_a)을 계량한다.

표 2.38 굵은 골재 시료의 각 군의 질량

체의 호칭 치수로 구분한 각 군의 입자 지름의 범위(mm)	시료의 최소 질량(g)
10을 통과하고 5에 남는 것	300
15을 통과하고 10에 남는 것	500
20을 통과하고 15에 남는 것	750
25을 통과하고 20에 남는 것	1 000
40을 통과하고 25에 남는 것	1 500
65을 통과하고 40에 남는 것	3 000
75를 통과하고 65에 남는 것	3 000

주 : 경량 골재의 경우는 시료의 최소 질량을 1/2로 한다.

③ 각 군의 시료 질량 백분율(P_a)을 구하여 5% 이상이 된 군에 대해서만 시험한다.

④ 시료를 잘 씻어 100±5°C에서 질량이 일정하게 될 때까지 건조 후, 각 군마다 표 2.38에 규정한 시료량을 계량하여 각 군의 건조 시료의 질량(m_d)으로 한다.

⑤ 20 mm 이상의 입자는 각 군마다 그 수를 센다.

(나) 시험용 용액의 제조

(1) 25~30°C 물 1 L에 무수 황산나트륨을 약 250 g 또는 황산나트륨(결정)을 750 g의 비율로 넣는다(그림 2.26 참조).

(2) 시험용 용액을 잘 휘저어 녹이고, 20±1°C의 온도로 48시간 이상 둔다.

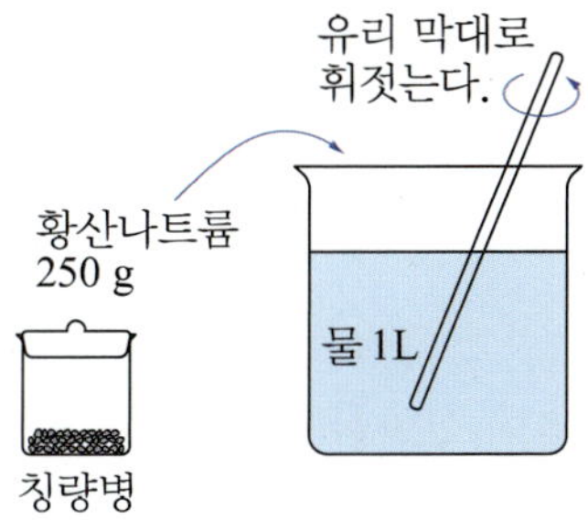

그림 2.26 시험용 용액의 제조

[2] 안정성 시험

(가) 시료 담그기 및 건조

(1) 시험용 용액을 잘 휘저어 섞고, 밀도를 확인한다.

(2) 시료를 철망태에 넣어 시험용 용액 속에 담그고, 뚜껑을 덮어 16～18시간 동안 둔다. 이때 용액의 표면이 시료의 표면보다 15 mm 이상 높아지도록 하고, 용액의 온도를 20±1°C로 유지한다.

(3) 시료를 시험용 용액에서 꺼내어 시료를 건조기에서 105±5°C로 4～6시간 건조한다.

(4) 건조한 시료를 실온까지 식힌다.

(5) (2)～(4)의 조작을 소정의 횟수(5회)만큼 반복한다.

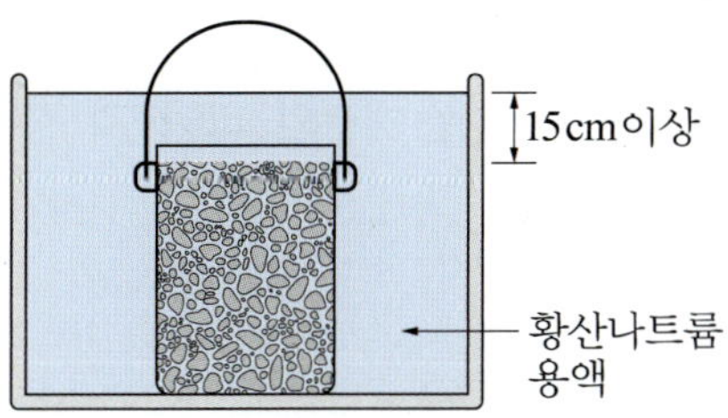

그림 2.27 시험용 용액에 시료 담그기

(나) 정량 시험

(1) 소정의 횟수(5회) 조작을 끝낸 시료를 물로 깨끗이 씻는다.

(2) 시료 씻은 물에 염화바륨 용액을 넣어 뿌옇게 흐려지지 않게 될 때까지 씻는다.

(3) 씻은 시료를 건조기에서 105±5°C의 온도로 질량이 일정하게 될 때까지 건조한다.

(4) 잔골재는 각 군의 시료를 시험 전에 시료가 남는 체(표 2.36)로 체가름을 하여, 각 체에 남는 건조 시료의 질량(m_r)을 측정한다.

(5) 굵은 골재는 각 군의 시료를 시험 전에 시료가 남는 체(표 2.38)로 체가름을 하여, 각 체에 남는 건조 시료의 질량(m_r)을 측정한다.

[3] 시험 결과의 산출

(1) 골재의 손실량은 다음 식으로 산출하고, 소수점 이하 1자리로 끝맺음을 한다.

$$P_l = \left(1 - \frac{m_r}{m_d}\right) \times 100 \tag{2.34}$$

$$L_o = \Sigma \frac{P_a \times P_l}{100} \tag{2.35}$$

여기서, P_l : 각 군의 시료의 손실 질량 백분율(%)

m_d : 시험 전 각 군의 건조 시료의 질량(g)

m_r : 시험 전에 시료가 남는 체에 남는 시험 후 각 군의 시료의 질량(g)

P_a : 각 군의 시료의 질량 백분율(%)

L_o : 골재의 손실 질량 백분율(%)

(2) 0.3 mm 체를 통과하는 골재 입자의 손실 질량 백분율은 0%로 가정하여 계산한다.

(3) 골재 입자의 질량 백분율이 5% 미만인 군에서의 손실 질량 백분율은 그 전후 군에서 시험한 손실 질량 백분율의 평균값으로 한다. 그러나 전후의 군에서의 시험값 중에서 어느 한쪽이 빠져 있을 때는 나머지 한쪽의 시험값으로 한다.

(4) 20 mm 이상의 입자는 이상이 있는 개수와 그 파괴 상황을 관찰한다.

5. 주의 사항

(1) 시험용 용액을 시험에 사용할 경우 용기의 바닥에 결정이 생기지 않아야 한다.

(2) 시험용 용액은 10회 이상 반복 사용해서는 안 된다.

(3) 시약으로 사용하는 경우의 용액의 비중은 1.152～1.174이어야 한다.

(4) 시료를 체가름 할 때 체눈에 걸린 골재 입자는 시료에 넣어서는 안 된다.

6. 시험 결과의 정리

(1) 시험 결과를 정리하여 기록한다.

(2) 굵은 골재의 안정성 시험 결과의 예는 표 2.39와 같다.

표 2.39 **골재의 안정성 시험 결과의 예**

골재의 안정성 시험								
시험일	년 월 일			실온 21°C		습도 %	수온 25°C	
시료	잔골재, 굵은 골재					시험자		
항목	체의 호칭 남는 체 (mm)	체의 호칭 통과 체 (mm)	체가름에 의한 각 군의 시료의 질량 m_a (g)	각 군의 시료 질량 백분율 $P_a = m_a / S \times 100$ (%)	시험 전 각 군의 건조 시료의 질량 m_d (g)	시험 전의 체에 남는 시험 후 각 군의 시료의 질량 m_r (g)	각 군의 시료의 손실 질량 백분율 $P_l = \left(1 - \frac{m_r}{m_d}\right) \times 100$ (%)	손실 질량 백분율 $L_o = \frac{P_a \times P_l}{100}$ (%)
잔골재	0.15	–	24.6	4.8			*	
	0.3	0.15	57.4	11.3				
	0.6	0.3	130.3	25.8	100	95.3	47	1.2
	1.2	0.6	129.4	25.6	100	95.7	4.3	1.1
	2.5	1.2	85.4	16.9	100	96.9	3.1	0.5
	5	2.5	55.3	10.9	100	88.6	11.4	1.2
	10	5	23.6	4.7			11.4**	0.5
	합계		S 506	100				4.5
	비고: * 0.3 mm보다 작은 골재 입자의 손실 질량 백분율은 0으로 한다. ** 다음으로 작은 골재 입자 군의 손실 질량 백분율을 취한 것이다.							
굵은 골재	10	5	2 140	21.4	300	265	11.7	2.5
	15	10	2 360	23.6	500	453	9.4	2.2
	20	15	3 650	36.5	750	689	8.1	3.0
	25	20	1 850	18.5	1 000	950	5.0	0.9
	40	25						
	65	40						
	75	65						
	합계		S 10 000	100				8.6
	관찰(20 mm 이상 입자)		시험 전 시료의 개수 125 이상 있는 시료의 개수 43		파괴 상황 (개수)		부서짐 4 벗겨짐 2	쪼개짐 33 터짐 4

7. 참고 사항

(1) 골재의 안정성 시험을 5회 했을 때 골재 입자의 손실 질량 백분율의 한도는 표 2.40과 같다.

표 2.40 **골재의 손실 한도** (KS F 2527)

골재의 종류	질량 백분율(%)	
	잔골재	굵은 골재
천연 골재	10 이하	12 이하
부순 골재	10 이하	12 이하
순환 골재	10 이하	12 이하

(2) 굵은 골재의 경우, 황산나트륨에 의한 안정성 시험의 손실 질량 백분율이 12∼14% 정도라도 흡수율이 3% 이하이면, 'KS F 2456 급속 동결 융해에 대한 콘크리트 저항 시험 방법'에 의한 시험 결과에서 내구성 지수가 60 이상으로 될 때에는 안정성이 있는 골재로 판단해도 좋다(콘크리트표준시방서).

(3) 골재의 내구성은 그 골재를 사용한 과거의 경험으로부터 판단하는 것이 좋다. 과거의 경험이 없는 경우에는 골재의 안정성 시험 또는 그 골재를 사용한 콘크리트로 동결 융해 시험 등의 촉진 내구성 시험을 하여 그 결과로부터 판단한다(콘크리트표준시방서).

8. 관계 지식

(1) 골재의 안정성 시험은 골재의 내구성을 알기 위해서 황산나트륨 포화 용액으로 인한 골재의 부서짐 작용에 대한 저항성을 시험하는 것이다.

(2) 동결 융해의 반복에 의한 기상 작용에 대하여 내구적인 콘크리트를 만들기 위해서는 물-결합재비, 공기량 등을 고려하고, 내구적인 골재를 사용해야 한다.

2.14 굵은 골재의 마모 저항성 시험

(Test for Resistance to Abrasion of Coarse Aggregate)

1. 시험 목적

(1) 도로 포장 콘크리트용, 댐 콘크리트용 굵은 골재는 마모에 대한 저항성이 커야 한다.

(2) 굵은 골재가 마모 저항이 요구되는 콘크리트에 사용될 수 있는지를 판단한다.

2. 사용 기기

(1) 로스앤젤레스 시험기(안지름 710±5 mm, 안쪽 길이 510±5 mm의 양끝이 막힌 강철제의 원통으로 된 것)

(2) 강구(steel spheres, 평균 지름이 약 46.8 mm, 질량이 약 390~445 g인 강철로 된 것)

(3) 시험용 체(1.7 mm, 2.5 mm, 5 mm, 10 mm, 15 mm, 20 mm, 25 mm, 40 mm, 50 mm, 65 mm, 75 mm의 망체)

그림 2.28 로스앤젤레스 시험기

(4) 저울(칭량 10 kg 이상, 눈금 양 1 g)

(5) 건조기(105±5°C의 온도를 유지할 수 있는 것)

(6) 시료 분취기

(7) 시료 용기

3. 사용 재료

(1) 굵은 재료

4. 시험 방법(KS F 2508)

[1] 시료의 준비

(1) 'KS F 2501 골재의 시료 채취 방법'에 따라 시료를 채취한다.

(2) 굵은 골재를 시험용 체(2.5 mm, 10 mm, 15 mm, 20 mm, 25 mm, 40 mm, 50 mm, 65 mm, 75 mm)를 사용하여 체가름을 한다.

(3) 표 2.41의 입도 구분 중에서, 시험하는 굵은 골재의 입도에 가장 가까운 입도 구분을 선택한다.

표 2.41 시료의 질량

입도 구분	입자 지름의 범위(mm)	시료의 질량(g)	시료의 전 질량(g)
A	40～25 25～20 20～15 15～10	1 250±25 1 250±25 1 250±10 1 250±10	5 000±10
B	25～20 20～15	2 500±10 2 500±10	5 000±10
C	15～10 10～5	2 500±10 2 500±10	5 000±10
D	5～2.5	5 000±10	5 000±10
E	75～65 65～50 50～40	2 500±50 2 500±50 5 000±50	10 000±100
F	50～40 40～25	5 000±50 5 000±25	10 000±75
G	40～25 25～20	5 000±25 5 000±25	10 000±50
H	20～10	5 000±10	5 000±10

(4) 입도 구분에 해당하는 입자 지름 범위의 굵은 골재를 물로 씻는다.

(5) 시료를 105±5°C의 온도로 질량이 일정하게 될 때까지 건조한다.

(6) 표 2.41의 시료 질량을 얻지 못할 경우에는 채취한 시료의 일부를 체가름 하여 보충한다.

(7) 건조시킨 시료를 해당하는 입도 구분의 시료 질량에 적합하도록 1 g까지 측정하여 시료($m_d{}'$)로 한다.

[2] 마모 저항성 시험

(1) 건조한 시료의 질량(m_d)을 계량한다. 이때 시료의 질량이 표 2.41에 적합하다는 것을 확인한다.

(2) 시료의 입도 구분에 따라 표 2.42에서 강구의 수를 선택한다.

표 2.42 　　　　강구의 수 및 전 질량

입도 구분	강구의 수	강구의 전 질량(g)
A	12	5 000±25
B	11	4 580±25
C	8	3 330±20
D	6	2 500±15
E	12	5 000±25
F	12	5 000±25
G	12	5 000±25
H	10	4 160±25

(3) 시료를 강구와 함께 원통에 넣고 뚜껑을 닫는다.

(4) 시험기를 매분 30~33회의 회전수로, A, B, C, D의 입도인 경우는 500번 회전시키고, E, F, G의 입도인 경우는 1 000번 회전시킨다.

(5) 시료를 시험기에서 꺼내어 1.7 mm의 망체로 체가름 한다.

(6) 체에 남은 시료를 물에 씻는다.

(7) 시료를 105±5°C의 온도로 일정한 질량이 될 때까지 건조한다.

(8) 건조한 시료의 질량(m_b)을 1 g까지 측정한다.

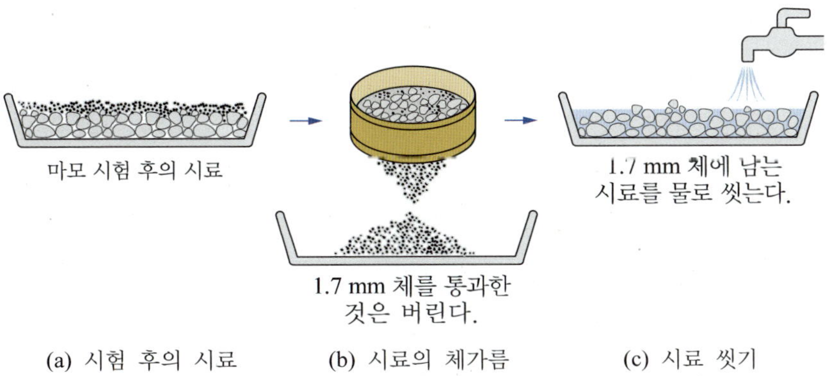

그림 2.29 시료의 체가름 및 씻기

[3] 시험 결과의 산출

(1) 굵은 골재의 마모 감량은 다음 식으로 산출하고, 소수점 이하 1자리로 끝맺음 한다.

$$R = \frac{m_a - m_r}{m_a} \times 100 \qquad (2.36)$$

여기서, R : 굵은 골재의 마모 감량 질량 백분율(%)

m_d : 시험 전 건조 시료의 질량(g)

m_r : 시험 후 1.7 mm의 망체에 남은 건조 시료의 질량(g)

5. 주의 사항

(1) 시험기가 일정한 속도로 회전하도록 원통의 질량이 균일해야 한다.

(2) 시험기는 시료와 철구의 회전 소음이 심하므로 방음이 잘 되는 곳에 설치한다.

6. 시험 결과의 정리

(1) 시험 결과를 정리하여 기록한다.

(2) 굵은 골재의 마모 저항성 시험 결과의 예는 표 2.43과 같다.

표 2.43 **굵은 골재의 마모 저항성 시험 결과의 예**

굵은 골재의 마모 저항성 시험									
시험일		년 월 일			실온 23°C		습도 %		수온 25°C
시료		굵은 골재					시험자		
체의 호칭		체가름에 의한 각 군의 건조 시료의 질량 m_d'	각 군의 건조 시료의 질량 백분율 $P_a = (m_d'/S) \times 100$	시험 전 건조 시료의 질량	입도 구분	강구의 수	회전수	시험 후 1.7 mm의 체에 남은 건조 시료의 질량	마모 감량 질량 백분율 $R = \frac{m_d - m_r}{m_d} \times 100$
남는 체 (mm)	통과 체 (mm)	(g)	(%)	(g)				(g)	(%)
–	2.5								
2.5	5								
5	10								
10	15	1 604	23	1 250	A	12	500		
15	20	1 756	25	1 250	A	12	500		
20	25	2 154	31	1 250	A	12	500		
25	40	1 486	21	1 250	A	12	500		
40	50								
50	65								
65	75								
합계		S 7 000	100	m_d 5 000				m_r 4 197	16.1

7. 참고 사항

(1) 콘크리트용 굵은 골재의 마모 감량의 한도는 표 2.44와 같다.

표 2.44 굵은 골재의 마모 감량의 한도 (KS F 2527)

골재의 종류	질량 백분율(%)
천연 굵은 골재	50
부순 굵은 골재	35
순환 굵은 골재	40

(2) 이 시험은 골재 입자의 지름 범위가 5～2.5 mm인 잔골재에도 적용할 수 있다.

8. 관계 지식

(1) 로스앤젤레스 시험기에 의한 굵은 골재의 마모 저항성 시험은 골재와 강구의 마찰을 이용하여 골재의 마모에 대한 저항을 측정하는 것이다.

(2) 슬래용 콘크리트는 심한 마모 작용을 받고 있으며, 경우에 따라서는 마모 감량에 의해 주행성이 나빠지기도 한다.

2.15 굵은 골재의 파쇄값 측정 시험

(Test for Determination of Aggregates Crushing Value)

1. 시험 목적

(1) 골재 자체가 약하면 골재를 취급할 때 골재 입자가 부서져 입도 변화가 생긴다.

(2) 압축 하중 하에서 굵은 골재의 저항성을 알아보기 위하여 파쇄값을 측정한다.

2. 사용 기기

(1) 골재의 파쇄 시험 장치 및 기구

① 시험 용기(안지름 154 mm, 높이 140 mm, 두께 16 mm의 강제 원통형 용기)

② 플런저(plunger, 강제 피스톤의 지름 152 mm, 두께 25.4 mm 이상)

③ 밑판(200×230×6.5 mm)

④ 계량 용기(안지름 115 mm, 높이 180 mm의 금속제 원통 용기)

⑤ 다짐봉(지름 16 mm, 길이 600 mm의 강봉)

(2) 압축 시험기(400 kN의 하중을 재하할 수 있는 것)

(3) 저울(칭량 10 kg, 감도 1 g)

(4) 건조기(105±5°C의 온도를 유지할 수 있는 것)

(5) 시험용 체(2.5 mm, 10 mm, 13 mm의 망체)

(6) 계측기(길이 1 mm까지 측정할 수 있는 다이얼 게이지)

그림 2.30 골재의 파쇄 시험 장치

3. 사용 재료

(1) 굵은 골재

4. 시험 방법(KS F 2541)

[1] 시료의 준비 및 계량

(가) 시료의 준비

(1) 'KS F 2501 골재의 시료 채취 방법'에 따라 시료를 채취한다.

(2) 시료는 13 mm 체를 통과하고 10 mm 체에 남는 골재로 한다.

(3) 2회분의 시료는 약 6.5 kg을 준비한다.

(4) 시료는 표면 건조 포화 상태(**2.3**의 **4.[1]**(나) 참조)로 한다.

(나) 시료의 계량

(1) 골재의 양은 시료를 계량 용기에 3층으로 나누어 넣고, 시료 면으로부터 50 m의 높이에서 각 층을 다짐봉으로 25회씩 다진 후의 깊이가 100 mm 되게 한다.

(2) 시료를 시료 용기에 넣고 건조기에서 105±5°C로 4시간 넘지 않게 건조한다.

(3) 시료를 실온으로 냉각하여 건조 시료의 질량(m_d)을 측정한다.

[2] 파쇄값 측정 시험

(1) 시험 용기를 밑판 위에 놓은 다음, 시료를 3층으로 나누어 넣고, 시료 면으로부터 50 mm의 높이에서 각 층을 다짐봉으로 25회씩 다진다.

(2) 시험 용기의 시료 면을 수평으로 하고, 그 위에 플런저를 올려놓는다.

(3) 시험 용기를 시험기의 재하판 사이에 놓는다.

(4) 10±0.5분 동안 총 하중(P) 400 kN에 이를 때까지 일정한 속도로 재하한다.

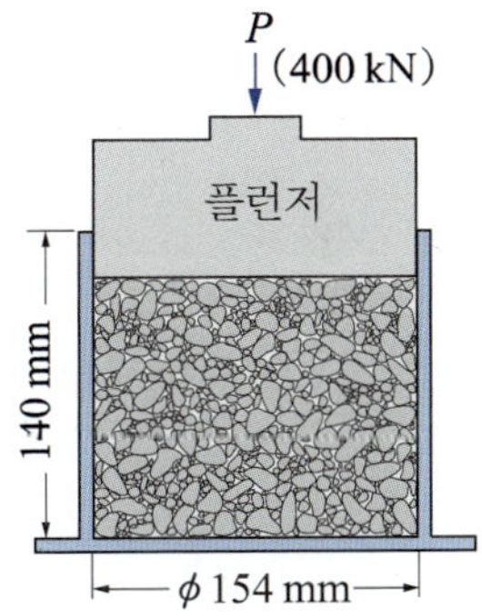

그림 2.31 골재의 파쇄 시험

(5) 하중을 제거한 다음, 시료를 시험 용기에서 꺼낸다.

(6) 2.5 mm 체로 체가름 하여 체를 통과한 파쇄된 시료의 질량(m_c)을 측정한다.

(7) 위의 실험 방법에 따라 시험한 후 식 (2.37)에 의하여 나타난 결과, 골재의 파쇄값이 30%를 넘으면 재시험을 하도록 한다.

(8) 재시험은 위에서와 같은 방법으로 한다. 재하의 깊이는 둥글거나 부분적으로 둥근 골재인 경우 15 mm, 보통 부순 골재인 경우 20 mm, 다공질 골재(팽창 혈암, 슬래그 등)인 경우 24 mm로 하중을 가한다.

(9) 재시험한 결과, 식 (3.37)에 의한 파쇄된 시료의 질량 백분율이 7.5~12.5% 범위에 들어야 한다. 그러나 이 범위에 들지 않으면, 적당히 하중을 조정하여 다시 한번 시험을 한다(이때 필요한 하중은 식 (3.38)에 따른다).

[3] 시험 결과의 산출

(1) 골재의 파쇄값은 다음 식으로 산출하고, 그 결과는 0.1%까지 계산한다.

$$C_r = \frac{m_c}{m_d} \times 100 \tag{2.37}$$

여기서, C_r : 골재의 파쇄값 질량 백분율(%)

m_d : 건조 시료의 질량(g)

m_c : 2.5 mm 체를 통과한 파쇄된 시료의 질량(g)

(2) 파쇄값의 질량 백분율이 30% 이상인 골재는 다음 식에 따라 10%의 골재 파쇄 하중을 산출한다.

$$F = \frac{14P_w}{C_c + 4} \tag{2.38}$$

여기서, F : 10%의 골재 파쇄 하중(kN)

P_w : 파쇄된 시료의 백분율이 7.5~12.5%의 범위에 들 때까지의 재하 하중(kN)

C_c : 재하 하중 P_w로 시험하여 2.5 mm 체를 통과한 파쇄 시료의 질량 백분율(%)

(3) 2회 시험 결과의 평균값에 가장 가까운 정수를 골재의 파쇄값으로 한다. 다만, 10% 파쇄 하중은 100 kN 또는 그 이상에 대해서는 정수로 기록하고, 100 kN 이하에 대해서는 5 kN 단위로 기록한다.

5. 주의 사항

(1) 시료를 다질 때 골재의 입자가 부서지지 않도록 한다.

(2) 시료 면 위에 플런저를 올려놓을 때는 기울어지지 않도록 한다.

(3) 치수가 큰 골재에 대해서는 플런저가 시험 용기에 끼이지 않도록 한다.

(4) 시험 후 체가름 시험을 할 때 세립이 흩어져 없어지지 않도록 한다.

6. 시험 결과의 정리

(1) 시험 결과를 정리하여 기록한다.

(2) 굵은 골재의 파쇄값 측정 시험 결과의 예는 표 2.45와 같다.

표 2.45 **굵은 골재의 파쇄값 측정 시험 결과의 예**

<table>
<tr><td colspan="6">굵은 골재의 파쇄값 측정 시험</td></tr>
<tr><td>시험일</td><td>년 월 일</td><td colspan="2">실온 23.5°C</td><td>습도 65%</td><td>수온 °C</td></tr>
<tr><td>시료</td><td colspan="3">굵은 골재</td><td>시험자</td><td></td></tr>
<tr><td colspan="2">측정 번호</td><td>1</td><td>2</td><td>3</td><td>4</td></tr>
<tr><td colspan="6">파쇄값 시험</td></tr>
<tr><td colspan="2">시료의 크기 (mm)</td><td colspan="2">10～13</td><td colspan="2"></td></tr>
<tr><td colspan="2">하중 P (kN)</td><td colspan="2">400</td><td colspan="2"></td></tr>
<tr><td colspan="2">건조 시료의 질량 m_d (g)</td><td>1 550</td><td>1 540</td><td></td><td></td></tr>
<tr><td rowspan="2">파쇄 시료</td><td>2.5 mm 체에 남는 질량 m_r (g)</td><td>1 005</td><td>1 009</td><td></td><td></td></tr>
<tr><td>2.5 mm 체를 통과한 질량
$m_c = m_d - m_r$ (g)</td><td>545</td><td>531</td><td></td><td></td></tr>
<tr><td colspan="2">파쇄값의 질량 백분율
$C_r = \left(\dfrac{m_c}{m_d}\right) \times 100$ (%)</td><td>35.2</td><td>34.5</td><td></td><td></td></tr>
<tr><td colspan="2">평균 파쇄값 (%)</td><td colspan="2">35*</td><td colspan="2"></td></tr>
<tr><td colspan="6">10 %의 파쇄 하중 시험</td></tr>
<tr><td colspan="2">파쇄된 시료의 질량 백분율이 7.5～12.5%의 범위에 들 때의 재하 하중 P_w (kN)</td><td colspan="2">230**</td><td colspan="2"></td></tr>
<tr><td colspan="2">건조 시료의 질량 m_d (g)</td><td>1 560</td><td>1 580</td><td></td><td></td></tr>
<tr><td rowspan="3">파쇄 시료</td><td>2.5 mm 체에 남는 질량 m_r (g)</td><td>1 448</td><td>1 425</td><td></td><td></td></tr>
<tr><td>2.5 mm 체를 통과한 질량
$m_c = m_d - m_r$ (g)</td><td>112</td><td>155</td><td></td><td></td></tr>
<tr><td>질량 백분율
$C_c = (m_c / m_d) \times 100$ (%)</td><td>7.2</td><td>9.8***</td><td></td><td></td></tr>
<tr><td colspan="2">10%의 파쇄 하중
$F = \dfrac{14P_w}{C_c + 4}$ (kN)</td><td colspan="2">233</td><td colspan="2"></td></tr>
<tr><td colspan="6">비고 : * 골재의 파쇄값이 30%를 넘으므로 재시험(10%의 골재 파쇄 하중 시험)을 한다.
** 골재의 파쇄값 질량 백분율이 7.5～12.5%의 범위가 되도록 시적으로 구한다.
*** 파쇄 시료의 질량 백분율이 7.5～12.5%의 범위에 드는 값을 사용한다.</td></tr>
</table>

7. 참고 사항

(1) 표준 파쇄값 시험은 표준 입자 지름(13 mm~10 mm)의 골재에 대해서 하고, 2.5 mm 체로 체가름을 한다.

(2) 표준 입자 지름이 아닌 골재에 대해서는 표 2.46의 적당한 체로 체가름 한다.

표 2.46 표준 크기가 아닌 골재에 사용하는 원통과 표준체

호칭 치수(mm)		사용 시험 용기의 지름 (mm)	파쇄된 골재를 분리하기 위한 체의 호칭 치수(mm)
통과 체	남은 체		
25	20	150	5
20	13	150	3.5
표준(13)	(10)	(150 또는 75)	(2.5)
10	6	150 또는 75	1.7
6	5	150 또는 75	1.2
5	3.5	150 또는 75	0.85
3.5	2.5	150 또는 75	0.6

(3) 파쇄값이 30%를 넘는 연약한 골재의 경우, 시험 중에 골재의 파쇄분이 골재 사이의 공극을 메우므로 정확한 시험 결과를 얻을 수 없다. 따라서 파쇄값이 30%를 넘는 경우, 골재의 강도는 10%의 골재 파쇄 하중(F)으로 나타낸다.

(4) 일반적으로 파쇄값이 10% 이하의 골재는 단단하고 좋다. 파쇄값이 35%를 넘으면 골재가 연약하여 포장의 표층용 골재로서는 부적당하다.

(5) 골재 파쇄값의 일례를 들면 표 2.47과 같다.

표 2.47 골재 파쇄값의 일례[10)]

파쇄값	하천 자갈	부순 굵은 골재	인공 경량 골재	화산 자갈
400 kN 파쇄값(%)	11～20	17～23	33～45	–
10% 파쇄 하중(kN)	200～350	180～250	80～130	30～50

8. 관계 지식

(1) 골재의 파쇄값 시험은 골재의 자체 강도를 알기 위해서 한다.

(2) 골재의 파쇄값은 골재에 규정된 하중을 가하여 파쇄된 골재의 질량으로 구한다.

3 콘크리트 시험

3.1 굳지 않은 콘크리트의 슬럼프 시험
3.2 굳지 않은 콘크리트의 슬럼프 플로 시험
3.3 굳지 않은 콘크리트의 반죽 질기 시험
3.4 굳지 않은 콘크리트의 공기량 시험
3.5 굳지 않은 콘크리트의 블리딩 시험
3.6 콘크리트의 압축 강도 시험
3.7 콘크리트의 인장 강도 시험
3.8 콘크리트의 휨 강도 시험
3.9 콘크리트의 정탄성 계수 시험
3.10 콘크리트의 압축 강도 추정 반발 경도 시험
3.11 콘크리트의 배합 설계

3.1 굳지 않은 콘크리트의 슬럼프 시험
(Test for Slump of Fresh Concrete)

1. 시험 목적

(1) 굳지 않은 콘크리트의 반죽 질기를 측정하여 워커빌리티를 판단한다.
(2) 콘크리트의 반죽 질기를 측정한 후 그 변형을 관찰하여 성형성을 판단할 수 있다.

2. 사용 기기

(1) 슬럼프 시험 기구
① 슬럼프 콘(slump cone, 윗면의 안지름 100 mm, 밑면의 안지름 200 mm, 높이 300 mm, 두께 1.5 mm 이상인 금속제)
② 다짐봉(지름 16 mm, 길이 500~600 mm의 강 또는 금속제 원형봉)
③ 수밀 평판
④ 슬럼프 측정자

그림 3.1 슬럼프 시험 기구

(2) 콘크리트 혼합기
(3) 보조 기구
① 작은 삽 ② 흙손

3. 사용 재료

(1) 굳지 않은 콘크리트
(2) 콘크리트의 재료(시멘트, 혼화 재료, 잔골재, 굵은 골재, 물)

4. 시험 방법(KS F 2402)

[1] 시료의 준비

(1) 'KS F 2404 굳지 않은 콘크리트의 시료 채취 방법'에 따라 시료를 채취한다.
(2) 'KS F 2425 실험실에서 콘크리트 시료를 만드는 방법'에 따라 시료를 만든다.

[2] 슬럼프 시험

(1) 슬럼프 콘의 내면을 습포로 닦아 수밀 평판 위에 놓는다.

(2) 시료를 슬럼프 콘 용적의 약 $\frac{1}{3}$(깊이 약 70 mm) 정도 넣고 다짐봉으로 25회 고르게 다진다.

(3) 시료를 슬럼프 콘 용적의 약 $\frac{2}{3}$(깊이 약 160 mm)까지 넣고 다짐봉으로 25회 다진다. 이때, 다짐 깊이는 다짐봉이 그 앞 층에 거의 도달할 정도로 한다.

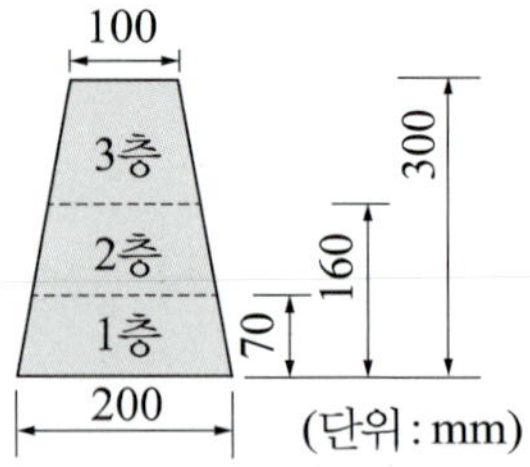

그림 3.2 시험체의 제작

(4) 슬럼프 콘의 나머지 부분에 시료를 넘칠 정도로 채우고, 다짐봉으로 25회 다진다.

(5) 시료의 표면을 슬럼프 콘의 윗면에 맞추어 고르게 한다.

(6) 슬럼프 콘을 연직으로 가만히 들어 올린다. 슬럼프 콘을 벗기는 작업은 2～3초 이내로 한다.

(7) 콘크리트의 중앙부에서 내려앉은 시험체 높이와의 차를 5 mm 단위로 측정한다.

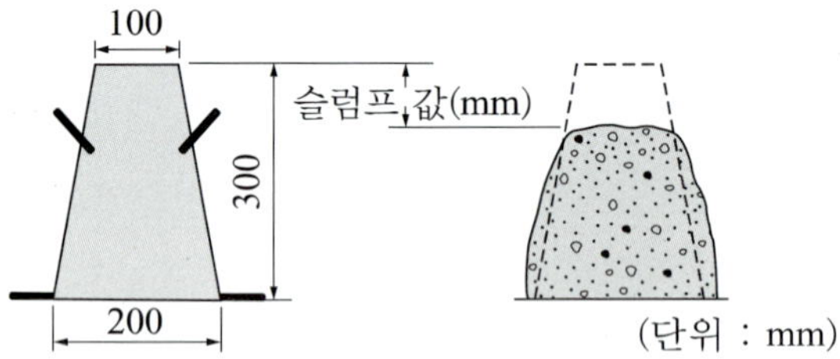

(a) 슬럼프 콘 (b) 슬럼프 값

그림 3.3 콘크리트의 슬럼프 시험

[3] 시험 결과의 표시

(1) 콘크리트가 내려앉은 높이를 슬럼프 값(mm)으로 하고, 5 mm 단위로 표시한다.

(2) 콘크리트가 슬럼프 콘의 중심축에 대해서 치우치거나 무너지거나 해서, 모양이 불균형이 된 경우는 다른 시료로 재시험을 한다.

5. 주의 사항

(1) 시료를 슬럼프 콘에 넣고 다질 때, 같은 구멍을 다진 것은 다짐 횟수에 넣지 않는다.

(2) 슬럼프 콘에 시료를 채우기 시작하고 나서 벗길 때까지의 전 작업 시간은 3분 이내로 한다.

6. 시험 결과의 정리

(1) 시험 결과를 정리하여 기록한다.

(2) 굳지 않은 콘크리트의 슬럼프 시험 결과의 예는 표 3.1과 같다.

표 3.1 **굳지 않은 콘크리트의 슬럼프 시험 결과의 예**

<table>
<tr><td colspan="12">굳지 않은 콘크리트의 슬럼프 시험</td></tr>
<tr><td colspan="2">시험일</td><td colspan="4">년 월 일</td><td colspan="2">실온 23.5°C</td><td colspan="2">습도 65%</td><td colspan="2">수온 20°C</td></tr>
<tr><td colspan="2">시료</td><td colspan="7">굳지 않은 콘크리트</td><td>시험자</td><td colspan="2"></td></tr>
<tr><td rowspan="4">시방 배합</td><td rowspan="3">굵은 골재의 최대 치수 (mm)</td><td rowspan="3">슬럼프의 범위 (mm)</td><td rowspan="3">공기량의 범위 (%)</td><td rowspan="3">물-결합재비 W/B (%)</td><td rowspan="3">잔골재율 S/a (%)</td><td colspan="6">단위 질량(kg/m³)</td></tr>
<tr><td rowspan="2">물 W</td><td rowspan="2">시멘트 C</td><td rowspan="2">잔골재 S</td><td rowspan="2">굵은 골재 G</td><td colspan="2">혼화 재료</td></tr>
<tr><td>혼화재</td><td>혼화제 (g/m³)</td></tr>
<tr><td>25</td><td>100</td><td>5.5</td><td>47.5</td><td>40.8</td><td>165</td><td>347</td><td>710</td><td>1 052</td><td></td><td>104</td></tr>
<tr><td colspan="5">측정 번호</td><td colspan="3">1</td><td colspan="2">2</td><td colspan="2">3</td></tr>
<tr><td colspan="5">슬럼프 값 (mm)</td><td colspan="3">100</td><td colspan="2"></td><td colspan="2"></td></tr>
<tr><td colspan="5">다짐봉으로 콘크리트 측면을 두들겼을 때의 상태</td><td colspan="3">재료 분리 없음</td><td colspan="2"></td><td colspan="2"></td></tr>
<tr><td colspan="5">콘크리트의 온도 (°C)</td><td colspan="3">20</td><td colspan="2"></td><td colspan="2"></td></tr>
</table>

7. 참고 사항

(1) 슬럼프 시험은 비소성이나 비점성인 콘크리트에는 적합하지 않으며, 콘크리트 속에 50 mm 이상 크기의 굵은 골재가 많이 포함되어 있으면 이 방법을 적용할 수 없다.

(2) 일반 콘크리트의 슬럼프 값은 50～150 mm로 한다(표 3.24 참조).

(3) 'KS F 2401 굳지 않은 콘크리트의 시료 채취 방법'은 다음과 같다.

① 시료의 양은 20 L 이상으로 하고, 시험에 필요한 양보다 5 L 이상 많아야 한다.

② 분취 시료는 시험 목적에 맞는 장소에서 시험하려고 하는 콘크리트를 대표하도록 3개소 이상에서 채취한다.

(4) 'KS F 2425 실험실에서 콘크리트 시료를 만드는 방법'은 다음과 같다.

① 재료는 혼합하기 전에 20±3°C의 온도로 유지한다.

② 시멘트는 품질이 변하지 않도록 보관하고, 골재는 표면 건조 포화 상태 또는 이것에 가까운 상태로 한다.

③ 재료 계량은 질량으로 하고, 1회의 계량분의 0.5%까지 읽을 수 있는 계량기를 사용한다.

④ 콘크리트의 혼합 온도는 20±3°C, 습도는 60% 이상 유지된 실험실에서 한다.

⑤ 콘크리트의 혼합은 믹서로 하고, 1회 혼합량은 시험에 필요한 양보다 5 L 이상 많게 한다. 혼합 시간은 일반적으로 가경식 믹서의 경우 3분 이상, 강제 혼합 믹서의 경우 1.5분 이상으로 한다.

8. 관계 지식

(1) 콘크리트의 슬럼프 시험은 굳지 않은 일반 콘크리트의 워커빌리티를 판단하는 하나의 수단으로 사용된다.

(2) 굳지 않은 콘크리트의 성질에 관한 용어의 정의는 다음과 같다(콘크리트표준시방서).

(ㄱ) **반죽 질기**(consistency) 굳지 않은 콘크리트에서 주로 단위 수량의 다소에 따라 유동성의 정도를 나타내는 것으로서, 작업성을 판달할 수 있는 요소를 말한다.

(ㄴ) **워커빌리티**(workability) 반죽 질기에 따르는 작업의 난이한 정도와 재료의 분리에 저항하는 정도를 나타내는 굳지 않은 콘크리트의 성질을 말한다.

(ㄷ) **성형성**(plasticity) 거푸집에 쉽게 다져 넣을 수 있고, 거푸집을 떼어 내면 천천히 모양이 변하기는 하지만 허물어지거나 재료의 분리가 일어나는 일이 없는 굳지 않은 콘크리트의 성질을 말한다.

(ㄹ) **피니셔빌리티**(finishability) 굵은 골재의 최대 치수, 잔골재율, 잔골재의 입도, 반죽 질기 등에 따르는 표면 마무리하기 쉬운 정도를 나타내는 굳지 않은 콘크리트의 성질을 말한다.

(ㅁ) **유동성**(fluidity) 중력이나 외력에 유동되기 쉬운 정도를 나타내는 굳지 않은 콘크리트의 성질을 말한다.

3.2 굳지 않은 콘크리트의 슬럼프 플로 시험
(Test for Slump Flow of Fresh Concrete)

1. 시험 목적

(1) 굳지 않은 콘크리트의 흐름을 측정하여 반죽 질기를 판단한다.

(2) 고유동 콘크리트의 워커빌리티를 측정하여 작업성을 판단한다.

2. 사용 기기

(1) 슬럼프 플로 측정 기구

① 슬럼프 콘(3.1의 2.(1)① 참조)

② 다짐봉(지름 16 mm, 길이 500~600 mm의 원형강)

③ 평판(크기 800×800 mm 이상의 수밀성 및 강성을 갖는 강철 제품)

④ 측정용 보조 기구(슬럼프 플로 측정용)

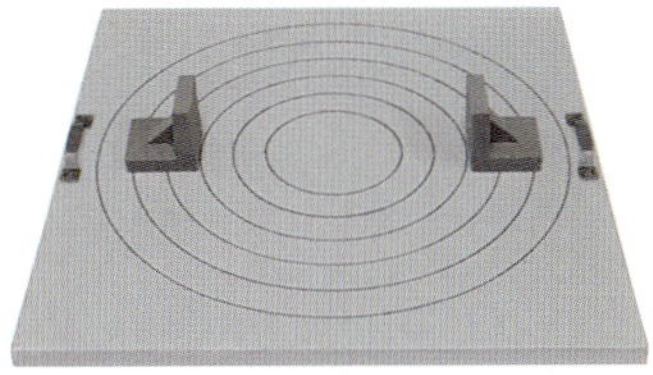

그림 3.4 슬럼프 플로 평판

(2) 버니어캘리퍼스 또는 척도(1 mm까지의 읽음)

(3) 초시계(0.1초까지 계측)

(4) 콘크리트 혼합기

(5) 보조 기구

① 콘크리트 용기(용량 12 L 정도)

② 작은 삽 ③ 흙손

3. 사용 재료

(1) 굳지 않은 콘크리트

(2) 콘크리트의 재료(시멘트, 혼화 재료, 잔골재, 굵은 골재, 물)

4. 시험 방법(KS F 2594)

[1] 시료의 준비

(1) 'KS F 2401 굳지 않은 콘크리트의 시료 채취 방법'에 따라 시료를 채취한다.

(2) 'KS F 2425 실험실에서 콘크리트 시료를 만드는 방법'에 따라 시료를 만든다.

[2] 슬럼프 플로 시험

(1) 슬럼프 콘 및 평판은 내면 및 표면을 젖은 수건으로 닦아내고, 슬럼프 콘을 수평으로 설치한 평판 위에 수평으로 놓는다.

(2) 슬럼프 콘에 다음과 같은 방법으로 시료를 채우고, 채우는 시간은 2분 이내로 한다.

① 고유동 콘크리트의 경우는 다지거나 진동을 주지 않고 한 번에 채워 넣는다.

② 필요에 따라 3층으로 나누어 채운 후, 각 층마다 다짐봉으로 5회 다진다.

(3) 슬럼프 플로의 측정은 다음과 같이 한다.

(ㄱ) 슬럼프 플로의 측정: 슬럼프 콘에 채운 콘크리트의 윗면을 슬럼프 콘의 상단에 맞춘 후, 슬럼프 콘을 연직으로 들어올린다. 콘크리트의 움직임이 멈춘 후, 퍼짐이 최대라고 생각되는 지름과 직교한 방향의 지름을 측정한다.

(ㄴ) 500 mm 플로 도달 시간의 측정: 슬럼프 콘을 들어올리고, 개시 시간으로부터 콘크리트의 퍼짐이 500 mm의 원에 최초 이르기까지의 시간을 초시계로 0.1초 단위로 측정한다.

(ㄷ) 슬럼프 플로 유동 정지 시간의 측정: 슬럼프 콘을 들어올리는 시점으로부터 육안으로 정지가 확인되기까지의 시간을 초시계로 0.1초 단위로 측정한다.

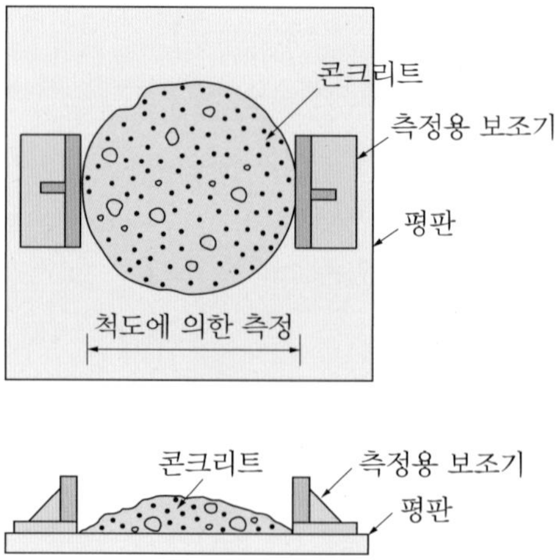

그림 3.5 콘크리트의 슬럼프 플로 시험

[3] 시험 결과의 표시

(1) 슬럼프 플로는 최대 및 그 직교하는 지름의 평균값을 5 mm 단위로 표시한다.

(2) 콘크리트의 퍼짐이 원형 모양과 현저하게 다르다고 판단되거나, 또는 슬럼프 플로의 양 지름의 측정 차이가 50 mm 이상인 경우에는 같은 배치의 시료를 사용하여 재시험을 한다.

5. 주의 사항

(1) 슬럼프 콘과 평판의 수평은 수준기를 이용한다.

(2) 최대 치수가 40 mm를 넘는 것은 굵은 골재는 제거한다.

(3) 슬럼프 콘을 들어올리는 시간은 고유동 콘크리트의 경우는 2~3초로 한다.

(4) 수중 불분리성 및 고강도 콘크리트의 경우, 시료가 슬럼프 콘과 함께 올라오지 않도록 천천히 들어올린다.

6. 시험 결과의 정리

(1) 시험 결과를 정리하여 기록한다.

(2) 굳지 않은 콘크리트의 슬럼프 플로 시험 결과의 예는 표 3.2와 같다.

표 3.2 굳지 않은 콘크리트의 슬럼프 플로 시험 결과의 예

<table>
<tr><td colspan="12">굳지 않은 콘크리트의 슬럼프 플로 시험</td></tr>
<tr><td>시험일</td><td colspan="5">년 월 일</td><td colspan="2">실온 23.5°C</td><td colspan="2">습도 65%</td><td colspan="2">수온 20°C</td></tr>
<tr><td>시료</td><td colspan="7">굳지 않은 콘크리트(고강도 콘크리트)</td><td>시험자</td><td colspan="3"></td></tr>
<tr><td rowspan="4">시방 배합</td><td rowspan="3">굵은 골재의 최대 치수 (mm)</td><td rowspan="3">슬럼프의 범위 (mm)</td><td rowspan="3">공기량의 범위 (%)</td><td rowspan="3">물-결합재비 W/B (%)</td><td rowspan="3">잔골재율 S/a (%)</td><td colspan="6">단위 질량(kg/m³)</td></tr>
<tr><td rowspan="2">물 W</td><td rowspan="2">시멘트 C</td><td rowspan="2">잔골재 S</td><td rowspan="2">굵은 골재 G</td><td colspan="2">혼화 재료</td></tr>
<tr><td>혼화재</td><td>혼화제 (g/m³)</td></tr>
<tr><td>25</td><td>150</td><td>6.0</td><td>44.5</td><td>38.9</td><td>178</td><td>400</td><td>702</td><td>1 115</td><td></td><td>120</td></tr>
<tr><td colspan="5">측정 번호</td><td colspan="3">1</td><td colspan="2">2</td><td colspan="2">3</td></tr>
<tr><td colspan="5">슬럼프 플로 (mm)</td><td colspan="3">700</td><td colspan="2"></td><td colspan="2"></td></tr>
<tr><td colspan="5">500 mm 슬럼프 플로 도달 시간 (초)</td><td colspan="3">15</td><td colspan="2"></td><td colspan="2"></td></tr>
<tr><td colspan="5">슬럼프 플로 유동 정지 시간 (초)</td><td colspan="3">20</td><td colspan="2"></td><td colspan="2"></td></tr>
<tr><td colspan="5">콘크리트의 온도 (°C)</td><td colspan="3">20</td><td colspan="2"></td><td colspan="2"></td></tr>
</table>

7. 참고 사항

(1) 슬럼프 플로 시험은 굵은 골재 최대 치수가 40 mm 이하인 고유동 콘크리트, 고강도 콘크리트 및 수중 불분리성 콘크리트에 적용한다.

(2) 고유동 콘크리트의 슬럼프 플로값은 다음과 같다(콘크리트표준시방서).

① 유동성은 슬럼프 플로 600 mm 이상으로 한다.

② 재료 분리 저항성은 500 mm 슬럼프 플로 도달 시간 3～20초 범위이어야 한다.

(3) 고강도 콘크리트는 유동화 콘크리트를 할 경우, 슬럼프 플로의 목표값은 설계 기준 강도 40 MPa 이상, 60 MPa 이하의 경우 구조물의 작업 조건에 따라 500 mm, 600 mm, 700 mm를 구분하여 정한다(콘크리트표준시방서).

(4) 수중 콘크리트의 슬럼프 플로값은 다음과 같다(콘크리트표준시방서).

① 현장 타설 말뚝 및 지하 연속벽은 설계 기준 압축 강도가 50 MPa을 초과할 경우, 슬럼프 플로의 범위는 500～700 mm로 한다.

② 수중 불분리성 콘크리트의 슬럼프 플로의 범위는 표 3.3과 같다.

표 3.3 수중 불분리성 콘크리트의 슬럼프 플로[5)]

시공 조건	슬럼프 플로의 범위(mm)
급경사면의 장석(1 : 1.5～1 : 2)의 고결, 사면의 엷은 슬래브(1 : 8 정도까지)의 시공 등에서 유동성을 적게 하고 싶은 경우	350～400
단순한 형상의 부분에 치기를 하는 경우	400～500
일반적인 경우 표준적인 철근 콘크리트 구조물에 치기를 하는 경우	450～550
복잡한 형상의 부분에 치기를 하는 경우 특별히 양호한 유동성이 요구되는 경우	550～600

8. 관계 지식

(1) 콘크리트 슬럼프 플로 시험은 슬럼프 콘으로 콘크리트의 퍼짐을 측정하여 워커빌리티를 판단하는 하나의 수단으로 사용된다.

(2) 콘크리트 슬럼프 플로 시험은 유동성이 큰 콘크리트에 사용된다.

3.3 굳지 않은 콘크리트의 반죽 질기 시험
(Test for Determining the Consistency of Fresh Concrete)

1. 시험 목적

(1) 비비 시간을 측정하여 굳지 않은 콘크리트의 반죽 질기를 판단한다.

(2) 비비 시험으로 된 반죽 콘크리트의 진동 다짐 난이도의 정도를 판단한다.

2. 사용 기기

(1) 반죽 질기 측정기

① 진동대(치수 380×600 mm, 진동수 3 000 rpm)

② 용기(안지름 240 mm, 높이 200 mm의 금속제)

③ 콘(3.1의 2.(1)① 참조)

④ 원판(지름 230 mm, 두께 10 mm의 투명한 원판, 추와 원판을 합한 질량 2 750±50 g)

(2) 다짐봉(지름 16 mm, 길이 600 mm의 원형강)

(3) 콘크리트 혼합기

(4) 초시계(0.5초까지 측정)

(5) 보조 기구

① 깔때기 ② 작은 삽 ③ 흙손

그림 3.6 반죽 질기 측정기

3. 사용 재료

(1) 굳지 않은 콘크리트

(2) 콘크리트의 재료(시멘트, 혼화 재료, 잔골재, 굵은 골재, 물)

4. 시험 방법(KS F 2427)

[1] 시료의 준비

(1) 'KS F 2401 굳지 않은 콘크리트의 시료 채취 방법'에 따라 시료를 채취한다.

(2) 'KS F 2425 실험실에서 콘크리트 시료를 만드는 방법'에 따라 시료를 만든다.

[2] 반죽 질기 시험

(1) 반죽 질기 시험기를 수평이 되게 똑바로 놓고, 용기를 너트로 시험기의 진동대 위에 고정시킨다.

(2) 콘을 축축하게 하여 용기 안에 넣은 다음, 깔때기를 콘 위에 놓는다.

(3) 콘에 콘크리트 시료를 3층으로 나누어 넣고, 각 층을 다짐봉으로 25회 고르게 다진다(**3.1**의 **4.[2]**(2)~(4) 참조).

(4) 콘크리트의 윗면을 콘의 윗면에 맞추어 고른다.

(5) 콘을 가만히 연직으로 올려서 빼고, 콘크리트의 윗면에 투명한 원판을 얹어 놓는다.

(6) 즉시 진동대의 진동기를 가동시키고 동시에 시간을 측정한다.

(7) 투명한 원판의 전면에 콘크리트의 모르타르가 접촉할 때까지의 시간을 측정한다.

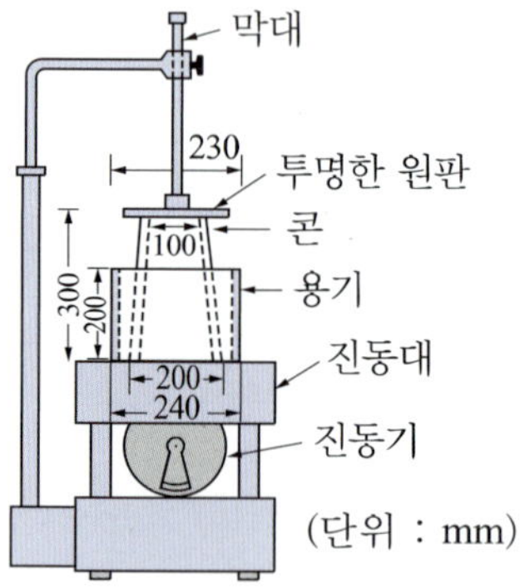

그림 3.7 반죽 질기 시험기의 구조

[3] 결과의 표시

(1) 콘크리트의 반죽 질기는 진동기를 가동한 때부터 원판의 전면에 모르타르가 완전히 접촉하는 시간을 초로 측정하고, 이것을 비비(VB) 시간이라 한다.

(2) 비비 시간이 5초 미만이거나 30초를 초과하면, 비비 시험 방법으로 콘크리트의 반죽 질기 측정이 적합하지 않다.

5. 주의 사항

(1) 시료를 다질 때에 다짐대의 깊이는 아래층에 닿을 정도로 한다.

(2) 원판은 깨끗하게 하여 진동대가 진동하기 전에 시료의 윗면에 정확히 놓는다.

6. 시험 결과의 정리

(1) 시험 결과를 정리하여 기록한다.

(2) 굳지 않은 콘크리트의 반죽 질기 시험 결과의 예는 표 3.4와 같다.

표 3.4 **굳지 않은 콘크리트의 반죽 질기 시험 결과의 예**

<table>
<tr><th colspan="12">굳지 않은 콘크리트의 반죽 질기 시험</th></tr>
<tr><td>시험일</td><td colspan="5">년 월 일</td><td colspan="2">실온 23.5°C</td><td colspan="2">습도 65%</td><td colspan="2">수온 20°C</td></tr>
<tr><td>시료</td><td colspan="7">굳지 않은 콘크리트(포장 콘크리트)</td><td colspan="2">시험자</td><td colspan="2"></td></tr>
<tr><td rowspan="4">시방 배합</td><td rowspan="3">굵은 골재의 최대 치수 (mm)</td><td rowspan="3">침하도 (초)</td><td rowspan="3">공기량의 범위 (%)</td><td rowspan="3">물-결합재비 W/B (%)</td><td rowspan="3">잔골재율 S/a (%)</td><td colspan="6">단위 질량(kg/m^3)</td></tr>
<tr><td rowspan="2">물 W</td><td rowspan="2">시멘트 C</td><td rowspan="2">잔골재 S</td><td rowspan="2">굵은 골재 G</td><td colspan="2">혼화 재료</td></tr>
<tr><td>혼화재</td><td>혼화제 (g/m^3)</td></tr>
<tr><td>40</td><td>30</td><td>4.5</td><td>42</td><td>38</td><td>127</td><td>302</td><td>729</td><td>1 207</td><td></td><td>75.5</td></tr>
<tr><td colspan="6">측정 번호</td><td colspan="2">1</td><td colspan="2">2</td><td colspan="2">3</td></tr>
<tr><td colspan="6">비비(VB) 시간 (초)</td><td colspan="2">30</td><td colspan="2"></td><td colspan="2"></td></tr>
<tr><td colspan="6">콘크리트의 온도 (°C)</td><td colspan="2">20</td><td colspan="2"></td><td colspan="2"></td></tr>
</table>

7. 참고 사항

(1) 비비 시험 방법은 골재의 최대 치수가 40 mm보다 큰 골재에는 적합하지 않다.

(2) 비비 시험 방법은 비비 시간이 5초 미만이거나 30초를 초과할 때는 콘크리트의 반죽 질기 측정에 적합하지 않다.

8. 관계 지식

(1) 굳지 않은 콘크리트의 반죽 질기 시험(비비 시험)은 용기 속의 콘크리트 윗면에 원판을 얹고 진동시켰을 때, 콘크리트 모르타르가 원판에 완전히 접촉하는 시간을 측정하는 것이다. 이것을 비비 시간(Vebe time)이라 한다.

(2) 비비 시험은 슬럼프 25 mm 이하 된 반죽 콘크리트의 반죽 질기 측정에 사용한다.

3.4 굳지 않은 콘크리트의 공기량 시험

(Test for Air Content of Fresh Concrete)

1. 시험 목적

(1) 공기실 압력법에 의하여 굳지 않은 콘크리트의 공기량을 측정한다.

(2) 콘크리트의 품질 관리 및 적절한 배합 설계를 하기 위해서 공기량을 알아야 한다.

2. 사용 기기

(1) 공기량 측정기

① 용기(지름은 높이의 0.75～1.25배, 용적은 주수법 5 L이고, 무주수법 7 L 이상)

② 덮개(플랜지가 붙은 것)

③ 공기실(덮개의 상부에 용기 약 5%의 공기실이 있어야 한다.)

④ 압력계(용량 약 100 kPa, 감도 1 kPa 정도)

⑤ 검정용 기구(길이 50 mm의 검정 파이프)

(2) 다짐봉(지름 16 mm, 길이 600 mm의 원형강)

(3) 저울

(4) 콘크리트 혼합기

(5) 보조 기구

① 메스실린더

② 고무 망치 및 곧은 자

③ 작은 삽

그림 3.8 공기량 측정기

3. 사용 재료

(1) 굳지 않은 콘크리트

(2) 콘크리트의 재료(시멘트, 혼화 재료, 잔골재, 굵은 골재, 물)

(3) 그리스

(4) 유리판(250 mm×250 mm×5 mm)

4. 시험 방법(KS F 2421)

[1] 시료의 준비

(1) 'KS F 2401 굳지 않은 콘크리트의 시료 채취 방법'에 따라 시료를 채취한다.

(2) 'KS F 2425 실험실에서 콘크리트 시료를 만드는 방법'에 따라 시료를 만든다.

[2] 공기량 시험

(가) 용기의 교정

(1) 용기를 평평한 장소에 놓고, 용기의 플랜지 주변을 따라서 그리스로 얇게 바른다.

(2) 용기에 물을 채운 후 유리판을 상부에 얹는다. 이때 수온(t_1)을 측정한다.

(3) 물을 채운 용기와 유리판의 질량(m_1)을 1 g까지 측정한다.

(4) 용기 내의 물을 버린 후 물기를 제거한 용기의 질량(m_2)을 1 g까지 측정한다.

(5) 물기를 제거한 유리판의 질량(m_3)을 1 g까지 측정한다.

(6) 용기의 용적(V_c)은 다음 식으로 산출한다.

$$V_c = \frac{m_1 - (m_2 + m_3)}{d_w} \tag{3.1}$$

여기서, V_c : 용기의 용적(L)

m_1 : 물을 채운 용기와 유리판의 질량(kg)

m_2 : 용기의 질량(kg)

m_3 : 유리판의 질량(kg)

d_w : 수온 t_1(°C)일 때의 물의 밀도(g/cm^3) (표 2.7 참조)

(나) 초기 압력의 검정

(1) 용기에 물을 채우고 덮개의 겉과 안이 통기할 수 있도록 해 두고 뚜껑을 덮는다.

(2) 배수구를 열고 공기가 빠져나갈 때까지 주수구에서 물을 주입한다.

(3) 모든 밸브를 잠그고, 핸드 공기 펌프로 공기실의 압력을 초기 압력보다 약간 높게 한다.

(4) 약 5초 후에 조절 밸브를 천천히 열어서 압력계의 지침을 초기 압력의 눈금과 일치시킨다.

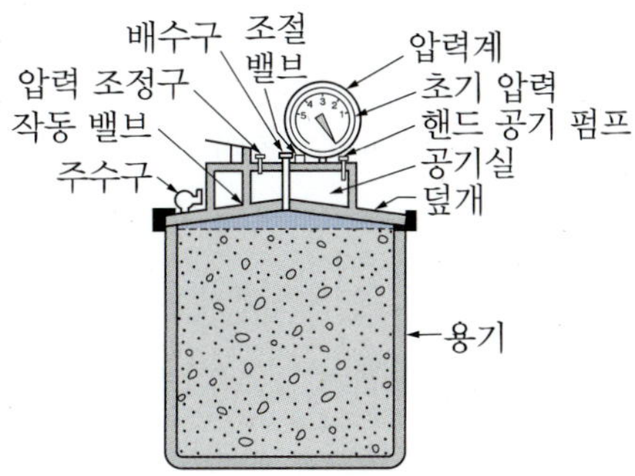

그림 3.9 공기량 측정기의 구조

(5) 공기실의 작동 밸브를 충분히 열어 공기실의 압력과 용기 내의 압력이 평형을 이루게 한다.

(6) 압력계를 읽고 그 값이 공기량의 0%의 눈금과 일치하는가를 조사한다.

(7) 위의 조작을 2～3회 반복한다. 이때, 압력계의 지침이 같은 점을 가리키거나 0점과 일치하지 않을 때는, 초기 압력의 눈금 위치를 지침이 0점에 머무르도록 이동시킨다.

(8) 위의 조작을 반복하여 초기 압력 눈금의 위치 이동이 적당하였는지를 확인한다.

(다) 공기량 눈금의 검정

(1) 용기에 물을 채우고, 검정용 기구로 용기 내의 물 약 100～140 mL를 메스실린더로 뽑아내어 용기 용량의 백분율로 나타낸다.

(2) 용기 내의 압력을 대기압과 같게 하고, 공기실 내의 기압을 초압력까지 높인다.

(3) 작동 밸브를 열어 공기를 용기 속으로 넣고, 압력계의 지침이 안정되었을 때 공기량의 눈금을 읽는다(그림 3.10 참조).

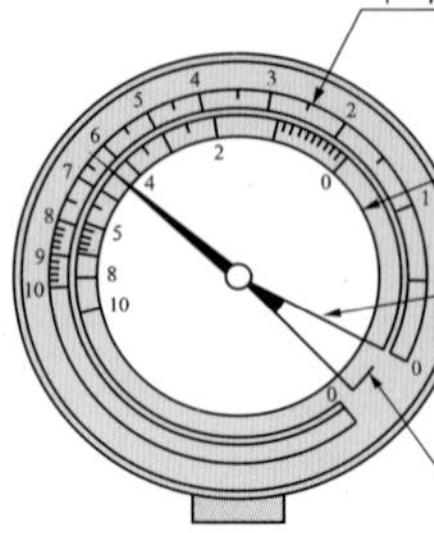

그림 3.10 압력계의 눈금판

(4) 위의 조작을 4～5회 하여 뽑아낸 수량을 용기에 대한 백분율과 공기량의 눈금을 비교한다. 이러한 값이 각각 일치하고 있을 때에는 공기량의 눈금은 정상이다.

(라) 골재 수정 계수의 측정

(1) 콘크리트 시료 속의 잔골재 및 굵은 골재의 질량은 다음 식으로 산출한다.

$$m_f = \frac{V_c}{V_b} \times m_f{}' \tag{3.2}$$

$$m_g = \frac{V_c}{V_b} \times m_g{}' \tag{3.3}$$

여기서, m_f : 용적 V_c의 콘크리트 시료 중 잔골재의 질량(kg)

m_g : 용적 V_c의 콘크리트 시료 중 굵은 골재의 질량(kg)

V_b : 1배치 콘크리트의 완성 용적(L)

V_c : 콘크리트 시료의 용적(용기의 용적과 같다.)(L)

$m_f{}'$: 1배치에 사용하는 잔골재의 질량(kg)

$m_g{}'$: 1배치에 사용하는 굵은 골재의 질량(kg)

(2) 잔골재 및 굵은 골재의 대표적 시료를 각각 (1)에서 구한 양만큼 채취한다.

(3) 용기에 물을 $\frac{1}{3}$까지 채우고, 잔골재와 굵은 골재를 혼합하여 물에 잠기도록 넣는다.

(4) 용기의 측면을 고무 망치로 두들겨 공기를 없앤다.

(5) 잔골재를 추가할 때마다 약 25 mm의 깊이가 될 때까지 다짐봉으로 약 10회 찌른다.

(6) 골재를 전부 용기에 넣은 후 용기의 플랜지와 덮개의 플랜지 사이에 고무 패킹을 넣어 덮개를 죄고, 배수구에서 물이 넘쳐흐를 때까지 물을 주입한다.

(7) 모든 밸브를 닫고 핸드 공기 펌프로 공기실 압력을 초기 압력보다 약간 높게 한다.

(8) 약 5초 후 조절 밸브를 서서히 열고, 압력 지침을 초기 눈금에 일치시킨다.

(9) 작동 밸브를 충분히 열어 공기실의 기압과 용기 내의 압력이 평형을 이루게 하여 압력계의 공기량의 눈금을 읽는다. 이것을 골재의 수정 계수(G)로 한다.

(마) 콘크리트의 공기량 측정

(1) 시료를 용기의 약 $\frac{1}{3}$까지 넣고 고른 후, 다짐대로 25회 균등하게 다진다.

(2) 용기의 옆면을 10~15회 고무망치로 두들겨 다짐 구멍을 없앤다.

(3) 시료를 용기의 약 $\frac{2}{3}$까지 넣고 고른 후, 25회 다지고 (2)와 같은 조작을 반복한다.

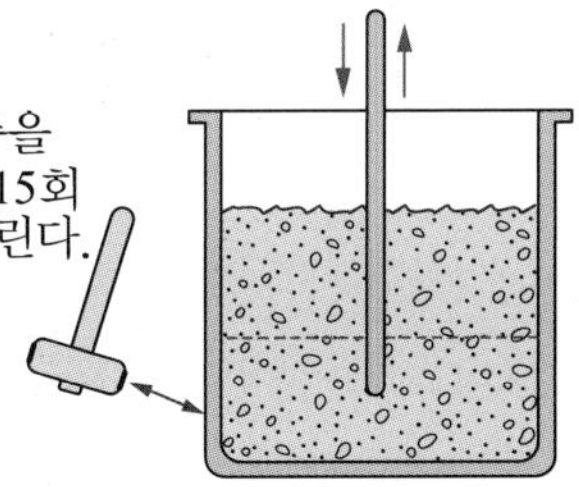

그림 3.11 시료 넣기

(4) 용기에 조금 흘러넘칠 정도로 시료를 넣어 25회 다지고, (2)와 같은 조작을 반복한 후, 윗부분에 남는 시료를 곧은 자로 깎아서 표면을 고른다.

(5) 용기와 플랜기의 면을 닦은 후, 용기에 덮개를 덮고 공기가 새지 않도록 죈다.

(6) 배수구에서 배수되어 덮개의 안팎과 수면 사이의 공기가 빠져나갈 때까지 흔들면서 주수구에서 물을 넣는다.

(7) 모든 밸브를 닫고 공기 펌프로 공기실의 압력을 초기 압력보다 조금 높게 한다.

(8) 약 5초 후에 조절 밸브를 천천히 열고, 압력계를 가볍게 두들겨 압력계의 지침을 초기 압력의 눈금에 바르게 맞춘다.

(9) 약 5초 후 작동 밸브를 충분히 열고, 용기의 옆면을 고무망치로 두들긴다.

(10) 작동 밸브를 열어 지침이 안정되고 나서, 압력계의 눈금을 소수점 이하 첫째 자리로 읽는다. 이것을 콘크리트의 겉보기 공기량(A_a)으로 한다.

[3] 시험 결과의 산출

(1) 콘크리트의 공기량은 다음 식으로 산출한다.

$$A = A_a - G \tag{3.4}$$

여기서, A : 콘크리트의 공기량(%)

A_a : 콘크리트의 겉보기 공기량(%)

G : 골재의 수정 계수

(2) 시료가 40 mm보다 큰 최대 치수의 경우, 체가름 전의 공기량은 다음 식과 같다.

$$A_f = \frac{100 \times A \times V_c}{100 \times V_t - A \times V_c} \tag{3.5}$$

여기서, A_f : 체가름 전의 콘크리트의 공기량(%)

V_c : 체가름 후의 콘크리트의 절대 용적으로 무공기, 원배치의 질량에서 구해진 용적(m^3)

V_t : 체가름 전의 콘크리트의 절대 용적으로 무공기의 용적(m^3)

V_a : 체가름 전의 콘크리트 중 40 mm를 넘는 골재의 절대 용적(m^3)

(3) 모르타르 부분의 공기량은 다음 식으로 산출한다.

$$A_m = \frac{100 \times A \times V_c}{100 \times V_m + A(V_c - V_m)} \tag{3.6}$$

여기서, A_m : 모르타르 부분의 공기량(%)

V_m : 콘크리트 중 모르타르 부분의 절대 용적으로 무공기의 절대 용적(m^3)

5. 주의 사항

(1) 장치의 검정은 규격에 맞추어 정기적으로 실시해야 한다.

(2) 골재의 수정 계수가 0.1% 미만의 경우에는 이것을 생략해도 된다.

6. 시험 결과의 정리

(1) 시험 결과를 정리하여 기록한다.

(2) 굳지 않은 콘크리트의 공기량 시험 결과의 예는 표 3.5와 같다.

표 3.5 굳지 않은 콘크리트의 공기량 시험 결과의 예

<table>
<tr><th colspan="12">굳지 않은 콘크리트의 공기량 시험</th></tr>
<tr><td colspan="2">시험일</td><td colspan="4">년 월 일</td><td>실온</td><td>23°C</td><td>습도</td><td>65%</td><td>수온</td><td>20°C</td></tr>
<tr><td colspan="2">시료</td><td colspan="6">굳지 않은 콘크리트</td><td>시험자</td><td colspan="3"></td></tr>
<tr><td rowspan="4">시방 배합</td><td rowspan="3">굵은 골재의 최대 치수 (mm)</td><td rowspan="3">슬럼프의 범위 (mm)</td><td rowspan="3">공기량의 범위 (%)</td><td rowspan="3">물-결합재비 W/B (%)</td><td rowspan="3">잔골재율 S/a (%)</td><td colspan="6">단위 질량(kg/m³)</td></tr>
<tr><td rowspan="2">물 W</td><td rowspan="2">시멘트 C</td><td rowspan="2">잔골재 S</td><td rowspan="2">굵은 골재 G</td><td colspan="2">혼화 재료</td></tr>
<tr><td>혼화재</td><td>혼화제 (g/m³)</td></tr>
<tr><td>25</td><td>100</td><td>5.5</td><td>47.5</td><td>40.8</td><td>165</td><td>347</td><td>710</td><td>1 052</td><td></td><td>104</td></tr>
</table>

<table>
<tr><td colspan="4">측정 방법</td><td colspan="3">공기실 압력법</td></tr>
<tr><td colspan="4">측정 번호</td><td>1</td><td>2</td><td>3</td></tr>
<tr><td rowspan="5">용기의 교정</td><td colspan="2">(용기+물+유리판)의 질량 m_1</td><td>(kg)</td><td>10.224</td><td></td><td></td></tr>
<tr><td colspan="2">용기의 질량 m_2</td><td>(kg)</td><td>2.450</td><td></td><td></td></tr>
<tr><td colspan="2">유리판의 질량 m_3</td><td>(kg)</td><td>0.794</td><td></td><td></td></tr>
<tr><td colspan="2">용기의 용적
$V_c = \dfrac{m_1 - (m_2 + m_3)}{d_w}$</td><td>(L)</td><td>6.993</td><td></td><td></td></tr>
<tr><td colspan="2">물의 밀도(20°C) d_w</td><td>(kg/L)</td><td>0.9982</td><td></td><td></td></tr>
<tr><td rowspan="7">골재의 수정 계수</td><td colspan="2">1배치 콘크리트의 완성 용적 V_b</td><td>(L)</td><td>30</td><td></td><td></td></tr>
<tr><td colspan="2">콘크리트 시료의 용적(용기의 용적) V_c</td><td>(L)</td><td>6.993</td><td></td><td></td></tr>
<tr><td rowspan="2">1배치용 골재의 질량</td><td>잔골재 m_f'</td><td>(kg)</td><td>21.30*</td><td></td><td></td></tr>
<tr><td>굵은 골재 m_c'</td><td>(kg)</td><td>31.56*</td><td></td><td></td></tr>
<tr><td rowspan="2">용적 V_b 콘크리트 시료 중 골재의 질량</td><td>잔골재
$m_f = \dfrac{V_c}{V_b} \times m_f'$</td><td>(kg)</td><td>5.00</td><td></td><td></td></tr>
<tr><td>굵은 골재
$m_c = \dfrac{V_c}{V_b} \times m_c'$</td><td>(kg)</td><td>7.36</td><td></td><td></td></tr>
<tr><td colspan="3">골재의 수정 계수 G</td><td>1.30</td><td></td><td></td></tr>
<tr><td rowspan="3">공기량</td><td colspan="2">겉보기 공기량 A_a</td><td>(%)</td><td>6.80</td><td></td><td></td></tr>
<tr><td colspan="2">공기량
$A = A_a - G$</td><td>(%)</td><td>5.5</td><td></td><td></td></tr>
<tr><td colspan="2">콘크리트의 온도</td><td>(°C)</td><td>20</td><td></td><td></td></tr>
<tr><td colspan="7">비고 : * 표 3.30 참조</td></tr>
</table>

7. 참고 사항

(1) 공기실 압력법에 의한 공기량 시험 방법은 골재의 수정 계수가 정확히 구해지지 않는 인공 경량 골재와 같은 다공질 골재의 콘크리트에는 적합하지 않다.

(2) 공기 연행 콘크리트의 적당한 공기량은 콘크리트 체적의 4～7% 정도이다(표 3.25 참조).

(3) 'KS F 2409 굳지 않은 콘크리트의 단위 용적 질량 및 공기량 시험 방법(질량법)'에 의한 콘크리트의 공기량은 다음 식으로 산출한다.

$$A = \frac{T-M}{T} \times 100 \tag{3.7}$$

여기서, A : 콘크리트 속의 공기량(%)

T : 공기가 전혀 없는 것으로 계산한 콘크리트의 이론 단위 질량(kg/m^3)

M : 콘크리트의 단위 용적 질량(kg/m^3)

(4) 'KS F 2449 용적법에 의한 콘크리트의 공기량 시험 방법'은 콘크리트 중의 공기량을 물로 치환하여 물의 양으로부터 공기량을 구한다.

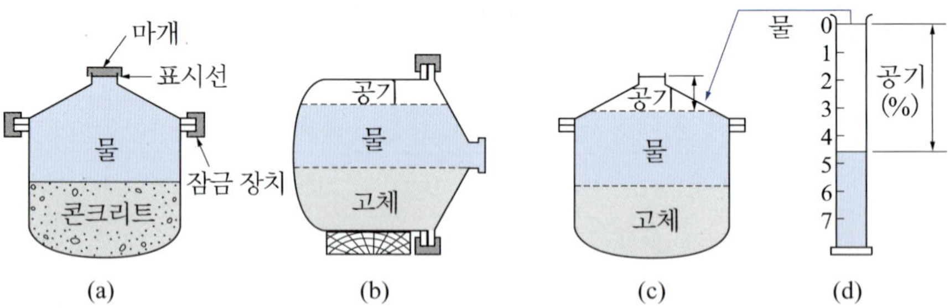

그림 3.12 용적법에 의한 공기량 시험

8. 관계 지식

(1) 콘크리트 중의 공기에는 갇힌 공기와 연행 공기가 있다.

① 갇힌 공기(entrapped air)는 자연적으로 콘크리트 중에 발생하는 기포이다.

② 연행 공기(entrained air)는 AE제의 사용으로 콘크리트 중에 발생하는 기포이다.

(2) 공기실 압력법에 의한 굳지 않은 콘크리트 공기량 측정 방법은 보일(Boyle)의 법칙을 이용한 것이다. 공기실의 일정한 압력을 콘크리트에 가했을 때, 공기량으로 인하여 압력이 저하하는 것으로부터 공기량을 구하는 것이다.

3.5 굳지 않은 콘크리트의 블리딩 시험
(Test for Bleeding of Fresh Concrete)

1. 시험 목적

(1) 굳지 않은 콘크리트의 블리딩 양으로 재료 분리 정도를 알 수 있다.

(2) AE제, 감수제 및 AE 감수제 등 혼화제의 품질을 시험하는 하나의 방법이다.

2. 사용 기기

(1) 블리딩 시험 기구

① 용기(안지름 250 mm, 안높이 285 mm의 금속제 원통)

② 뚜껑(철판 또는 유리판)

③ 메스실린더(10 mL, 50 mL, 100 mL)

④ 피펫 또는 스포이드

(2) 다짐봉(지름 16 mm, 길이 500～600 m의 원형강)

(3) 저울(감도 10 g)

(4) 온도계

(5) 시계

(6) 보조 기구

① 고무망치 ② 작은 삽

③ 흙손 ④ 나무받침

그림 3.13 블리딩 시험 기구

3. 사용 재료

(1) 굳지 않은 콘크리트

(2) 콘크리트의 재료(시멘트, 혼화 재료, 잔골재, 굵은 골재, 물)

4. 시험 방법(KS F 2414)

[1] 시료의 준비

(1) 'KS F 2401 굳지 않은 콘크리트의 시료 채취 방법'에 따라 시료를 채취한다.

(2) 'KS F 2425 실험실에서 콘크리트 시료를 만드는 방법'에 따라 시료를 만든다.

[2] 블리딩 시험

(1) 시료를 용기의 약 $\frac{1}{3}$까지 넣고 고른 후 다짐봉으로 25회 고르게 다지고, 용기의 바깥면을 10~15회 고무망치로 두들긴다.

(2) 용기의 $\frac{2}{3}$까지 시료를 넣고 (1)의 조작을 반복한다.

(3) 용기의 나머지 공간에 약간 넘치도록 시료를 넣은 후 (1)의 조작을 반복한다.

(4) 콘크리트의 표면이 용기의 가장자리에서 30±3 mm 낮아지도록 흙손으로 고르고, 즉시 시각을 기록한다.

(5) 시료와 용기를 진동이 없는 수평대 또는 바닥 위에 놓고 뚜껑을 덮는다.

(6) 최초로 기록한 시각에서부터 60분 동안 10분마다, 그 후는 블리딩이 정지할 때까지 30분마다 콘크리트 표면에서 스며 나온 물을 피펫 또는 스포이드로 빨아낸다.

(7) 각각 빨아낸 물은 메스실린더에 옮긴 후, 그때까지 고인 물의 누계를 1 mL까지 기록한다.

(8) 블리딩이 정지하면 즉시 용기와 빨아낸 물을 가산한 시료의 질량(m_a)을 측정한다.

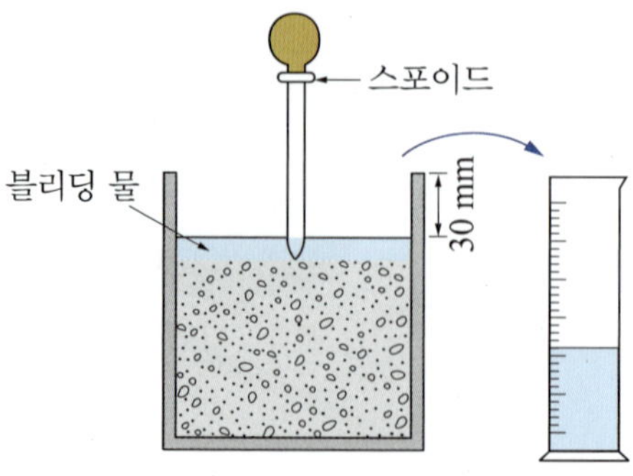

그림 3.14 콘크리트의 블리딩 시험

[3] 시험 결과의 산출

(1) 콘크리트의 블리딩 양은 다음 식으로 산출하고, 소수점 이하 둘째 자리에서 끝맺음 한다.

$$B_q = \frac{V_b}{A} \tag{3.8}$$

여기서, B_q : 콘크리트의 블리딩 양(m^3/m^2)

V_b : 누계한 블리딩 물의 용적(m^3)

A : 시료 윗면의 면적(m^2)

(2) 콘크리트의 블리딩 율은 다음 식으로 산출한다.

$$B_r = \frac{m_b}{m_w} \times 100 \tag{3.9}$$

$$\text{다만, } m_w = \frac{W_c}{M_c} \times m_c \tag{3.10}$$

여기서, B_r : 콘크리트의 블리딩 율(%)

m_b : 누계한 블리딩 물의 질량(kg)

m_w : 시료 중 물의 질량(kg)

M_c : 콘크리트의 단위 용적 질량(kg/m^3)

W_c : 콘크리트의 단위 수량(kg/m^3)

m_c : 시료의 질량(kg)

5. 주의 사항

(1) 시험하는 동안 콘크리트의 온도를 20±3°C로 유지해야 한다.

(2) 물의 증발을 막기 위하여 항상 뚜껑을 덮어 놓고, 물을 빨아낼 때만 연다.

(3) 블리딩 물을 쉽게 빨아 내기 위해서는 물을 빨아내기 약 2분 전에 50 mm 두께의 나무받침으로 용기 한쪽을 괴어서 용기를 조심스럽게 기울인다.

6. 시험 결과의 정리

(1) 시험 결과를 정리하여 기록한다.

(2) 굳지 않은 콘크리트의 블리딩 시험 결과의 예는 표 3.6과 같다.

표 3.6 굳지 않은 콘크리트의 블리딩 시험 결과의 예

굳지 않은 콘크리트의 블리딩 시험						
시험일	년 월 일	실온 23.5°C	습도 65%	수온 20°C		
시료	굳지 않은 콘크리트		시험자			

시방 배합	굵은 골재의 최대 치수 (mm)	슬럼프의 범위 (mm)	공기량의 범위 (%)	물-결합재 비 W/B (%)	잔골재율 S/a (%)	단위 질량(kg/m^3) 물 W	시멘트 C	잔골재 S	굵은 골재 G	혼화 재료 혼화재	혼화 재료 혼화제 (g/m^3)
	25	100	5.5	47.5	40.8	165	347	710	1 052		104

용기에 시료 넣은 시각 (시:분)	AM 10:00	시료의 온도(°C)	22.0

측정 항목		측정 결과										
블리딩 물	측정 시간 (분)	0	10	20	30	40	50	60	90	120	150	180
	누계 측정량 (mL)	0	8	26.5	49.5	63.5	71	74	76	77	78	78
	누계 용적 V_b (m^3)	0.000078										
	누계 질량 m_b (kg)	0.076										
용기의 질량 m_1 (kg)		10.80										
(용기+시료)의 질량 m_2 (kg)		39.50										
시료의 질량 $m_c=m_2-m_1$ (kg)		28.70										
시료 윗면의 면적 A (m^2)		0.049										
콘크리트의 단위 용적 질량 M_c (kg/m^3)		2 274										
콘크리트의 단위 수량 W_c (kg/m^3)		165										
시료 중 물의 질량 $m_w=\frac{W_c}{M_c}\times m_c$ (kg)		2.08										
블리딩 양 $B_q=\frac{V_b}{A}$ (m^3/m^2)		0.0016										
블리딩 율 $B_r=\frac{m_b}{m_w}\times 100$ (%)		3.65										

7. 참고 사항

(1) 굳지 않은 콘크리트의 블리딩 시험 방법을 굵은 골재의 최대 치수가 50 mm 이하인 경우에 적용한다.

(2) 일반적으로 블리딩은 콘크리트를 친 후 처음 15~30분에 대부분 생기며, 2~4시간에 거의 끝난다.

8. 관계 지식

(1) 블리딩(bleeding)이란, 굳지 않은 콘크리트 또는 모르타르에서 물이 분리되어 위로 올라오는 현상을 말한다.

(2) 블리딩에 의하여 콘크리트의 표면에 떠올라서 가라앉은 미세한 물질을 레이턴스(laitance)라 한다.

(3) 블리딩이 심하면 콘크리트의 윗부분이 다공질이 되며 강도, 수밀성, 내구성 등이 작아진다.

(4) 블리딩 양이 많으면 굵은 골재가 모르타르로부터 분리되는 경향이 커진다.

(5) 블리딩 현상을 줄이려면 분말도가 높은 시멘트, 혼화 재료, 응결 촉진제 등을 사용하고, 단위 수량을 적게 해야 한다.

3.6 콘크리트의 압축 강도 시험

(Test for Compressive Strength of Concrete)

1. 시험 목적

(1) 소요 강도의 콘크리트를 만드는 데 적합한 배합을 경제적으로 선정한다.

(2) 실제 시공된 콘크리트가 설계에 가정된 압축 강도를 가지고 있는지 조사한다.

(3) 콘크리트의 압축 강도로부터 인장 강도나 탄성 계수 등을 추정할 수 있다.

(4) 콘크리트의 품질 관리의 기준이 된다.

2. 사용 기기

(1) 압축 강도 시험 기기

① 압축 시험기(KS B 5533에 규정하는 1등급 이상의 것)

② 상하 가압판(크기는 시험체 지름 이상, 두께는 25 mm 이상)

③ 구면 시트(가압판의 회전각을 3° 이상 얻을 수 있는 것)

(2) 시험체 몰드(지름 150 mm, 높이 300 mm 또는 지름 100 m, 높이 200 mm의 원주)

(3) 다짐봉(지름 16 mm, 길이 600 mm의 원형강)

(4) 콘크리트용 외장형 진동 장치(KS B ISO 18652에 따른다.)

(5) 콘크리트 혼합기(드럼 믹서, 가경식 믹서 또는 팬 믹서)

(6) 저울(계량할 질량의 0.25% 이내의 정밀도)

(7) 양생 장치(23±2°C의 온도에서 습윤 상태로 유지할 수 있는 것)

그림 3.15 압축 시험기

그림 3.16 원주 시험체 몰드

(8) 보조 기구

① 캘리퍼스　② 비빔 용기　③ 작은 삽　④ 흙손

3. 사용 재료

(1) 굳지 않은 콘크리트

(2) 콘크리트의 재료(시멘트, 혼화 재료, 잔골재, 굵은 골재, 물)

(3) 콘크리트 코어 시험체

(4) 보조 재료

① 그리스　② 캡핑(capping)용 유리판(두께 6 mm)

4. 시험 방법(KS F 2405)

[1] 시료 및 시험체의 준비

(가) 시료의 준비

(1) 'KS F 2401 굳지 않은 콘크리트의 시료 채취 방법'에 따라 시료를 채취한다.

(2) 'KS F 2425 실험실에서 콘크리트 시료를 만드는 방법'에 따라 시료를 만든다.

(나) 시험체의 제작(KS F 2403)

(1) 몰드의 이음매에 그리스를 엷게 바르고 조립한다.

(2) 콘크리트를 몰드에 채우고 다음 방법으로 각 층을 다진다.

① 다짐봉을 사용하는 경우, 지름 150 mm, 높이 300 mm의 시험체는 3층으로 나누어 채우고 각 층을 25회 다진다. 지름 150 mm 이외의 시험체는 각 층의 두께를 100～150 mm로 하고, 윗면적 1 000 mm^2에 1회 비율로 다진다(표 3.7 참조).

표 3.7　다짐봉의 다짐 횟수

시험체의 치수(mm)	층수	각 층의 다짐 횟수
지름 150, 높이 150	3	25
지름 100, 높이 200	2	8

② 외장형 진동 장치를 사용하는 경우, 2층 이상 거의 같은 두께로 나누어 채우고, 큰 기포가 나오지 않고 큰 골재의 표면을 모르타르 층이 얇게 덮을 때까지 다진다.

(3) 흙손으로 콘크리트의 표면을 고르고 유리판으로 덮는다.

(4) 2～4시간 지나서 시멘트 풀(W/C=27～30%)로 시험체의 표면을 캡핑한다.

(5) 시험체를 제작한 후 20～48시간 내에 시험체 몰드를 떼어낸다.

(6) 시험체를 양생 장치에 넣어 20±3°C에서 습윤 양생을 한다.

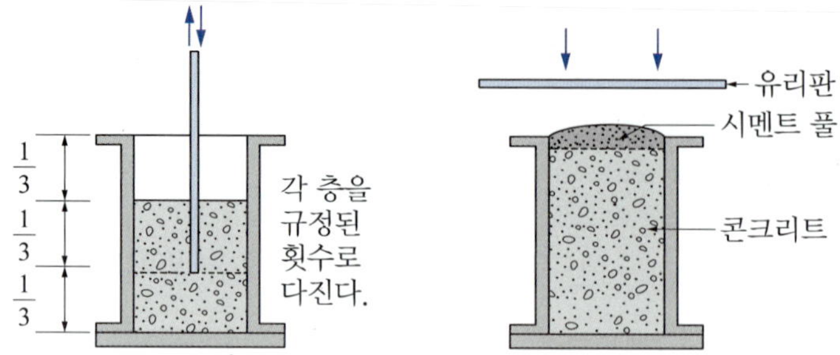

(a) 다지기　　(b) 캡핑

그림 3.17 압축 강도 시험체의 제작

[2] 압축 강도 시험

(1) 시험체의 지름을 0.1 mm까지 높이의 중앙에서 서로 직교하는 2방향에 대하여 측정하고, 그 평균값(d)을 구한다.

(2) 시험체의 상하 끝면 및 상하 가압판의 압축면을 깨끗하게 한다.

(3) 시험체를 지름의 1% 이내의 오차에서 그 중심축이 시험기의 가압판 중심과 일치하도록 놓는다.

(4) 시험체에 충격을 가하지 않도록 일정한 속도로 하중을 가한다. 하중을 가하는 속도는 압축 응력의 증가율이 매초 0.6±0.4 MPa이 되도록 한다(표 3.8 참조).

표 3.8　압축 시험체의 재하 속도

시험체의 치수(mm)	재하 속도(kN/sec)
지름 150, 높이 300	3.53～17.7
지름 100, 높이 200	1.57～7.85

(5) 시험체가 급격한 변형을 시작한 후에는 하중을 가하는 속도 조정을 중지하고, 하중을 계속 가한다.

(6) 시험체가 파괴될 때 시험기의 최대 하중(P)을 유효 숫자 3자리까지 읽는다.

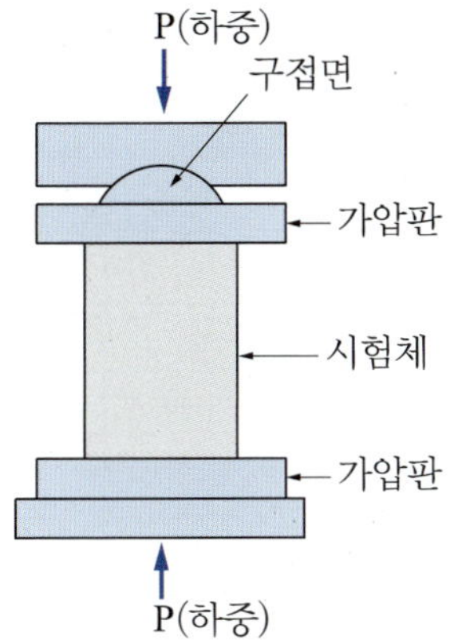

그림 3.18 콘크리트의 압축 강도 시험

[3] 시험 결과의 산출

(1) 콘크리트의 압축 강도는 다음 식으로 산출하고 유효 숫자 3자리로 끝맺음 한다.

$$f_c = \frac{P}{\pi\left(\frac{d}{2}\right)^2} \tag{3.11}$$

여기서, f_c : 콘크리트의 압축 강도(MPa)

P : 시험체가 파괴될 때의 최대 하중(N)

d : 시험체의 지름(mm)

5. 주의 사항

(1) 실험실의 습도는 60% 이상으로 한다.

(2) 콘크리트의 비비기 온도는 20±3°C로 한다.

(3) 시험하기 전 재료의 온도는 20~25°C로 유지해야 한다.

(4) 시험체의 캡핑 두께는 시험체 지름의 2%를 넘어서는 안 된다.

(5) 시험체는 양생실에서 꺼낸 다음 즉시 젖은 상태로 시험해야 한다.

6. 시험 결과의 정리

(1) 시험 결과를 정리하여 기록한다.

(2) 콘크리트의 압축 강도 시험 결과의 예는 표 3.9와 같다.

표 3.9 콘크리트의 압축 강도 시험 결과의 예

<table>
<tr><th colspan="12">콘크리트의 압축 강도 시험</th></tr>
<tr><td>시험일</td><td colspan="5">년 월 일</td><td colspan="2">실온 23.5°C</td><td colspan="2">습도 65%</td><td colspan="2">수온 20°C</td></tr>
<tr><td>시료</td><td colspan="7">콘크리트 원주 시험체</td><td colspan="2">시험자</td><td colspan="2"></td></tr>
<tr><td rowspan="4">시방 배합</td><td rowspan="3">굵은 골재의 최대 치수 (mm)</td><td rowspan="3">슬럼프의 범위 (mm)</td><td rowspan="3">공기량의 범위 (%)</td><td rowspan="3">물-결합재비 W/B (%)</td><td rowspan="3">잔골재율 S/a (%)</td><td colspan="6">단위 질량(kg/m^3)</td></tr>
<tr><td rowspan="2">물 W</td><td rowspan="2">시멘트 C</td><td rowspan="2">잔골재 S</td><td rowspan="2">굵은 골재 G</td><td colspan="2">혼화 재료</td></tr>
<tr><td>혼화재</td><td>혼화제 (g/m^3)</td></tr>
<tr><td>25</td><td>100</td><td>5.5</td><td>47.5</td><td>40.8</td><td>165</td><td>347</td><td>710</td><td>1 052</td><td></td><td>104</td></tr>
<tr><td colspan="6">측정 번호</td><td colspan="2">1</td><td colspan="2">2</td><td colspan="2">3</td></tr>
<tr><td colspan="6">재령 (일)</td><td colspan="2">28</td><td colspan="2">28</td><td colspan="2">28</td></tr>
<tr><td colspan="6">양생 방법</td><td colspan="2">수중 양생</td><td colspan="2">수중 양생</td><td colspan="2">수중 양생</td></tr>
<tr><td colspan="6">양생 온도 (°C)</td><td colspan="2">23</td><td colspan="2">23</td><td colspan="2">23</td></tr>
<tr><td colspan="6" rowspan="2">시험체의 지름 d (mm)</td><td>150.4</td><td>150.6</td><td>150.1</td><td>150.3</td><td>150.2</td><td>150.4</td></tr>
<tr><td colspan="2">(평균) 150.5</td><td colspan="2">(평균) 150.2</td><td colspan="2">(평균) 150.3</td></tr>
<tr><td colspan="6">시험체의 파괴 하중 P (kN)</td><td colspan="2">487</td><td colspan="2">490</td><td colspan="2">498</td></tr>
<tr><td colspan="6">압축 강도 $f_c = \dfrac{P}{\pi(d/2)^2}$ (MPa)</td><td colspan="2">27.4</td><td colspan="2">27.7</td><td colspan="2">28.1</td></tr>
<tr><td colspan="6">시험체의 파괴 상황</td><td colspan="2">원뿔 형태로 파괴</td><td colspan="2">원뿔 형태로 파괴</td><td colspan="2">원뿔 형태로 파괴</td></tr>
</table>

7. 참고 사항

(1) 압축 강도용 표준 시험체의 치수는 굵은 골재의 최대 치수가 40 mm 이하의 경우는 지름 150 mm, 높이 300 mm로 하고, 굵은 골재의 최대 치수가 25 mm 이하인 경우에는 지름이 100 mm, 높이가 200 mm인 시험체를 만들어 사용할 수 있다.

(2) 콘크리트의 압축 강도 시험은 보통 재령 7일과 28일에 하고, 장기 재령은 3개월, 6개월 및 1년으로 한다.

(3) 콘크리트의 압축 강도는 재령 28일(댐 콘크리트에서는 91일)의 강도를 설계의 표준으로 하고 있다.

(4) 콘크리트의 압축 강도 시험 방법에는 'KS F 2405 콘크리트의 압축 강도 시험 방법', 'KS F 2413 휨 강도 시험한 시험체로 콘크리트의 압축 강도를 시험하는 방법', 'KS F 2422 콘크리트 코어 및 보의 시료 절취 및 강도 시험 방법' 등이 있다. 이 중

에서 표준 시험체를 사용하는 'KS F 2405 콘크리트 압축 강도 시험 방법'이 간단하고 오차가 적어서 일반적으로 많이 사용한다.

(5) 'KS F 2413 휨 강도 시험한 시험편으로 콘크리트 압축 강도를 시험하는 방법'은 다음과 같다.

① 휨 강도 시험한 시험체를 그림 3.19와 같이 압축 시험 장치에 놓는다.

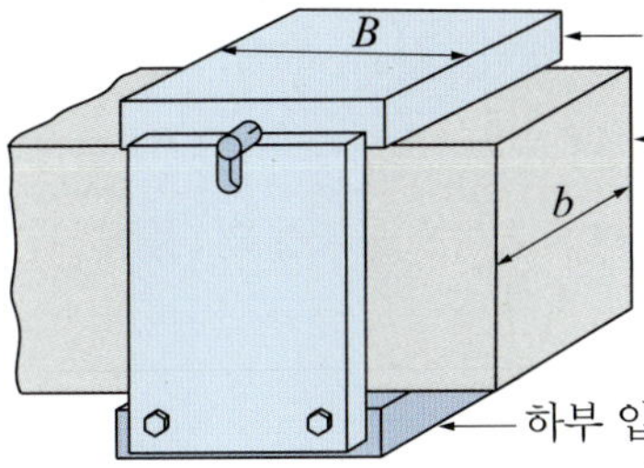

그림 3.19 압축 강도 시험 장치

② 시험체에 압축 응력의 증가가 매초 0.2~0.3 MPa이 되도록 하중을 가한다.

③ 시험체의 파괴 하중(P)을 유효 숫자 3자리까지 읽는다.

④ 콘크리트의 압축 강도는 다음 식으로 산출한다.

$$f_c = \frac{P}{bB} \tag{3.12}$$

여기서, f_c : 콘크리트의 압축 강도(MPa)

P : 시험체가 파괴될 때의 최대 하중(N)

b : 시험체의 너비(mm)

B : 압축판의 너비(mm)

8. 관계 지식

(1) 콘크리트의 강도는 보통 압축 강도를 말한다.

(2) 콘크리트의 압축 강도는 시험체의 크기와 시험 방법 등에 따라 달라진다.

① 원주 시험체에서 높이와 지름의 비(l/d)의 값이 작을수록 압축 강도는 커진다.

② 시험체의 재하 속도가 빠를수록 콘크리트의 압축 강도가 크게 나타난다.

③ 노건조 상태의 시험체는 습윤 상태일 때보다 10~15% 정도 강도가 커진다.

④ 시험할 때 시험체의 온도가 높으면 강도가 작아진다.

3.7 콘크리트의 인장 강도 시험

(Test for Tensile Splitting Strength of Concrete)

1. 시험 목적

(1) 콘크리트의 압축 강도 시험용 시험체를 사용하여 쪼갬 인장 강도를 구한다.

(2) 콘크리트의 인장 강도는 사인장 응력, 건조 수축, 온도 변화 등에 의해서 생기는 균열 발생을 예측하는 데 필요하다.

(3) 콘크리트의 인장 강도는 인장력을 받는 구조물의 품질 관리에 중요하다.

2. 사용 기기

(1) 인장 강도 시험 장치

① 압축 시험기(3.6의 2.(1)① 참조)

② 상하 가압판(압축면은 연마 가공을 하고, 평면도는 0.02 mm 이내, 쇼어 경도는 70 HS 이상으로 한다.

(2) 시험체의 제작 기구(시험체 몰드, 다짐봉, 외장형 진동 장치, 콘크리트 혼합기, 저울, 양생 장치)(3.6의 2.(2)~(7) 참조)

(3) 보조 기구

① 캘리퍼스

② 비빔 용기

③ 작은 삽

④ 흙손

그림 3.20 인장 시험용 가압 장치

3. 사용 재료

(1) 굳지 않은 콘크리트

(2) 콘크리트의 재료(시멘트, 혼화 재료, 잔골재, 굵은 골재, 물)

(3) 보조 재료

① 그리스 ② 유리판(두께 6 mm 이상인 것)

4. 시험 방법(KS F 2423)

[1] 시료 및 시험체의 준비

(가) 시료의 준비

(1) 'KS F 2401 굳지 않은 콘크리트의 시료 채취 방법'에 따라 시료를 채취한다.

(2) 'KS F 2425 실험실에서 콘크리트 시료를 만드는 방법'에 따라 시료를 만든다.

(나) 시험체의 제작(KS F 2403)

(1) **3.6**의 **4.[1]**(나) (1)~(3)과 같은 방법으로 시험체를 제작한다.

(2) 시험체를 제작한 뒤 20~48시간 내에 몰드를 떼어낸다.

(3) 시험체를 양생 장치에 넣어 20±3°C에서 습윤 상태로 양생한다.

[2] 쪼갬 인장 강도 시험

(1) 시험기에 상하 가압판을 장치한다.

(2) 하중을 가하는 방향에서 시험체의 지름을 0.1 mm까지 2곳 이상에서 측정하여 그 평균값(d)을 소수점 첫째 자리로 끝맺는다.

(3) 시험체를 시험기의 가압판 위에 중심선과 일치되도록 옆으로 뉘어 놓는다. 이때, 가압판과 시험체의 접촉선에 틈새가 없도록 한다.

(4) 시험체에 충격을 가하지 않도록 일정한 속도로 하중을 가한다. 하중을 가하는 속도는 인장 응력의 증가율이 매초 0.06±0.04 MPa이 되도록 한다(표 3.10 참조).

표 3.10 쪼갬 인장 시험체의 재하 속도

시험체의 치수(mm)	재하 속도(kN/sec)
지름 150, 높이 300	1.41~7.07
지름 150, 높이 200	0.94~4.71

(5) 시험체가 파괴될 때의 최대 하중(P)을 유효 숫자 3자리까지 읽는다.

(6) 시험체의 쪼개진 면에서 길이를 2곳 이상에서 0.1 mm까지 측정하여, 그 평균값을 시험체의 길이(l)로 한다.

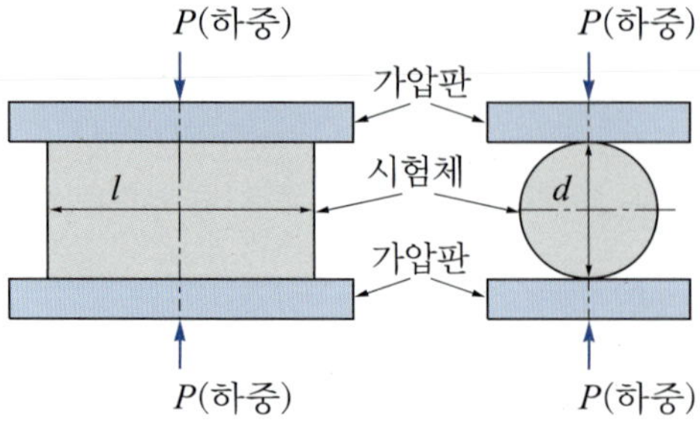

그림 3.21 콘크리트의 인장 강도 시험

[3] 시험 결과의 산출

(1) 콘크리트의 쪼갬 인장 강도는 다음 식으로 산출하고, 유효 숫자 3자리에서 끝맺음 한다.

$$f_{sp} = \frac{2P}{\pi dl} \tag{3.13}$$

여기서, f_{sp} : 콘크리트의 쪼갬 인장 강도(MPa)

P : 시험체가 파괴될 때의 최대 하중(N)

d : 시험체의 지름(mm)

l : 시험체의 길이(mm)

5. 주의 사항

(1) 실험실의 습도는 60% 이상으로 한다.

(2) 콘크리트의 비비기 온도는 20±3°C로 한다.

(3) 시험하기 전 재료의 온도는 20～25°C로 유지해야 한다.

(4) 시험체는 양생실에서 꺼낸 다음 즉시 젖은 상태로 시험해야 한다.

(5) 시험체 몰드의 이음부가 가압면에 접하지 않도록 한다.

(6) 5 kN 이내의 하중 상태에서 하중을 멈추고, 상하판의 거리를 2개소 이상 측정하여 상하 가압판의 평행을 확인한다.

(7) 시험 시의 최대 하중은 시험기 용량 20～80%까지의 범위에서 사용한다.

6. 시험 결과의 정리

(1) 시험 결과를 정리하여 기록한다.

(2) 콘크리트의 인장 강도 시험 결과의 예는 표 3.11과 같다.

표 3.11 콘크리트의 인장 강도 시험 결과의 예

<table>
<tr><td colspan="12">콘크리트의 인장 강도 시험</td></tr>
<tr><td>시험일</td><td colspan="5">년 월 일</td><td colspan="2">실온 23.0°C</td><td colspan="2">습도 65%</td><td colspan="2">수온 20°C</td></tr>
<tr><td>시료</td><td colspan="7">콘크리트 원주 시험체</td><td colspan="2">시험자</td><td colspan="2"></td></tr>
<tr><td rowspan="4">시방 배합</td><td rowspan="3">굵은 골재의 최대 치수 (mm)</td><td rowspan="3">슬럼프의 범위 (mm)</td><td rowspan="3">공기량의 범위 (%)</td><td rowspan="3">물-결합재비 W/B (%)</td><td rowspan="3">잔골재율 S/a (%)</td><td colspan="6">단위 질량(kg/m³)</td></tr>
<tr><td rowspan="2">물 W</td><td rowspan="2">시멘트 C</td><td rowspan="2">잔골재 S</td><td rowspan="2">굵은 골재 G</td><td colspan="2">혼화 재료</td></tr>
<tr><td>혼화재</td><td>혼화제 (g/m³)</td></tr>
<tr><td>25</td><td>100</td><td>5.5</td><td>47.5</td><td>40.8</td><td>165</td><td>347</td><td>710</td><td>1 052</td><td></td><td>104</td></tr>
<tr><td colspan="5">측정 번호</td><td colspan="2">1</td><td colspan="2">2</td><td colspan="3">3</td></tr>
<tr><td colspan="5">재령 (일)</td><td colspan="2">28</td><td colspan="2">28</td><td colspan="3">28</td></tr>
<tr><td colspan="5">양생 방법</td><td colspan="2">수중 양생</td><td colspan="2">수중 양생</td><td colspan="3">수중 양생</td></tr>
<tr><td colspan="5">양생 온도 (°C)</td><td colspan="2">23</td><td colspan="2">23</td><td colspan="3">23</td></tr>
<tr><td rowspan="4" colspan="2">시험체</td><td rowspan="2" colspan="3">지름 d (mm)</td><td>150.6</td><td>150.4</td><td>150.9</td><td>150.7</td><td>150.0</td><td colspan="2">150.2</td></tr>
<tr><td colspan="2">(평균) 150.5</td><td colspan="2">(평균) 150.8</td><td colspan="3">(평균) 150.1</td></tr>
<tr><td rowspan="2" colspan="3">쪼개진 면에서의 길이 l (mm)</td><td>300.2</td><td>300.4</td><td>300.6</td><td>300.8</td><td>300.4</td><td colspan="2">300.6</td></tr>
<tr><td colspan="2">300.3</td><td colspan="2">300.7</td><td colspan="3">300.5</td></tr>
<tr><td colspan="5">시험체의 파괴 하중 P (kN)</td><td colspan="2">208</td><td colspan="2">199</td><td colspan="3">210</td></tr>
<tr><td colspan="5">쪼갬 인장 강도
$f_{sp}=\frac{2P}{\pi dl}$ (MPa)</td><td colspan="2">2.93</td><td colspan="2">2.80</td><td colspan="3">3.00</td></tr>
<tr><td colspan="5">시험체의 파괴 상황</td><td colspan="2">정상</td><td colspan="2">정상</td><td colspan="3">정상</td></tr>
</table>

7. 참고 사항

(1) 쪼갬 인장 강도 시험용 시험체는 원기둥 모양으로 그 지름은 굵은 골재의 최대 치수 4배 이상이며 150 mm 이상으로 한다. 시험체의 길이는 시험체의 지름 이상, 2배 이하로 한다. 지름 150 mm의 경우, 그 길이는 200 mm가 적절하다.

(2) 콘크리트의 인장 강도는 압축 강도의 약 1/10～1/13 정도이다.

(3) 콘크리트의 인장 강도 시험 방법에는 직접 인장 시험 방법과 쪼갬 인장 시험 방법이 있다. 직접 인장 시험 방법은 시험체의 모양, 시험 장치 등에 어려움이 있어 쪼갬 인장 시험 방법을 표준으로 하고 있다.

8. 관계 지식

(1) 콘크리트의 인장 강도는 압축 강도용 원주 시험체를 가로로 하여, 상하 방향으로 하중을 가해 파괴시켜 구한 쪼갬 인장 강도이다.

(2) 콘크리트의 인장 강도는 시험체의 크기, 재하 속도, 시험체의 건조 상태 및 온도 등에 따라 달라진다.

3.8 콘크리트의 휨 강도 시험

(Test for Flexual Strength of Concrete)

1. 시험 목적

(1) 4점 재하법에 의해 콘크리트의 휨 강도를 구한다.

(2) 콘크리트의 휨 강도에 의해 균열의 발생을 예측할 수 있다.

(3) 콘크리트의 휨 강도는 휨 응력을 받는 구조물의 품질 관리에 중요하다.

2. 사용 기기

(1) 휨 강도 시험 기기

① 압축 시험기(3.6의 2.(1)① 참조)

② 4점 재하 장치(2개의 지지 롤러와 2개의 재하 롤러로 되어 있으며, 지름이 20~40 mm의 원형 단면이고, 시험체의 너비보다 적어도 10 mm 긴 것)

(2) 시험체 몰드(150 mm×150 mm×530 mm 또는 100 mm×100 mm×380 mm의 각주)

(3) 다짐봉(지름 16 mm, 길이 600 mm의 원형강)

(4) 콘크리트용 외장형 진동 장치(KS B ISO 18652에 따른다.)

(5) 콘크리트 혼합기(드럼 믹서, 가경식 믹서 또는 팬 믹서)

(6) 저울(계량할 질량의 0.25% 이내의 정밀도)

(7) 양생 장치(20±3°C 온도에서 습윤 상태로 유지할 수 있는 것)

(8) 보조 기구

① 캘리퍼스　② 비빔 용기　③ 작은 삽　④ 흙손

그림 3.22 휨 강도 시험 장치

그림 3.23 각주 시험체 몰드

3. 사용 재료

(1) 굳지 않은 콘크리트

(2) 콘크리트의 재료(시멘트, 혼화 재료, 잔골재, 굵은 골재, 물)

(3) 보조 재료

① 그리스

② 유리판 또는 플라스틱판

4. 시험 방법(KS F 2408)

[1] 시료 및 시험체의 준비

(가) 시료의 준비

(1) 'KS F 2401 굳지 않은 콘크리트의 시료 채취 방법'에 따라 시료를 채취한다.

(2) 'KS F 2425 실험실에서 콘크리트 시료를 만드는 방법'에 따라 시료를 만든다.

(나) 시험체의 제작(KS F 2403)

(1) 시험체 몰드의 이음매에 그리스를 엷게 바르고 조립한다.

(2) 콘크리트를 몰드에 채우고, 다음 방법으로 각 층을 다진다.

① 다짐봉을 사용하는 경우, 거의 같은 2층으로 나누어 채우고, 각 층을 윗면적 1 000 mm^2에 1회 비율로 다진다(표 3.12 참조).

표 3.12 다짐봉의 다짐 횟수

시험체의 치수(mm)	층수	각 층의 다짐 횟수
150×150×530 100×100×380	2 2	80 38

② 외장형 진동 장치를 사용하는 경우, 거의 같은 2층으로 나누어 채우고, 큰 기포가 나오지 않고 큰 골재의 표면이 모르타르 층으로 덮힐 때까지 다진다.

(3) 표면에 남은 콘크리트를 곧은 막대로 밀어 내고 표면을 흙손으로 고른다.

(4) 콘크리트의 표면을 유리판이나 플라스틱판으로 덮는다(그림 3.24(b) 참조).

(5) 시험체를 제작한 후 20～48시간 내에 몰드를 떼어낸다.

(6) 시험체를 양생 장치에 넣어 20±3°C에서 습윤 상태로 양생한다.

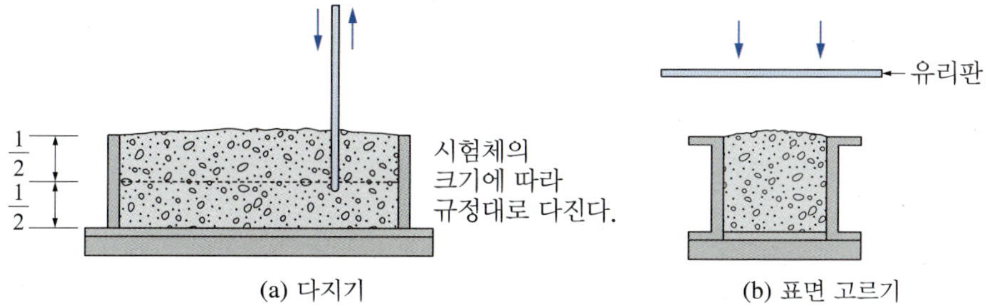

그림 3.24 휨 강도 시험체의 제작

[2] 휨 강도 시험

(1) 시험기의 상하에 지지 블록과 가압 블록을 장치한다.

(2) 시험체의 지간(l)은 시험체 높이(h)의 3배로 한다.

(3) 시료를 몰드에 넣었을 때의 측면을 상하면으로 하여 지지 블록의 중심에 시험체의 중심이 오도록 놓는다.

(4) 시험체 지간의 4점에 상부 재하 장치를 접촉시킨다. 이때, 재하 장치의 접촉면과 시험체 면과의 사이에 틈새가 없도록 한다. 틈새가 생기는 경우에는 접촉부의 시험체 부분을 갈아서 접촉시킨다.

(5) 시험체에 충격을 가하지 않도록 일정한 속도로 하중을 가한다. 하중을 가하는 속도는 가장자리 응력의 증가율이 매초 0.06±0.04 MPa이 되도록 하고, 최대 하중이 될 때까지 그 증가율을 유지한다(표 3.13 참조).

표 3.13 휨시험체의 재하 속도

시험체의 단면(mm^2)	지간(mm)	재하 속도(kN/sec)
150 × 150	45	0.15～0.75
100 × 100	30	0.07～0.33

(6) 시험체가 파괴될 때까지 시험기가 나타내는 최대 하중(P)을 유효 숫자 3자리까지 읽는다.

(7) 파괴 단면의 너비 3곳을 0.1 mm까지 측정하고, 그 평균값(b)을 소수점 이하 첫째 자리에서 끝맺음 한다.

(8) 파괴 단면의 높이를 2곳에서 0.1 mm까지 측정하고, 그 평균값(h)을 소수점 이하 첫째 자리에서 끝맺음 한다.

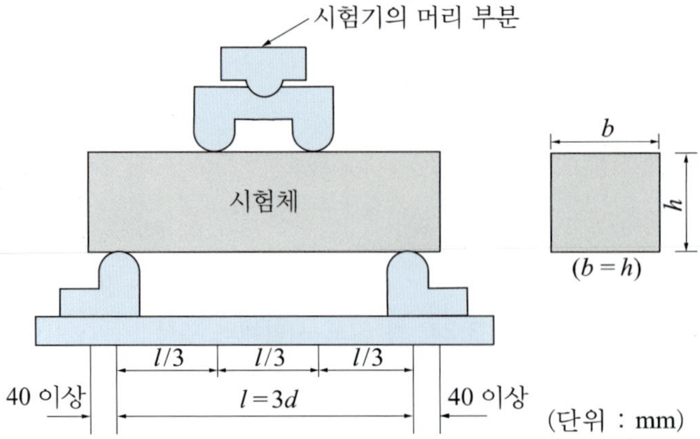

그림 3.25 콘크리트의 휨 강도 시험(4점 재하법)

[3] 시험 결과의 산출

(1) 시험체가 인장 쪽 표면 지간 방향 중심선의 4점 사이에서 파괴되었을 때 콘크리트의 휨 강도는 다음 식으로 산출하고, 유효 숫자 3자리에서 끝맺음 한다.

$$f_b = \frac{Pl}{bh^2} \tag{3.14}$$

여기서, f_b : 콘크리트의 휨 강도(MPa)

P : 시험체가 파괴될 때의 최대 하중(N)

l : 지간(mm)

b : 시험체의 파괴 단면의 너비(mm)

h : 시험체의 파괴 단면의 높이(mm)

(2) 시험체가 인장 쪽 표면의 지간 방향 중심선의 4점 바깥쪽에서 파괴된 경우는 그 시험 결과는 무효로 한다.

5. 주의 사항

(1) 실험실의 습도는 60% 이상이어야 한다.

(2) 콘크리트의 비비기 온도는 20±3°C로 한다.

(3) 시험하기 전 재료의 온도는 20~25°C로 고르게 유지해야 한다.

(4) 시험체는 양생실에서 꺼낸 다음 즉시 젖은 상태에서 시험해야 한다.

(5) 시험기는 최대 하중의 1/5에서 최대 용량까지의 범위에서 사용한다.

6. 시험 결과의 정리

(1) 시험 결과를 정리하여 기록한다.

(2) 콘크리트의 휨 강도 시험 결과의 예는 표 3.14와 같다.

표 3.14 콘크리트의 휨 강도 시험 결과의 예

<table>
<tr><th colspan="13">콘크리트의 휨 강도 시험</th></tr>
<tr><td colspan="2">시험일</td><td colspan="4">년 월 일</td><td colspan="2">실온 23.5°C</td><td colspan="2">습도 65%</td><td colspan="3">수온 20°C</td></tr>
<tr><td colspan="2">시료</td><td colspan="6">콘크리트 각주 시험체</td><td colspan="2">시험자</td><td colspan="3"></td></tr>
<tr><td rowspan="4">시방 배합</td><td rowspan="3">굵은 골재의 최대 치수 (mm)</td><td rowspan="3">슬럼프의 범위 (mm)</td><td rowspan="3">공기량의 범위 (%)</td><td rowspan="3">물-결합재비 W/B (%)</td><td rowspan="3">잔골재율 S/a (%)</td><td colspan="7">단위 질량(kg/m³)</td></tr>
<tr><td rowspan="2">물 W</td><td rowspan="2">시멘트 C</td><td rowspan="2">잔골재 S</td><td rowspan="2">굵은 골재 G</td><td colspan="3">혼화 재료</td></tr>
<tr><td>혼화재</td><td colspan="2">혼화제 (g/m³)</td></tr>
<tr><td>25</td><td>100</td><td>5.5</td><td>47.5</td><td>40.8</td><td>165</td><td>347</td><td>710</td><td>1 052</td><td></td><td colspan="2">104</td></tr>
<tr><td colspan="4">시험 방법</td><td colspan="9">4점 재하법</td></tr>
<tr><td colspan="4">측정 번호</td><td colspan="3">1</td><td colspan="3">2</td><td colspan="3">3</td></tr>
<tr><td colspan="4">재령 (일)</td><td colspan="3">28</td><td colspan="3">28</td><td colspan="3">28</td></tr>
<tr><td colspan="4">양생 방법</td><td colspan="3">수중 양생</td><td colspan="3">수중 양생</td><td colspan="3">수중 양생</td></tr>
<tr><td colspan="4">양생 온도 (°C)</td><td colspan="3">23</td><td colspan="3">23</td><td colspan="3">23</td></tr>
<tr><td colspan="2" rowspan="4">시험체의 파괴 단면</td><td colspan="2" rowspan="2">너비 b (mm)</td><td>150.4</td><td>150.6</td><td>150.5</td><td>150.4</td><td>150.2</td><td>150.3</td><td>150.4</td><td>150.3</td><td>150.5</td></tr>
<tr><td colspan="3">(평균) 150.5</td><td colspan="3">(평균) 150.3</td><td colspan="3">(평균) 150.4</td></tr>
<tr><td colspan="2" rowspan="2">높이 h (mm)</td><td>150.1</td><td colspan="2">150.3</td><td>150.3</td><td colspan="2">150.5</td><td>150.6</td><td colspan="2">150.4</td></tr>
<tr><td colspan="3">(평균) 150.2</td><td colspan="3">(평균) 150.4</td><td colspan="3">(평균) 150.5</td></tr>
<tr><td colspan="4">지간 l (mm)</td><td colspan="3">450</td><td colspan="3">450</td><td colspan="3">450</td></tr>
<tr><td colspan="4">시험체의 파괴 하중 P (kN)</td><td colspan="3">44.0</td><td colspan="3">42.0</td><td colspan="3">40.5</td></tr>
<tr><td colspan="4">휨 강도 $f_b=\frac{Pl}{bh^2}$ (MPa)</td><td colspan="3">5.8</td><td colspan="3">5.6</td><td colspan="3">5.4</td></tr>
<tr><td colspan="4">시험체의 파괴 상황(인장 쪽 지간 방향 중심선의 4점)</td><td colspan="3">4점 사이에서 파괴</td><td colspan="3">4점 사이에서 파괴</td><td colspan="3">바깥쪽에서 파괴</td></tr>
</table>

7. 참고 사항

(1) 콘크리트의 휨 강도는 압축 강도의 약 15~20% 정도이다.

(2) 콘크리트의 휨 강도 시험은 재령 14일과 28일에 하고, 장기 재령은 3개월, 6개월 및 1년으로 한다.

(3) 콘크리트의 휨 강도는 도로, 공항 등의 포장 두께의 설계나 배합 설계를 위한 자료로 이용된다.

(4) 'KS F 2408 콘크리트의 휨 강도 시험 방법'의 부속서에 규정되어 있는 중앙 재하법에 따른 콘크리트의 휨 강도는 다음 식으로 산출한다.

$$f_b = \frac{3Pl}{2bh^2} \tag{3.15}$$

여기서, f_b : 휨 강도(MPa)

P : 시험체가 파괴될 때의 최대 하중(N)

l : 지간(mm)

b : 파괴 단면의 너비(mm)

h : 파괴 단면의 높이(mm)

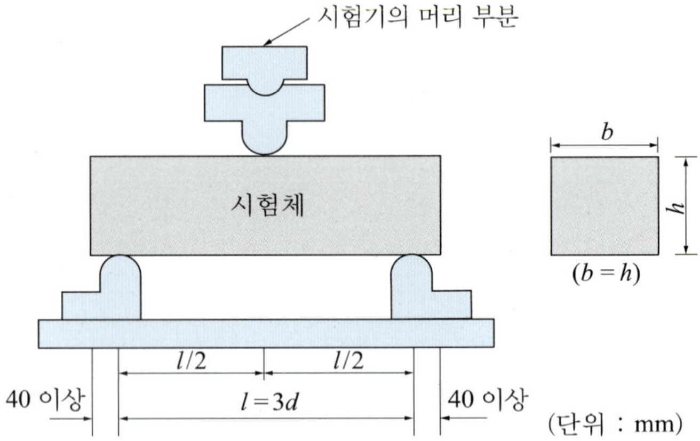

그림 3.26 콘크리트의 휨 강도 시험(중앙점 재하법)

8. 관계 지식

(1) 일반적으로 콘크리트의 휨 강도는 4점 재하법에 따라 구한 것이며, 이것을 콘크리트의 파괴 계수(modulus of rupture)라 한다.

(2) 콘크리트의 휨 강도는 시험체의 크기, 재하 속도, 시험체의 건조 상태 및 온도 등에 따라 달라진다.

(3) 일반적으로 콘크리트의 표면이 건조하면 휨 강도는 작아진다. 이것은 건조에 의한 인장 응력이 생기기 때문이다.

3.9 콘크리트의 정탄성 계수 시험

(Test for Static Modulus of Elasticity of Concrete)

1. 시험 목적

(1) 콘크리트의 탄성 계수는 변형으로부터 응력을 추정하는 경우에 사용된다.

(2) 콘크리트의 탄성 계수는 콘크리트 부재의 처짐 등의 변형을 산정하고, 콘크리트 부재의 역학적 거동의 수치 해석을 할 경우에 필요하다.

2. 사용 기기

(1) 시험기(**4.[2]**(나) (3)에 규정 크기 및 속도로 하중을 가할 수 있는 것)

(2) 콤프레소 미터(compressor meter)

① 상부 요크(yoke) 및 하부 요크

② 다이얼 게이지

③ 간격봉 및 지지봉

(3) 시험체의 제작 기구(시험체 몰드, 다짐봉, 콘크리트 혼합기, 양생 장치 등)(**3.6**의 **2.**(2)~(8) 참조)

(4) 코어 채취기

그림 3.27 콤프레소 미터

3. 사용 재료

(1) 콘크리트의 재료(시멘트, 혼화 재료, 잔골재, 굵은 골재, 물)

(2) 콘크리트 코어 시험체

4. 시험 방법(KS F 2438)

[1] 시료 및 시험체의 준비

(1) 'KS F 2403 콘크리트의 강도 시험용 시험체 제작 방법'에 따라 원주 시험체를 성형해서 캡핑하고 양생한다(**3.6**의 **4.[1]**(나) 참조).

(2) 'KS F 2422 콘크리트 코어의 시료 절취 방법'(**7.**(3) 참조)에 따라, 콘크리트 코어 시험체를 절취하여 캡핑하고 양생한다.

(3) 시험체 길이 중앙에서의 지름을 직각의 2방향으로 캘리퍼스로 0.1 mm까지 재어 평균을 구하고, 이 평균 지름(d)으로 단면적을 계산한다.

(4) 시험체의 높이(h)(성형된 시험체는 캡핑된 부분을 포함)를 0.1 mm까지 잰다.

(5) 압축 강도를 구하기 위한 같은 조의 시험체가 없을 경우, 또는 시험체의 근사 단위 질량이 명확하지 않을 때에는 시험체의 질량(m_c)을 측정하고, (3)과 (4)에서 구한 지름과 높이로 계산한 체적으로 나누어 시험체의 단위 질량(M_c)을 구한다.

[2] 정탄성 계수 시험

(가) 압축 강도 시험

(1) 시험 중의 온도와 습도를 가급적 일정하게 유지하며, 변동이 생기면 기록해 둔다.

(2) 'KS F 2403 콘크리트의 압축 강도 시험 방법'(**3.6**의 **4.[2]** 참조)에 따라, 탄성 계수를 측정할 시험체와 동시에 만든 시험체로 압축 강도(f_c)를 구한다.

(나) 변형 측정

(1) 시험체에 콤프레소 미터를 장착하고, 정확하게 조정한다(그림 3.28 참조).

(2) 콤프레소 미터를 장착한 시험체를 압축 시험기의 하부 지지 블록 위에 놓고, 상부 지지 블록의 중심과 맞춘다.

(3) 시험체에 하중을 연속해서 충격이 가지 않도록 가한다. 나선식 시험기는 무하중인 경우에 0.125 mm/분의 속도로 조정하고, 유압식 시험기는 초당 0.25±0.035 MPa의 범위로 하중을 2회 이상 가한다. 이때, 제1회의 하중에 대해서는 어떠한 기록도 하지 않고 계산은 그 다음의 하중 평균으로 한다.

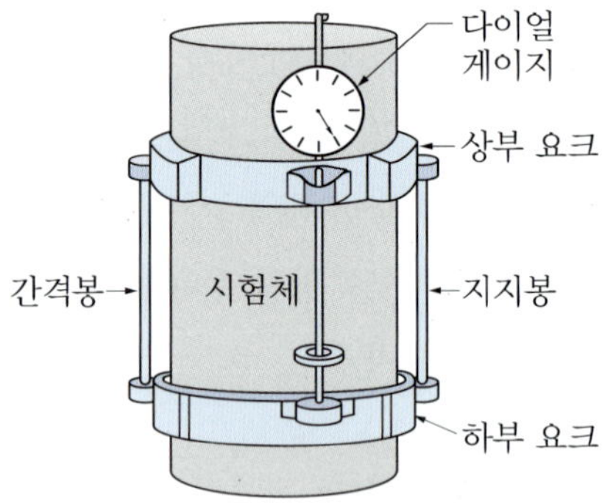

그림 3.28 콤프레소 미터의 장착

(4) 하중을 계속 가하며, 그 하중의 크기와 세로 변형은 다음과 같을 때 기록한다.

① 세로 변형률이 50/1 000 000일 때

② 가해진 하중이 극한 하중의 40%와 같을 때

(5) 극한 하중이 명확하지 않을 때에는 세로 변형이 표 3.15의 값에 도달하였을 때의 하중 눈금을 읽는다. 보통의 콘크리트에서는 이 변형은 하중이 극한 하중의 50% 범위에 도달하였을 때 생긴다.

표 3.15 시험체의 최대 변형값

시험 시의 단위 질량 (kg/m³)	다음 재령에서의 최대 변형(mm/mm)	
	7일 이상	7일 미만
3 280 이상	0.00030	0.00020
2 640～3 264	0.00038	0.00025
2 160～2 624	0.00045	0.00030
1 840～2 144	0.00052	0.00035
1 680～1 824	0.00060	0.00040
1 520～1 664	0.00067	0.00045
1 360～1 504	0.00075	0.00050
1 200～1 344	0.00082	0.00055

[3] 시험 결과의 산출

(1) 콘크리트의 정탄성 계수는 350 MPa까지 다음 식으로 산출한다.

$$E_c = \frac{S_2 - S_1}{\varepsilon_2 - 0.000050} \tag{3.16}$$

여기서, E_c : 콘크리트의 정탄성 계수(MPa)

S_2 : 가해진 최대 하중의 40%에 대한 응력(MPa)

S_1 : 세로 변형 0.000050 cm에 대한 시험체의 응력(MPa)

ε_2 : 응력 S_2로 생긴 시험체의 세로 변형률

5. 주의 사항

(1) 시험하는 동안 온도와 습도는 될 수 있는 대로 일정하게 유지해야 한다.

(2) 시험체는 양생실 또는 저장실에서 꺼내어 1시간 이내에 시험해야 한다.

(3) 시험체의 강도와 탄성 계수는 같은 하중에 대해서 구한다.

(4) 제1회 하중은 게이지를 정착시키기 위하여 가한다.

6. 시험 결과의 정리

(1) 시험 결과를 정리하여 기록한다.

(2) 콘크리트의 정탄성 계수 시험 결과의 예는 표 3.16과 같다.

표 3.16 콘크리트의 정탄성 계수 시험 결과의 예

콘크리트의 정탄성 계수 시험							
시험일	년 월 일	실온	23.5°C	습도	65%	수온	20°C
시료	콘크리트 원주 시험체			시험자			

시방배합	굵은 골재의 최대 치수 (mm)	슬럼프의 범위 (mm)	공기량의 범위 (%)	물-결합재비 W/B (%)	잔골재율 S/a (%)	단위 질량(kg/m^3) 물 W	시멘트 C	잔골재 S	굵은 골재 G	혼화 재료 혼화재	혼화 재료 혼화제 (g/m^3)
	25	100	5.5	47.5	40.8	165	347	710	1 052		104

측정 항목			측정 결과	
콘크리트의 압축 강도	시험체	지름 d (mm)	150.4	150.5
			(평균) 150.5	
		높이 h (mm)	300.8	301.2
			(평균) 301.0	
		질량 m_c (kg)	12.7	
	단위 질량 $M_c = 4m_c/\pi d^2 h$ (kg/m^3)		2 373	
	압축 강도 $f_c = 4P/\pi d^2$ (MPa)		27.4*	
	시험체에 가해진 최대 하중 $P = f_c \pi d^2/4$ (kN)		487	

측정 횟수		제2회**	제3회	제4회
시험체의 응력과 변형	세로 변형률 0.000050일 때 하중 P_1 (kN)	15.54	15.48	15.40
	세로 변형률 0.000050에 대한 응력 $S_1 = 4P_1/\pi d^2$ (MPa)	0.87	0.87	0.87
	시험체에 가해진 최대 하중의 40% $P_2 = 0.4P$ (kN)	194.8	194.8	194.8
	시험체의 최대 하중 40%에 대한 응력 $S_2 = 4P_2/\pi d^2$ (MPa)	10.96	10.96	10.96
	응력 S_2로 생긴 세로 변형률 ε_2	0.000408	0.000405	0.000403
탄성 계수 $E_c = \dfrac{S_2 - S_1}{\varepsilon_2 - 0.000050}$ (MPa)		28 184	28 423	28 584

비고: * 표 3.7의 측정 번호 1 참조
** 변형 측정은 제2회 재하 시부터 기록한다.

7. 참고 사항

(1) 콘크리트의 탄성 계수 추정식은 다음과 같다(구조설계기준).

① 일반식은 다음과 같다.

$$E_c = 0.077 m_c^{1.5} \sqrt[3]{f_{cm}} \text{ (MPa)} \tag{3.17}$$

여기서, E_c : 콘크리트의 탄성 계수(MPa)

m_c : 콘크리트의 단위 질량(kg/m^3)

(1 450 kg/m$^3 \le m_c \le$ 2 500 kg/m^3)

f_{cm} : 콘크리트의 평균 압축 강도(MPa)

윗식에서, f_{cm}에 대한 충분한 자료가 없는 경우에는 다음 식을 사용할 수 있다.

$$f_{cm} = f_{ck} + \Delta f \tag{3.18}$$

여기서, f_{ck} : 콘크리트의 설계 기준 압축 강도(MPa)

이때, Δf는 $f_{ck} \le 40$ MPa이면 4 MPa이고, $f_{ck} \ge 60$ MPa이면 6 MPa이며, 그 사이는 직선 보간으로 구한다.

② 보통 골재를 사용한 콘크리트의 경우는 식 (3.17)에 따라 다음 식을 이용할 수 있다.

$$E_c = 8\,500 \sqrt[3]{f_{cm}} \text{ (MPa)} \tag{3.19}$$

이때, m_c : 2 300 kg/m^3

③ 경량 골재 콘크리트의 경우는 식 (3.17)에 따라 다음 식을 이용할 수 있다.

$$\left.\begin{aligned} E_c &= 5\,400 \sqrt[3]{f_{cm}} \text{ (MPa)} \\ \text{이때, } m_c &= 1\,700 \text{ kg/m}^3 \\ E_c &= 6\,400 \sqrt[3]{f_{cm}} \text{ (MPa)} \\ \text{이때, } m_c &= 1\,900 \text{ kg/m}^3 \end{aligned}\right\} \tag{3.20}$$

(2) 콘크리트의 동탄성 계수 시험은 'KS F 2437 공명 진동에 의한 동탄성 계수 시험 방법'에 따른다.

(3) 'KS F 2422 콘크리트 코어의 시료 절취 방법'은 다음과 같다.

① 코어의 절취는 콘크리트가 충분히 경화한 후에 한다. 일반적으로 재령 28일 이후로 하는 것이 좋다.

② 코어의 절취는 시험체가 파손되거나, 굵은 골재가 탈락하지 않도록 해야 한다.

③ 코어의 절취에는 콘크리트용 코어 드릴을 사용한다.

④ 코어 시험체의 지름은 일반적으로 굵은 골재의 최대 치수 3배 이상으로 하고, 어떤 경우에도 2배 이하로 되어서는 안 된다.

⑤ 코어 시험체의 높이는 원칙적으로 지름의 2배로 한다.

8. 관계 지식

(1) 콘크리트의 탄성 계수는 콤프레소 미터를 사용하여, 원주 시험체에 압축 하중을 가해서 세로 변형을 측정하여 구한다.

(2) 단면적 A인 어떤 재료에 외력 P가 작용하여 길이 l이 Δl만큼 변하였다고 하면, 응력 σ와 변형률 ε과의 비는 다음과 같이 된다. 이때, 비례 상수 E를 탄성 계수라 한다.

$$\text{탄성 계수}(E) = \frac{\sigma}{\varepsilon} = \frac{\dfrac{P}{A}}{\dfrac{\Delta l}{l}} = \frac{Pl}{A\Delta l} \qquad (3.21)$$

(3) 정하중에 의하여 구한 영(Young) 계수를 정탄성 계수라 한다.

(4) 탄성 계수에는 압축 응력과 인장 응력에 대한 것이 있으며, 일반적으로 콘크리트에서는 압축 응력에 대한 것을 말한다.

3.10 콘크리트의 압축 강도 추정 반발 경도 시험

(Test for Rebound Number to Conclude Compressive Strength of Concrete)

1. 시험 목적

(1) 비파괴 시험으로 콘크리트의 압축 강도를 추정한다.

(2) 콘크리트 테스트 해머를 사용하여 콘크리트 압축 강도를 추정한다.

2. 사용 기기

(1) 테스트 해머(test hammer)

(2) 테스트 앤빌(test anvil)

(3) 치핑 해머(chipping hammer)

3. 사용 재료

(1) 콘크리트 부재

(2) 연삭 숫돌(탄화규소 재질)

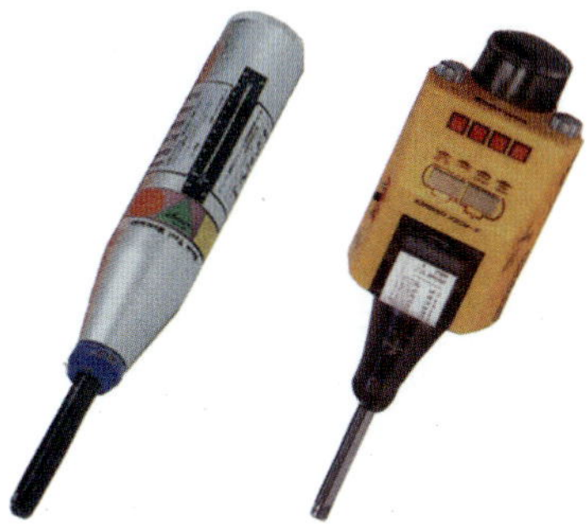

그림 3.29 테스트 해머

4. 시험 방법(KC F 2730)

[1] 시험체의 준비

(1) 콘크리트 부재의 두께는 100 mm 이상으로 한다.

(2) 부재의 표면은 연삭 숫돌로 평평하게 연마한다.

(3) 측정할 곳에 30 mm 간격으로 측정점을 표시한다.

[2] 반발 경도 시험

(1) 테스트 해머의 타격봉 끝을 콘크리트 부재 표면의 측정점에 수직으로 대고 눌러 타격한다.

(2) 멈춤 단추를 눌러 눈금 지침을 멈추게 하고, 지침이 가리키는 눈금을 읽는다(그림 3.30 참조).

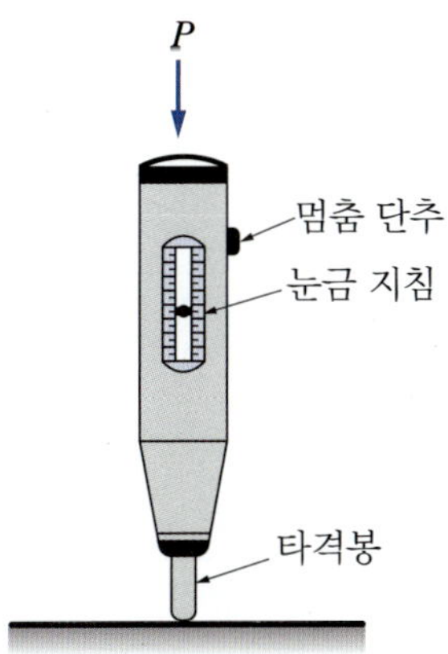

그림 3.30 테스트 해머의 타격

(3) (1)과 (2)와 같은 방법으로 측정점의 반발 경도(R)를 20점 이상 측정한다.

[3] 시험 결과의 산출

(1) 반발 경도(R)는 측정값의 평균으로부터 오차가 20% 이상이 되는 것은 버리고 나머지 시험값의 평균으로 한다. 이때, 범위를 벗어나는 시험값이 4개 이상일 경우에는 전체 시험값 군을 버리고 새로운 위치에서 다시 측정한다.

(2) 실험적으로 반발 경도−콘크리트 압축 강도의 관계식을 구하고, 이 관계식을 이용하여 추정 콘크리트의 압축 강도를 구한다.

5. 주의 사항

(1) 테스트 해머는 테스트 앤빌을 사용하여 주기적으로 교정해야 한다.

(2) 시험 영역의 지름은 150 mm 이상이 되어야 한다.

(3) 타격 위치는 가장 자리에서부터 100 mm 이상 떨어져야 한다.

6. 시험 결과의 정리

(1) 시험 결과를 정리하여 기록한다.

(2) 콘크리트의 압축 강도 추정 반발 경도 시험 결과의 예는 표 3.17과 같다.

표 3.17 콘크리트의 압축 강도 추정 반발 경도 시험 결과의 예

<table>
<tr><th colspan="21">콘크리트의 압축 강도 추정 반발 경도 시험</th></tr>
<tr><td>시험일</td><td colspan="7">년 월 일</td><td colspan="5">실온 °C</td><td colspan="4">습도 %</td><td colspan="4">수온 °C</td></tr>
<tr><td>시료</td><td colspan="12">콘크리트 부재</td><td colspan="3">시험자</td><td colspan="5"></td></tr>
<tr><td>해머 종류</td><td colspan="7">테스트 해머 N형</td><td colspan="5">타격 방향 α</td><td colspan="8">0°</td></tr>
<tr><td>측정 번호</td><td>1</td><td>2</td><td>3</td><td>4</td><td>5</td><td>6</td><td>7</td><td>8</td><td>9</td><td>10</td><td>11</td><td>12</td><td>13</td><td>14</td><td>15</td><td>16</td><td>17</td><td>18</td><td>19</td><td>20</td></tr>
<tr><td>반발 경도</td><td>36</td><td>40</td><td>39</td><td>35</td><td>36</td><td>35</td><td>36</td><td>35</td><td>36</td><td>38</td><td>37</td><td>38</td><td>39</td><td>36</td><td>35</td><td>41</td><td>37</td><td>35</td><td>36</td><td>36</td></tr>
<tr><td colspan="7">평균 반발 경도 R</td><td colspan="14">37</td></tr>
<tr><td colspan="7">보정값 ΔR</td><td colspan="14">0</td></tr>
<tr><td colspan="7">기준 반발 경도*
$R_0 = R + \Delta R$</td><td colspan="14">37</td></tr>
<tr><td colspan="7">테스트 해머 강도**
$F_c = -18.0 + 1.27R_0$ (MPa)</td><td colspan="14">29</td></tr>
<tr><td colspan="21">비고 : * 식 (4.22) 참조
** 식 (4.23) 참조</td></tr>
</table>

7. 참고 사항

(1) 테스트 해머에 의한 추정 콘크리트의 압축 강도는 반발 경도-압축 강도의 관계식을 이용하여 구해야 한다.

(2) 다음 식은 일본기계학회가 제안한 것으로 N형 슈미트 해머(Schumidt hammer)를 사용할 경우, 기준 반발 경도로부터 테스트 해머 강도로 환산하는 방법이다.

① 기준 반발 경도 R_0는 측정 반발 경도 R에 보정값 ΔR을 더한 것으로 한다.

$$R_0 = R + \Delta R \tag{3.22}$$

보정값 ΔR은 다음과 같이 구한다.

1) 타격 방향이 수평이 아닐 경우, 그림 3.31에서 구한다.

2) 콘크리트가 타격 방향에 직각인 압축 응력을 받을 경우, 그림 3.32에서 구한다.

3) 수중 양생을 한 콘크리트를 건조시키지 않고 측정한 경우, $\Delta R = +5$로 한다.

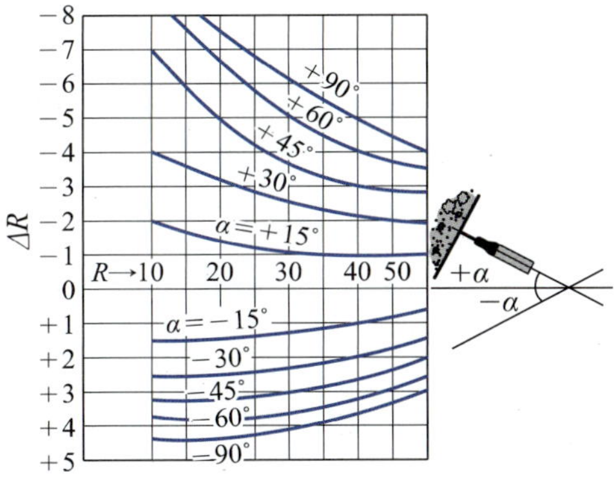

그림 3.31 타격 각도의 보정값

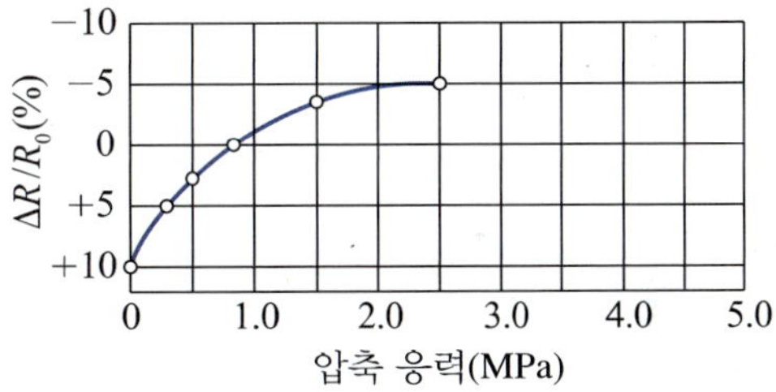

그림 3.32 압축 응력의 보정값

② 테스트 해머 강도 F는 기준 반발 경도 R_0로부터 다음 식으로 추정한다.

$$F\,(\text{MPa}) = -18.0 + 1.27 \times R_0 \tag{3.23}$$

8. 관계 지식

(1) 콘크리트의 압축 강도 추정 반발 경도 시험은 테스트 해머로 콘크리트의 표면을 타격했을 때, 그 반발 경도로부터 콘크리트의 압축 강도를 추정하는 것이다.

(2) 테스트 해머의 종류에는 보통 콘크리트용(N형, NR형, NP형, ND형, MTC형), 저강도 콘크리트용(P형), 경량 콘크리트용(L(R)형), 매스 콘크리트용(M형) 등이 있다.

3.11 콘크리트의 배합 설계

(Design of Mix Proportion of Concrete)

1. 시험 목적

(1) 소요의 강도, 내구성, 수밀성 및 작업에 필요한 워커빌리티를 가지는 콘크리트를 경제적으로 만들기 위하여, 적합한 재료 선정 및 배합을 정해야 한다.

(2) 콘크리트의 품질은 재료의 종류, 혼합 방법, 양생 방법 등에 따라 변하므로, 공사용 재료를 사용하여 현장 상황에 적합한 방법으로 시험해야 한다.

2. 사용 기기

(1) 시멘트의 밀도 시험 기구(르 샤틀리에 플라스크)(1.1의 2. 참조)

(2) 골재의 체가름 시험 기구(시험용 체, 체진동기, 건조기)(2.1의 2. 참조)

(3) 잔골재의 밀도 및 흡수율 시험 기구(원뿔형 몰드, 다짐봉, 플라스크, 건조기)(2.2의 2. 참조)

(4) 굵은 골재의 밀도 및 흡수율 시험 기구(골재의 밀도 측정기, 건조기)(2.3의 2. 참조)

(5) 잔골재의 표면 수율 시험 기구(유리 용기)(2.4의 2. 참조)

(6) 골재의 단위 용적 질량 시험 기구(골재의 단위 용적 측정 기구)(2.6의 2. 참조)

(7) 콘크리트의 슬럼프 시험 기구(슬럼프 콘)(3.1의 2. 참조)

(8) 콘크리트의 공기량 시험 기구(공기량 측정기)(3.4의 2. 참조)

(9) 콘크리트의 압축 강도 시험 기기(압축 강도 시험기, 시험체 몰드)(3.6의 2. 참조)

3. 사용 재료

(1) 콘크리트의 재료(시멘트, 혼화 재료, 잔골재, 굵은 골재, 물)

(2) 보조 재료

① 광유 또는 나프타

② 흡수천

③ 그리스

④ 유리판(두께 6 mm 이상)

⑤ 플라스틱판

⑥ 시험체의 캡핑 재료

4. 시험 방법

[1] 시료의 준비

(1) 시멘트의 밀도 시험(1.1 참조)을 한다.

(2) 잔골재 시료는 다음과 같이 준비한다.

① 체가름 시험(2.1 참조), 밀도 및 흡수율 시험(2.2 참조), 표면 수율 시험(2.4 참조), 단위 용적 질량 시험(2.6 참조)을 한다.

② 5 mm 체로 체질을 하여 체에 남는 것을 버린다.

③ 표면 건조 포화 상태(2.2의 **4.[1]**(나) 참조)로 한다.

(3) 굵은 골재 시료는 다음과 같이 준비한다.

① 체가름 시험(2.1 참조), 밀도 및 흡수율 시험(2.3 참조), 단위 용적 시험(2.6 참조)을 한다.

② 물로 씻으면서 체가름 하고 충분히 흡수시킨 다음, 표면 건조 포화 상태(2.3의 **4.[1]**(나) 참조)로 한다.

③ 각 입도별로 구분해 놓고, 사용할 때 소정의 배합비로 재혼합하여 입도의 변동을 피해야 한다.

(4) AE제 및 감수제는 일반적으로 각각 1% 및 10% 정도의 수용액으로 하여 사용한다.

[2] 콘크리트의 배합 설계

(가) 시험 배합의 설계

(1) 콘크리트의 배합 강도를 결정한다.

① 구조물에 사용되는 콘크리트의 압축 강도가 소요의 강도를 갖기 위해서는 콘크리트의 배합 설계 시 배합 강도를 정해야 한다.

배합 강도는 20±2°C의 표준 양생한 시험체의 압축 강도로 표시하고, 강도는 강도 관리를 기준으로 하는 재령에 따른다.

② 배합 강도는 식 (3.24)와 같이 구조 계산에서 정해진 설계 기준 압축 강도와 표 3.18의 내구성 설계를 반영한 내구성 기준 압축 강도 중에서 큰 값으로 결정된 품질 기준 강도보다 크게 정해야 한다.

$$f_{cr} > f_{cq} = \max(f_{ck}, f_{cd}) \tag{3.24}$$

여기서, f_{cr} : 배합 강도(MPa)

f_{cq} : 품질 기준 강도(MPa)

f_{ck} : 설계 기준 압축 강도(MPa)

f_{cd} : 내구성 기준 압축 강도(MPa)

표 3.18 **콘크리트의 내구성 기준 압축 강도**[5)]

노출 범주 및 등급* / 항목	일반	EC (탄산화)				ES (염화물)				EF (동결 융해)				EA (황산염)		
	E0	EC1	EC2	EC3	EC4	ES1	ES2	ES3	ES4	EF1	EF2	EF3	EF4	EA3	EA2	EA3
내구성 기준 압축 강도 f_{cd} (MPa)	21	21	24	27	30	30	30	35	35	24	27	30	30	27	30	30

주: * 표 3.31 참조

③ 배합 강도는 품질 기준 강도의 범위를 35 MPa 기준으로 분류한 식 (3.25) 및 식 (3.26)으로 다음과 같이 정한다. 이때, 배합 강도를 구할 때 품질 기준 강도에 표 3.19의 콘크리트 강도의 기온에 따른 보정값을 더해야 한다.

㉠ $f_{cq} \le 35$ MPa인 경우, 다음 두 식에 의한 값 중 큰 것으로 정해야 한다.

$$\left.\begin{aligned} f_{cr} &= (f_{cq} + T_n) + 1.34s \\ f_{cr} &= (f_{cq} + T_n - 3.5) + 2.33s \end{aligned}\right\} \tag{3.25}$$

여기서, f_{cr} : 배합 강도(MPa)

f_{cq} : 품질 기준 강도(MPa)

T_n : 콘크리트 강도의 기온에 따른 보정값(MPa)(표 3.19)

s : 압축 강도 표준 편차(MPa)

㉡ $f_{cq} > 35$ MPa인 경우, 다음 두 식에 의한 값 중 큰 것으로 정해야 한다.

$$\left.\begin{aligned} f_{cr} &= (f_{cq} + T_n) + 1.34s \\ f_{cr} &= 0.9(f_{cq} + T_n) + 2.33s \end{aligned}\right\} \tag{3.26}$$

④ 레디믹스트 콘크리트의 경우에는 배합 강도를 호칭 강도(f_{cn})보다 크게 정한다. 호칭 강도는 품질 기준 강도(f_{cq})에 콘크리트 강도의 기온에 따른 보정값(T_n)을 더한 것이 된다. 따라서 배합 강도는 식 (3.25) 및 식 (3.26)에서 ($f_{cq} + T_n$) 대신에 f_{cn}을 적용하여 정한다.

표 3.19 **콘크리트 강도의 기온에 따른 보정값**[5)]

결합재의 종류	재령 (일)	콘크리트를 친 날로부터 재령까지의 예상 평균 기온의 범위(°C)		
보통 포틀랜드시멘트 플라이 애시 시멘트 1종 고로 슬래그 시멘트 1종	28	18 이상	8 이상~18 미만	4 이상~8 미만
	42	12 이상	4 이상~18 미만	–
	56	7 이상	4 이상~18 미만	–
	91	–	–	–
플라이 애시 시멘트 2종	28	18 이상	10 이상~18 미만	4 이상~10 미만
	42	13 이상	5 이상~13 미만	4 이상~ 5 미만
	56	8 이상	4 이상~8 미만	–
	91	–	–	–
고로 슬래그 시멘트 2종	28	18 이상	13 이상~18 미만	4 이상~13 미만
	42	14 이상	10 이상~14 미만	4 이상~10 미만
	56	10 이상	5 이상~10 미만	4 이상~ 5 미만
	91	–	–	–
콘크리트 강도의 기온에 따른 보정값 T_n (MPa)		0	3	6

⑤ 콘크리트 압축 강도의 표준 편차는 해당 현장의 품질 관리 수준, 즉 상대적 품질 관리에 따라 달라지며, 이 값은 반드시 공사 착공 초기에 구하여 적용하는 것이 원칙이다.

1) 콘크리트 압축 강도의 표준 편차는 실제 사용한 콘크리트의 30회 이상의 시험 실적으로부터 결정하는 것을 원칙으로 한다.

그러나 콘크리트 압축 강도의 시험 횟수가 29회 이하이고 15회 이상인 경우는 그것으로 계산한 표준 편차에 표 3.20의 보정 계수를 곱한 값을 표준 편차로 사용할 수 있다.

표 3.20 **시험 횟수가 29회 이하일 때 표준 편차의 보정 계수**[5)]

시험 횟수	표준 편차의 보정 계수
15	1.16
20	1.08
25	1.03
30 이상	1.00

주: 위 표에 명시되지 않은 시험 횟수는 직선 보간한다.

2) 공사 초기에 표준 편차의 정보가 없어 콘크리트 압축 강도의 표준 편차를 알지 못할 경우, 또는 콘크리트 압축 강도의 시험 횟수가 14회 이하인 경우 콘크리트의 배합 강도는 표 3.21과 같이 정할 수 있다.

표 3.21 시험 횟수가 14회 이하이거나 기록이 없는 경우의 배합 강도 [5)]

품질 기준 강도(f_{cq})의 기온에 따른 보정값(T_n)을 더한 강도(MPa)	배합 강도(f_{cr}) (MPa)
21 미만	$(f_{cq}+T_n)+7$
21 이상 35 이하	$(f_{cq}+T_n)+8.5$
35 초과	$1.1(f_{cq}+T_n)+5$

주: 윗식에서 레디믹스트 콘크리트의 경우에는 $(f_{cq}+T_n)$ 대신에 f_{cn}을 적용한다.

(2) 물-결합재비를 정한다.

콘크리트의 물-결합재비는 소요의 강도, 내구성, 수밀성 등을 고려하여 정해야 한다.

① 콘크리트의 압축 강도를 기준으로 하여 정하는 경우는, 적당한 3종류 이상의 서로 다른 물-결합재비(W/B)를 가진 콘크리트 시험체를 2개 이상 만들어 28일 압축 강도(f_{28}) 시험을 하여, 결합재비-물비(B/W)와 f_{28}과의 관계를 얻는다.

이것으로부터 필요한 콘크리트의 배합 강도(f_{cr})에 해당하는 B/W를 구하고, 그 역수로 W/B를 구한다.

공기 연행 콘크리트의 경우는 소요의 공기량 콘크리트 시험체를 만든다.

결합재-물비와 콘크리트 28일 압축 강도의 관계는 다음 식으로 표시된다.

$$f_{28}=a+b\left(\frac{B}{W}\right) \tag{3.27}$$

여기서, f_{28} : 재령 28일에서 콘크리트의 압축 강도(MPa)

a, b : 시험에 의하여 정하는 상수

$\frac{B}{W}$: 결합재-물비

② 콘크리트의 수밀성을 고려하여 정하는 경우, 물-결합재비는 50% 이하로 한다.

③ 콘크리트의 내구성을 기준으로 하여 정하는 경우, 탄산화 작용, 염화물 침투, 동결융해 작용, 황산염 등과 같이 콘크리트 구조물의 내구성에 영향을 미치는 요인을 고려할 경우의 물-결합재비는 표 4.17에 따른다.

표 3.22 **콘크리트의 내구성 기준 최대 물-결합재비** [5)]

노출 범주 및 등급* / 항목	일반	EC (탄산화)				ES (염화물)				EF (동결 융해)				EA (황산염)		
	E0	EC1	EC2	EC3	EC4	ES1	ES2	ES3	ES4	EF1	EF2	EF3	EF4	EA3	EA2	EA3
최대 물-결합재비** (%)	–	60	55	50	45	45	45	40	40	55	.50	45	45	50	45	45

주: * 표 3.31 참조

** 경량 골재 콘크리트에는 적용하지 않는다. 실적, 연구 성과 등에 의하여 확증이 있을 때에는 5% 더한 값으로 할 수 있다.

(3) 굵은 골재의 최대 치수를 선정한다.

철근 콘크리트의 경우에는 철근의 간격이나 부재의 치수, 모양 등으로 인하여 큰 골재를 사용할 수 없을 때가 많다.

굵은 골재의 최대 치수는 표 3.23의 값을 표준으로 하고 있다.

표 3.23 **굵은 골재 최대 치수의 표준** [5)]

콘크리트의 종류	굵은 골재의 최대 치수(mm)
일반적인 경우 단면이 큰 경우	20 또는 25 40
무근 콘크리트	40 부재 최소 치수의 1/4을 초과해서는 안됨

(4) 슬럼프를 선정한다.

슬럼프는 운반, 치기, 다지기 등의 작업에 알맞은 범위 내에서 될 수 있는 한 작은 값으로 정해야 한다.

슬럼프 값은 표 3.24의 값을 표준으로 한다.

표 3.24 **슬럼프 값의 표준** [5)]

콘크리트의 종류		슬럼프 값(mm)
무근 콘크리트	일반적인 경우 단면이 큰 경우	50∼150 50∼100
철근 콘크리트	일반적인 경우 단면이 큰 경우	80∼150 60∼120

(5) 공기량을 선정한다.

AE제, AE 감수제 또는 고성능 AE 감수제를 사용한 공기 연행 콘크리트의 공기량은 굵은 골재의 최대 치수와 내동해성을 고려하여 정한다.

공기 연행 콘크리트의 공기량은 표 3.25의 값을 표준으로 한다.

표 3.25 공기 연행 콘크리트 공기량의 표준값[5)]

굵은 골재의 최대 치수 (mm)	공기량(%)	
	심한 노출*	보통 노출**
10	7.5	6.0
15	7.0	5.5
20	6.0	5.0
25	6.0	4.5
40	5.5	4.5

주 : * 노출 등급 EF2, EF3, EF4(표 3.31 참조)
** 노출 등급 EF1(표 3.31 참조)

(6) 단위 수량을 산정한다.

단위 수량은 185 kg/m^3 이내의 작업이 가능한 범위 내에서 될 수 있는 대로 적게 사용하며, 그 사용량은 시험해서 정해야 한다.

단위 수량을 정할 때 표 3.26의 값을 이용하면 편리하다.

표 3.26 콘크리트의 잔골재율 및 단위 수량의 대략 값[5)]

굵은 골재의 최대 치수 (mm)	단위 굵은 골재 용적 (%)	AE제 사용 않은 콘크리트			공기 연행 콘크리트				
		갇힌 공기량 (%)	잔골재율 S/a (%)	단위 수량 W(kg)	공기량 (%)	AE제 사용 경우		AE 감수제 사용 경우	
						잔골재율 S/a (%)	단위 수량 W (kg)	잔골재율 S/a(%)	단위 수량 W(kg)
15	58	2.5	49	190	7.0	47	180	48	170
20	62	2.0	45	185	6.0	44	175	45	165
25	67	1.5	41	175	5.0	42	170	43	160
40	72	1.2	36	165	4.5	39	165	40	155

주 : 1) 이 표의 값은 보통 입도를 가진 천연 잔골재(조립률 2.80 정도)와 부순 굵은 골재를 사용한 물-시멘트비 55% 정도, 슬럼프 약 80 mm의 콘크리트에 대한 것이다.
2) 사용 재료 또는 콘크리트의 품질이 1)의 조건과 다를 경우는 위 표의 값을 표 3.27과 같이 보정한다.
3) 단위 수량의 경우 건축 공사에 납품될 때에는 185 kg 이하가 되도록 한다.

표 3.27 잔골재율(S/a)과 물(W)의 보정법[5)]

구분	S/a(%)의 보정	단위 수량 W(kg)의 보정
모래의 조립률이 0.1만큼 클(작을) 때마다	0.5만큼 크게(작게) 한다.	보정하지 않는다.
슬럼프 값이 10 mm만큼 클(작을) 때마다	보정하지 않는다.	1.2%만큼 크게(작게) 한다.
공기량이 1%만큼 클(작을) 때마다	0.5~1만큼 작게(크게) 한다.	3%만큼 작게(크게) 한다.
물-결합재비가 0.05만큼 클(작을) 때마다	1만큼 크게(작게) 한다.	보정하지 않는다.
S/a가 1% 클(작을) 때마다	보정하지 않는다.	1.5 kg만큼 크게(작게) 한다.
부순 굵은 골재를 사용할 경우	3~5만큼 크게 한다.	9~15만큼 크게 한다.
부순 잔골재를 사용할 경우	2~3만큼 크게 한다.	6~9만큼 크게 한다.

주 : 단위 굵은 골재의 용적에 의하는 경우에는 모래의 조립률이 0.1만큼 커질(작아질) 때마다 단위 굵은 골재의 용적을 1%만큼 작게(크게) 한다.

(7) 잔골재율을 산정한다.

콘크리트의 잔골재와 굵은 골재의 비는 잔골재율(fine aggregate ratio)로 정하는 것이 일반적이다.

잔골재율은 다음 식으로 구한다.

$$S/a = \frac{S}{S+G} \times 100(\%) \tag{3.28}$$

여기서, S/a : 잔골재율(%)

S : 잔골재량의 절대 용적(m^3)

G : 굵은 골재량의 절대 용적(m^3)

a : 전체 골재량의 절대 용적(m^3)

일반 콘크리트의 배합 설계를 할 때 잔골재율은 표 3.26의 값을 사용하면 편리하다.

(8) 단위 결합재량을 정한다.

단위 결합재량은 원칙적으로 단위 수량과 물-결합재비로부터 정해야 하며, 소요의 강도, 내구성, 수밀성 등을 갖는 콘크리트가 얻어지도록 시험에 의하여 정해야 한다.

(9) 단위 혼화 재료량을 선정한다.

AE제, AE 감수제 및 고성능 AE 감수제 등의 단위량은 소요의 슬럼프 및 공기량을 얻을 수 있도록 시험에 의해 정한다.

제빙 화학제에 노출된 콘크리트의 노출 등급 EF4에 있어서 플라이 애시, 고로 슬래그 미분말 또는 실리카 퓸을 시멘트 재료의 일부로 치환하여 사용하는 경우, 이들 혼화재의 사용량은 표 3.28의 값을 초과하지 않도록 한다.

표 3.28 제빙 화학제*에 노출된 콘크리트의 최대 혼화재 비율[5)]

혼화재의 종류	시멘트와 혼합재 전체에 대한 혼화재의 질량비(%)
플라이 애시 또는 기타 포졸란	25
고로 슬래그 미분말	50
실리카 퓸	10
플라이 애시 또는 기타 포졸란, 고로 슬래그 미분말 및 실리카 퓸의 합	50*
플라이 애시와 실리카 퓸의 합	35*

주 : * 노출 등급 EF4에 해당한다(표 3.31 참조)

** 플라이 애시 또는 기타 포졸란의 합은 25% 이하, 실리카 퓸은 10% 이하여야 한다.

(10) 각 재료의 단위량을 계산한다.

$$
\left.\begin{aligned}
&\text{단위 시멘트 양 } C\,(\text{kg}) = \frac{\text{단위 수량}}{\text{물-결합재비}} \\
&\text{단위 골재량의 절대 용적 } V_a\,(\text{m}^3) \\
&= 1 - \left(\frac{\text{단위 수량}}{1000} + \frac{\text{단위 시멘트 양}}{\text{시멘트의 밀도} \times 1000} + \frac{\text{단위 혼화재량}}{\text{혼화재의 밀도} \times 1000} + \frac{\text{공기량}}{100} \right) \\
&\text{단위 잔골재량의 절대 용적 } V_s\,(\text{m}^3) = (\text{단위 골재량의 절대 용적}) \times (\text{잔골재율}) \\
&\text{단위 잔골재량 } S\,(\text{kg}) = (\text{단위 잔골재량의 절대 용적}) \times (\text{잔골재의 밀도}) \times 1000 \\
&\text{단위 굵은 골재량의 절대 용적 } V_g\,(\text{m}^3) \\
&\quad = (\text{단위 골재량의 절대 용적}) - (\text{단위 잔골재량의 절대 용적}) \\
&\text{단위 굵은 골재량 } G\,(\text{kg}) \\
&\quad = (\text{단위 굵은 골재량의 절대 용적}) \times (\text{굵은 골재의 밀도}) \times 1000
\end{aligned}\right\} \quad (3.29)
$$

(나) 시험 비비기

(1) 1배치의 양을 정하여 각 재료의 양을 계량하고, 혼합기에 넣어 비비기를 한다.

(2) 시험 비비기를 한 콘크리트의 슬럼프와 공기량을 측정한다.

(3) 슬럼프와 공기량이 정해진 값이 되지 않을 때, 표 3.27의 보정값을 사용해서 다시 시험 배합을 하여 필요한 슬럼프와 공기량의 콘크리트를 만든다.

(4) 슬럼프와 공기량을 일정하게 하고 잔골재율을 조금씩 변화시켜서, 정해진 워커빌리티가 얻어지는 범위 내에서 단위 수량이 될 수 있는 대로 적게 되도록 배합을 정한다.

(5) 설계 조건을 만족하는 배합이 정해질 때까지 이러한 작업을 반복한다.

(다) 시방 배합의 결정

(1) 콘크리트 시험체를 제작한다.

(2) 콘크리트의 압축 강도 시험을 한다.

(3) 물-결합재비(B/W)와 압축 강도(f_{28})의 관계를 구하여, $f_{28} = a + b(B/W)$의 식으로 나타낸다.

(4) $B/W - f_{28}$의 관계에서 물-결합재비(W/B)를 결정한다.

(5) 각 재료의 단위량을 구하여 시방 배합을 정한다.

(라) 현장 배합으로의 환산

(1) 입도에 대해서 골재를 다음 식으로 보정한다.

$$\left.\begin{aligned} S' &= \frac{100S - b(S+G)}{100-(a+b)} \\ G' &= \frac{100G - a(S-G)}{100-(a+b)} \quad \text{또는} \quad G' = S+G-S' \end{aligned}\right\} \qquad (3.30)$$

여기서, S' : 실제로 계량할 단위 잔골재량(kg)

G' : 실제로 계량할 단위 굵은 골재량(kg)

S : 시방 배합의 단위 잔골재량(kg)

G : 시방 배합의 단위 굵은 골재량(kg)

a : 잔골재 중의 5 mm 체에 남는 양(%)

b : 굵은 골재 중의 5 mm 체를 통과하는 양(%)

(2) 함수 상태에 대해서 골재를 보정한다.

① 잔골재에 표면수가 있는 경우, 잔골재량과 수량은 다음 식으로 보정한다.

$$\left.\begin{aligned} S'' &= S\left(1 + \frac{c}{100}\right) \\ W' &= W - (S'' - S) \end{aligned}\right\} \qquad (3.31)$$

여기서, S'' : 실제로 계량할 단위 잔골재량(kg)

S : 시방 배합의 단위 잔골재량(kg) (입도를 보정한 경우 S' 적용)

W' : 실제로 계량할 단위 수량(kg)

W : 시방 배합의 단위 수량(kg)

c : 잔골재의 표면 수율(%)

굵은 골재에 표면수가 있을 경우에도 같은 방법으로 보정한다.

② 굵은 골재가 기건 상태일 경우, 굵은 골재량과 수량은 다음 식으로 보정한다.

$$\left.\begin{aligned} G'' &= G\frac{\left(1+\dfrac{d}{100}\right)}{\left(1+\dfrac{e}{100}\right)} \\ W'' &= W+(G-G'') \end{aligned}\right\} \tag{3.32}$$

여기서, G'' : 실제로 계량할 단위 굵은 골재량(kg)

G : 시방 배합의 단위 굵은 골재량(kg) (입도를 보정한 경우 G' 적용)

W'' : 실제로 계량할 단위 수량(kg)

W : 시방 배합의 단위 수량(kg)

d : 굵은 골재의 기건 함수율(%)

e : 굵은 골재의 흡수율(%)

잔골재가 기건 상태일 경우에도 같은 방법으로 보정한다.

[3] 배합 설계 결과의 표시

콘크리트의 배합 설계 결과를 표 3.29와 같이 표시한다.

표 3.29 배합의 표시 방법[5)]

굵은 골재의 최대 치수 (mm)	슬럼프의 범위 (mm)	공기량의 범위 (%)	물-결합재비* W/B (%)	잔골재율 S/a (%)	단위 질량(kg/m³)					
					물 W	시멘트 C	잔골재 S	굵은 골재 G	혼화 재료	
									혼화재	혼화제 (g/m³)

주 : * 포졸란 반응성 및 잠재 수경성을 갖는 혼화재를 사용하지 않는 경우에는 물-시멘트비가 된다.

5. 주의 사항

(1) 배합은 작업이 가능한 범위 내에서 단위 수량을 적게 한다.

(2) 설계 시공상 허용되는 범위 내에서 굵은 골재의 최대 치수가 큰 것을 사용한다.

6. 배합 설계의 결과 정리

(1) 콘크리트의 배합 설계 결과를 정리하여 기록한다.

(2) 콘크리트의 배합 설계 결과의 예는 표 3.30과 같다.

표 3.30 **콘크리트의 배합 설계 결과의 예**

콘크리트의 배합 설계				
시험일	년 월 일	실온 23.5°C	습도 65%	수온 20°C
시료	콘크리트의 재료	시험자		
설계 조건	설계 기준 강도 : $f_{ck}=24$ MPa 슬럼프 값 : 100 mm 연행 공기량 : 5.5% 압축 강도의 표준 편차 : $s=3.5$ MPa 콘크리트를 친 날로부터 재령까지의 예상 평균 기온 : 15°C 구조물의 노출 상태 : 보통			
사용 재료 및 시험 결과	시멘트 : 보통 포틀랜드 시멘트, 밀도 3.15 Mg/m^3 잔골재 : 하천 모래, 밀도 2.60 g/cm^3, 조립률(FM) 2.85 굵은 골재 : 하천 자갈, 밀도 2.65 g/cm^3, 최대 치수 25 mm 혼화제 : AE제, 시멘트 질량의 0.03% 사용			
B/W-f_{28}의 관계식	$f_{28}=-13.5+21.5(B/W)$			
현장 골재의 상태	잔골재 중의 5 mm 체에 남는 양 : 10% 굵은 골재 중의 5 mm 체를 통과하는 양 : 5% 잔골재 : 표면 수율 5% 굵은 골재 : 기건 함수율 0.8%, 흡수율 1.8%			

항목 / 배치의 번호	굵은 골재의 최대 치수 (mm)	슬럼프의 범위 (mm)	공기량의 범위 (%)	물-결합재비 W/B (%)	잔골재율 S/a (%)	1배치 질량(kg)					
						물 W	시멘트 C	잔골재 S	굵은 골재 G	혼화 재료	
										혼화재	혼화제 (g)
제1 배치	25	120	6.0	47.5	40.8	5.13	10.80	20.82	32.16		3.24
제2 배치	25	100	5.5	47.5	40.8	5.00	10.41	21.30	31.56		3.21

항목 / 배합의 종류	굵은 골재의 최대 치수 (mm)	슬럼프의 범위 (mm)	공기량의 범위 (%)	물-결합재비 W/B (%)	잔골재율 S/a (%)	단위 질량(kg/m^3)					
						물 W	시멘트 C	잔골재 S	굵은 골재 G	혼화 재료	
										혼화재	혼화제 (g/m^3)
시방 배합	25	100	5.5	47.5	40.8	165	347	710	1 052		115
현장 배합	25	100	5.5	47.5	40.8	138	347	769	1 020		115

비고 : 1) 제1 배치 30 L를 시험 비비기 한 결과, 슬럼프 값 120 mm, 공기량 6%가 되었다.
2) 물의 양과 잔골재율을 보정하여 다시 시험 비비기 한 결과, 제2 배치는 슬럼프 값 100 mm, 공기량 5.5%가 되어 설계 조건을 만족하였다. 이것을 시방 배합으로 정한다.

7. 참고 사항

(1) 구조물에 사용되는 콘크리트는 적절한 내구성을 확보하기 위하여, 내구성에 영향을 미치는 환경 조건에 노출되는 정도를 고려하여 표 3.31에 따른 노출 등급을 정한다.

표 3.31 **콘크리트의 노출 범주 및 등급** [5)]

<table>
<tr><th>범주</th><th>등급</th><th colspan="2">조건</th><th>예</th></tr>
<tr><td>일반</td><td>E0</td><td colspan="2">물리적, 화학적 작용에 의한 손상의 우려가 없는 콘크리트, 내부 금속의 부식 위험 없는 경우</td><td>공기 중 습도가 매우 낮은 건물 내부의 콘크리트</td></tr>
<tr><td rowspan="4">EC
(탄산화)</td><td>EC1</td><td colspan="2">건조하거나 수분으로부터 보호되는 또는 영구적으로 습윤한 콘크리트</td><td>습도가 낮은 건물 내부의 콘크리트
물에 계속 잠겨 있는 콘크리트</td></tr>
<tr><td>EC2</td><td colspan="2">습윤하고 드물게 건조되는 콘크리트로 탄산화의 위험이 보통인 경우</td><td>장기간 물과 접하는 콘크리트 표면
외기에 노출되는 기초</td></tr>
<tr><td>EC3</td><td colspan="2">보통 정도의 습도에 노출되는 콘크리트로 탄산화 위험이 높은 경우</td><td>습도가 높은 건물 내부의 콘크리트
비를 맞지 않는 외부의 콘크리트</td></tr>
<tr><td>EC4</td><td colspan="2">건습이 반복되는 콘크리트로 매우 높은 탄산화 위험에 노출되는 경우</td><td>EC2 등급에 해당하지 않고, 물과 접하는 콘크리트(예 : 비 맞는 외벽)</td></tr>
<tr><td rowspan="4">ES
(염화물)</td><td>ES1</td><td colspan="2">대기 중의 염화물에 노출되지만 염화물을 함유한 물에 직접 접하지 않는 콘크리트</td><td>해안가 또는 해안 근처의 구조물
제빙 화학제에 노출되는 콘크리트</td></tr>
<tr><td>ES2</td><td colspan="2">습윤하고 드물게 건조되며, 염화물에 노출되는 콘크리트</td><td>염화물을 함유한 공업용수에 노출되는 콘크리트(예 : 수영장)</td></tr>
<tr><td>ES3</td><td colspan="2">항상 해수에 침지되는 콘크리트</td><td>해상 교각의 해수에 침지되는 부분</td></tr>
<tr><td>ES4</td><td colspan="2">건습이 반복되면서 해수 또는 염화물에 노출되는 콘크리트</td><td>해양 환경의 물보라 지역 콘크리트
염화물 물보라에 노출된 교량 부위</td></tr>
<tr><td rowspan="4">EF
(동결 융해)</td><td>EF1</td><td colspan="2">간혹 수분과 접하나 염화물에 노출되지 않고, 동결 융해의 반복 작용에 노출되는 콘크리트</td><td>비와 동결에 노출되는 수직 코크리트의 표면</td></tr>
<tr><td>EF2</td><td colspan="2">간혹 수분과 접하고 염화물에 노출되며, 동결 융해의 반복 작용에 노출되는 콘크리트</td><td>제빙 화학제와 동결에 노출되는 도로 구조물의 수직 콘크리트의 표면</td></tr>
<tr><td>EF3</td><td colspan="2">지속적으로 수분과 접하나 염화물에 노출되지 않고, 동결 융해의 작용에 노출되는 콘크리트</td><td>비와 동결에 노출되는 수평 콘크리트의 표면</td></tr>
<tr><td>EF4</td><td colspan="2">지속적으로 수분과 접하고 염화물에 노출되며, 동결 융해의 반복 작용에 노출되는 콘크리트</td><td>제빙 화학제에 노출되는 도로, 교량
동결에 노출되는 해양 콘크리트</td></tr>
<tr><td rowspan="4">EA
(황산염)</td><td>등급</td><td>노출 상태</td><td>토양 내의 수용성 황산염 (SO_4^{2-}) 질량비(%)*</td><td>물속에 용해된 황산염 (SO_4^{2-})(ppm)**</td></tr>
<tr><td>EA1</td><td>보통 수준</td><td>$0.10 \leq SO_4^{2-} < 0.02$</td><td>$150 \leq SO_4^{2-} < 1\ 500$, 해수</td></tr>
<tr><td>EA2</td><td>유해한 수준</td><td>$0.20 \leq SO_4^{2-} \leq 2.00$</td><td>$1\ 500 \leq SO_4^{2-} < 10\ 000$</td></tr>
<tr><td>EA3</td><td>매우 유해한 수준</td><td>$SO_4^{2-} > 2.00$</td><td>$SO_4^{2-} > 10\ 000$</td></tr>
</table>

주 : * 토양의 질량에 대한 비로 KS I ISO 11048에 따라 측정해야 한다.

** 수용액에 용해된 농도로 ASTM D 516 또는 ASTM D 4130에 따라 측정해야 한다.

(2) 다음 식은 미국 콘크리트시방서에 제시된 자료로서, 굵은 골재의 최대 치수가 40 mm인 경우 콘크리트의 압축 강도 범위에 따른 B/W와 f_{28}의 관계식이다.

① 공기 연행제를 쓰지 않은 콘크리트의 경우는 다음 식과 같다.

$$\left.\begin{array}{l} f_{28}=16\sim23\text{ MPa인 경우, } f_{28}=-13.9+23.0\,B/W \\ f_{28}=23\sim33\text{ MPa인 경우, } f_{28}=-7.6+19.0\,B/W \\ f_{28}=33\sim39\text{ MPa인 경우, } f_{28}=2.2+14.4\,B/W \end{array}\right\} \tag{3.33}$$

② 공기량이 4%인 공기 연행 콘크리트의 경우는 다음 식과 같다.

$$\left.\begin{array}{l} f_{28}=14\sim25\text{ MPa인 경우, } f_{28}=-7.4+16.2\,B/W \\ f_{28}=25\sim32\text{ MPa인 경우, } f_{28}=-1.8+13.4\,B/W \end{array}\right\} \tag{3.34}$$

[콘크리트 배합 설계 예]

일반 철근 콘크리트 구조물에 사용하는 콘크리트의 배합 설계를 한다.

[1] 설계 조건 및 사용 재료

(가) 설계 조건

설계 기준 압축 강도 : f_{ck} = 24 MPa

슬럼프 값 : 100 mm

공기량 : 5.5%

압축 강도의 표준 편차 : s =3.5 MPa

콘크리트 친 날로부터 재령까지의 예상 평균 기온 : 15°C

구조물의 노출 상태 : 보통

(나) 사용 재료 및 시험 결과

시멘트 : 보통 포틀랜드 시멘트, 밀도 3.15 Mg/m^3

잔골재 : 하천 모래, 밀도 2.60 g/cm^3, 조립률(FM) 2.85

굵은 골재 : 하천 자갈, 밀도 2.65 g/cm^3, 최대 치수 25 mm

혼화제 : AE제, 시멘트 질량의 0.03% 사용

(다) 압축 강도의 시험 결과

3종류의 결합재-물비(B/W)에 대한 시험 배합의 콘크리트 압축 강도의 시험 결과로부터 B/W-f_{28}의 관계는 그림 3.33과 같다.

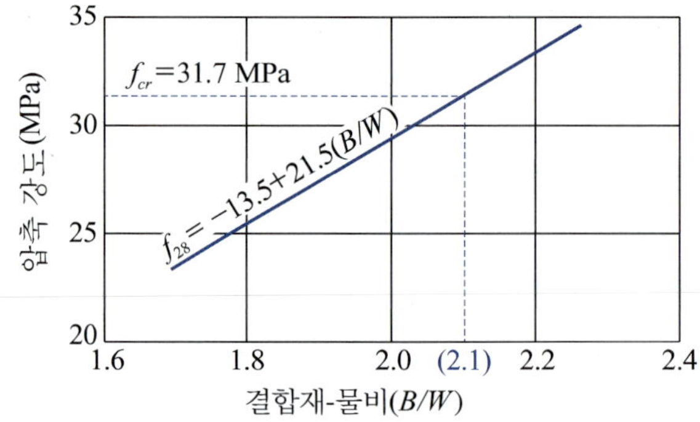

그림 3.33 B/W-f_{28}의 관계

[2] 시험 배합의 계산

(가) 배합 강도(f_{cr})

(1) 식 (3.24)에 따라, 설계 기준 압축 강도 f_{ck} = 24 MPa과 내구성 기준 압축 강도 f_{cd} = 21 MPa(표 3.13에서 노출 범주가 일반이고, 등급이 E0인 경우) 중에서 큰 값으로 품질 기준 강도를 정한다.

따라서 품질 기준 강도(f_{cq})는 다음과 같다.

$$f_{cq} = 24\ \text{MPa}$$

(2) 배합 강도는 범위가 $f_{cq} \leq 35$ MPa이므로, 식 (3.25)에 의한 두 값 중에서 큰 것으로 정한다.

이때, 배합 강도는 품질 기준 강도에 표 3.14의 콘크리트를 친 날로부터 재령까지의 예상 평균 기온 15°C에 대한 콘크리트 강도의 기온에 따른 보정값 T_n = 3 MPa을 더하여 구한 값으로 한다.

$$f_{cr} = (24 + 3) + 1.34 \times 3.5 = 31.69\ \text{MPa}$$

$$f_{cr} = (24 + 3 - 3.5) + 2.33 \times 3.5 = 31.65\ \text{MPa}$$

따라서 배합 강도는 다음 값으로 한다.

$$f_{cr} = 31.7\ \text{MPa}$$

(나) 물−결합재비(W/B)

(1) 콘크리트의 압축 강도를 기준으로 하여 정하는 경우, 물-결합재비는 그림 3.33의 관계식을 사용하여 구한다.

$$f_{28}(f_{cr}) = -13.5 + 21.5(B/W)$$

$$\therefore\ W/B = \frac{21.5}{31.7 + 13.5} = 0.476 = 47.6\,\%$$

(2) 콘크리트의 수밀성을 고려하여 정하는 경우, 물-결합재비는 50% 이하로 한다.

(3) 콘크리트의 내구성을 기준으로 하는 경우, 표 3.22에서 노출 범주가 일반일 때의 물-결합재비에 관한 규정이 없다.

이상의 결과로부터 최소 물-결합재비(W/B) = 47.6%이나, 안전측을 고려하여 47.5%로 정한다.

(다) 슬럼프 값

주어진 100 mm로 한다.

(라) 굵은 골재의 최대 치수

주어진 굵은 골재의 최대 치수 25 mm를 사용한다.

(마) 잔골재율 및 단위 수량

표 3.26에서 굵은 골재의 최대 치수 25 mm일 때, 잔골재율과 단위 수량을 구하여 표 3.27에 따라 보정하면 표 3.32와 같다.

표 3.32 잔골재율과 단위 수량의 보정

보정 항목	배합 조건	표 3.21 조건	잔골재율 S/a = 42%	단위 수량 W = 170 kg
			잔골재율의 보정	단위 수량의 보정
조립률(FM)	2.85	2.8	$\frac{2.85-2.8}{0.1} \times 0.5 = -0.25$	−
슬럼프(mm)	100	80	−	$1 + \frac{100-80}{10} \times 1.2 = 2.4\%$
공기량(%)	5.5	5	$\frac{5.0-5.5}{1} \times 0.75 = -0.38$	$1 + \frac{5.0-5.5}{1} \times 3 = 1.5\%$
물-결합재비(%)	47.5	55	$\frac{0.475-0.55}{0.05} \times 1 = -1.5$	−
합계			-1.63%	0.9%
보정한 설계값			$S/a = 42 - 1.63$ $= 40.4\%$	$W = 170 \times (1 + 0.009)$ $= 171$ kg

(바) 각 재료의 단위량

식 (3.29)에 따라 각 재료의 단위량을 구하면 다음과 같다.

$$\text{단위 수량}(W) = 171\ \text{kg}$$

$$\text{단위 시멘트 양}(C) = \frac{171}{0.475} = 360\ \text{kg}$$

$$\text{단위 골재의 절대 용적}(V_a) = 1 - \left(\frac{171}{1\,000} + \frac{360}{3.15 \times 1\,000} + \frac{5.5}{100}\right) = 0.660\ \text{m}^3$$

$$\text{단위 잔골재량의 절대 용적}(V_s) = 0.660 \times 0.404 = 0.267\ \text{m}^3$$

$$\text{단위 잔골재량}(S) = 0.267 \times 2.60 \times 1\,000 = 694\ \text{kg}$$

$$\text{단위 굵은 골재의 절대 용적}(V_g) = 0.660 - 0.267 = 0.393\ \text{m}^3$$

$$\text{단위 굵은 골재량}(G) = 0.393 \times 2.65 \times 1\,000 = 1\,042\ \text{kg}$$

$$\text{단위 AE제량}(\text{AE}) = 360 \times 0.0003 = 0.108\ \text{kg} = 108\ \text{g}$$

[3] 시험 비비기

(가) 시험 배치의 양

1배치의 양을 30 L로 하면 1배치를 비비기 위한 **[2]**(바)의 각 재료의 양은 다음과 같이 된다.

$$\text{물의 양} = 171 \times 30/1000 = 5.13(\text{kg})$$

$$\text{시멘트 양} = 360 \times 30/1\,000 = 10.80(\text{kg})$$

$$\text{잔골재량(표건 상태)} = 694 \times 30/1\,000 = 20.82(\text{kg})$$

$$\text{굵은 골재량(표건 상태)} = 1\,042 \times 30/1\,000 = 32.16(\text{kg})$$

$$\text{AE제량} = 0.108 \times 30/1\,000 = 0.0032(\text{kg})$$

(나) 제1배치

시험 비비기를 한 결과 슬럼프 값은 120 mm, 공기량은 6%가 되었다. 주어진 슬럼프 값 100 mm, 공기량 5.5%가 되기 위해서는 표 3.27에 따라 보정한다.

(1) 물의 양을 슬럼프에 대한 보정과 공기량에 대해 보정하면 다음과 같다.

$$\text{슬럼프에 대한 보정값} = \frac{80-120}{10} \times 1.2 = -4.8\%$$

$$\text{공기량에 대한 보정값} = \frac{6-5.5}{1} \times 3 = 1.5\%$$

$$\text{물의 양}(W) = 171 \times (-0.048 + 0.015) = 165\ \text{kg}$$

(2) 잔골재율을 공기량에 대해 보정하면 다음과 같다.

$$\text{공기량에 대한 보정값} = \frac{6-5.5}{1} \times 0.75 = 0.375\%$$

$$\text{잔골재율}(S/a) = 40.4 + 0.375 = 40.8\%$$

(3) 공기량 5.5 %에 대해서는 AE제량을 비례 조정하여 단위 시멘트 양의 0.033 $(= \frac{6 \times 0.03}{5.5})$%로 한다.

(4) 위의 값을 사용하여 식 (3.29)에 따라 각 재료의 단위량을 구하면 다음과 같다.

단위 수량$(W) = 165$ kg

단위 시멘트 양$(C) = \dfrac{165}{0.475} = 347$ kg

단위 골재의 절대 용적$(V_a) = 1 - \left(\dfrac{165}{1\,000} + \dfrac{347}{3.15 \times 1\,000} + \dfrac{5.5}{100}\right) = 0.670\ \text{m}^3$

단위 잔골재량의 절대 용적$(V_s) = 0.670 \times 0.408 = 0.273\ \text{m}^3$

단위 잔골재량$(S) = 0.273 \times 2.60 \times 1\,000 = 710$ kg

단위 굵은 골재의 절대 용적$(V_g) = 0.670 - 0.273 = 0.397\ \text{m}^3$

단위 굵은 골재량$(G) = 0.397 \times 2.65 \times 1\,000 = 1\,052$ kg

단위 AE제량(AE) $= 347 \times 0.00033 = 0.115$kg

(다) 제2배치

(나)(1)의 단위 재료량 30 L를 사용하여 다시 비비기 한 결과, 슬럼프 값 100 mm, 공기량 5.5%가 되어 설계 조건을 만족하였다. 이것을 시방 배합으로 결정한다.

[4] 시방 배합의 결정

시방 배합표는 표 3.33과 같다.

표 3.33 시방 배합표

굵은 골재의 최대 치수 (mm)	슬럼프의 범위 (mm)	공기량의 범위 (%)	물-결합재비 W/B (%)	잔골재율 S/a (%)	단위 질량(kg/m^3)					
					물 W	시멘트 C	잔골재 S	굵은 골재 G	혼화 재료	
									혼화재	혼화제 (g/m^3)
25	100	5.5	47.5	40.8	165	347	710	1 052	–	115

[5] 현장 배합

(가) 현장 골재의 상태

① 골재의 입도

잔골재 중의 5 mm 체에 남는 양 : 10%

굵은 골재 중의 5 mm 체를 통과하는 양 : 5%

② 골재의 함수율

잔골재 : 표면 수율 5%

굵은 골재 : 기건 함수율 0.8%

흡수율 1.8%

(나) 현장 배합 계산

(1) 입도 보정된 잔골재량(S')과 입도 보정된 굵은 골재량(G')은 식 (3.30)에 따라 다음과 같이 된다.

$$S' = \frac{100 \times 710 - 5(710 + 1\,052)}{100 - (10 + 5)} = 732$$

$$G' = \frac{100 \times 1\,052 - 10(710 + 1\,052)}{100 - (10 + 5)} = 1\,030$$

(2) 잔골재의 표면 수량에 대해 보정된 잔골재량(S'')과 수량(W'')은 식 (3.31)에 따라 다음과 같이 된다.

$$S'' = 732\left(1 + \frac{5}{100}\right) = 769 \text{ kg}$$

$$W' = 165 - (769 - 732) = 128 \text{ kg}$$

(3) 굵은 골재의 함수량에 대해 보정된 굵은 골재량(G'')과 수량(W'')은 식 (3.32)에 따라 다음과 같이 된다.

$$G'' = 1\,030 \frac{\left(1 + \frac{0.8}{100}\right)}{\left(1 + \frac{1.8}{100}\right)} = 1\,020 \text{ kg}$$

$$W'' = 128 + (1\,030 - 1\,020) = 138 \text{ kg}$$

(4) 현장 배합표는 표 3.34와 같다.

표 3.34 현장 배합표

굵은 골재의 최대 치수 (mm)	슬럼프의 범위 (mm)	공기량의 범위 (%)	물-결합재비 W/B (%)	잔골재율 S/a (%)	단위 질량(kg/m^3)					
					물 W	시멘트 C	잔골재 S	굵은 골재 G	혼화 재료	
									혼화재	혼화제 (g/m^3)
25	100	5.5	47.5	40.8	138	347	710	1 020	–	115

8. 관계 지식

(1) 콘크리트의 배합 설계(design of mix proportion of concrete)란, 콘크리트를 만들 때 소요되는 시멘트, 골재, 혼화 재료 및 물의 혼합 비율을 정하는 것을 말한다.

(2) 콘크리트의 배합 설계에 관한 용어의 정의는 다음과 같다(콘크리트표준시방서).

(ㄱ) **물-시멘트비**(water-cement ratio) 모르타르나 콘크리트에서 골재가 표면 건조 포화 상태에 있을 때, 반죽 직후 물과 시멘트의 질량비를 물-시멘트비(W/C)라 하며, 이것의 역수를 시멘트-물비(C/W)라 한다.

(ㄴ) **물-결합재비**(water-binder ratio) 혼화재를 결합재로 사용한 모르타르나 콘크리트에서 골재가 표면 건조 포화 상태에 있을 때, 반죽 직후 물과 결합재의 질량비를 물-결합재비(W/B)라 한다.

(ㄷ) **설계 기준 압축 강도**(specified compressive strength) 콘크리트 구조 설계에서 기준이 되는 콘크리트의 압축 강도를 설계 기준 압축 강도(f_{ck})라 한다.

(ㄹ) **배합 강도**(required strength) 콘크리트의 배합을 정하는 경우에 목표로 하는 압축 강도를 배합 강도(f_{cr})라 한다.

(ㅁ) **품질 기준 강도** 설계 기준 압축 강도와 내구성 기준 압축 강도 중에서 큰 값으로 결정된 강도를 품질 기준 강도(f_{cq})라 한다.

(ㅂ) **내구성 기준 압축 강도** 콘크리트의 내구성 설계에 있어서 기준이 되는 압축 강도를 내구성 기준 압축 강도(f_{cd})라 한다.

(ㅅ) **호칭 강도**(nominal strength) 레디믹스트 콘크리트의 주문 시 KS F 4009에 따라 사용되는 강도로서 기온, 습도, 양생 등 시공적인 영향에 따른 보정값을 고려하여 주문한 강도를 호칭 강도(f_{cn})라 한다.

(3) 소요의 강도, 내구성, 경제성을 가진 콘크리트를 만들기 위한 배합 선정의 기본 방침은 다음과 같다.

① 작업이 가능한 범위 내에서 단위 수량은 될 수 있는 대로 적게 할 것

② 기상 작용, 화학 작용 등에 대하여 충분히 저항할 수 있는 내구성을 가질 것

③ 설계, 시공상 허용되는 범위 내에서 되도록 최대 치수가 큰 굵은 골재를 사용할 것

(4) 콘크리트의 시험 배합 결정 순서는 다음과 같다.

① 사용 재료의 선정 및 품질을 시험한다.

② 시험 배합을 정한다.

③ 시험 비비기를 하여 배합을 조정한다.

④ 압축 강도 시험을 한다.

⑤ $B/W\text{-}f_{28}$과의 관계로부터 W/B를 결정한다.

⑥ 시방 배합을 결정한다.

⑦ 현장 배합으로 고친다.

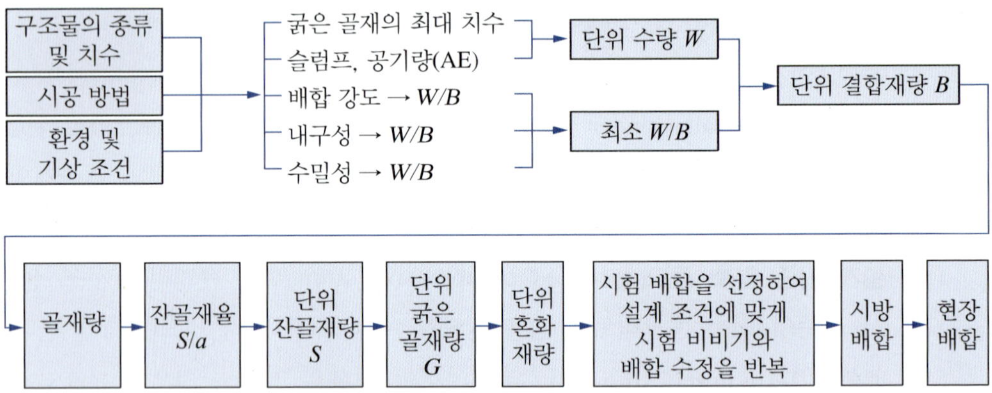

그림 3.34 콘크리트의 배합 설계 순서[4)]

(5) 콘크리트의 배합에는 시방 배합과 현장 배합이 있으며, 배합은 각 재료의 비율을 질량비로 나타낸다.

(ㄱ) **시방 배합**(specified mix) 시방서 또는 책임 기술자가 지시한 배합이다. 이때 골재는 표면 건조 포화 상태의 것으로 하고, 5 mm 체를 통과하는 것을 잔골재, 5 mm 체에 남은 것을 굵은 골재로 한다.

(ㄴ) **현장 배합**(mix proportion in field) 현장에서 사용하는 골재의 함수 상태와 잔골재 중에서 5 mm 체에 남은 양, 굵은 골재 중에서 5 mm 체를 통과하는 양을 고려하여, 시방 배합을 현장 골재의 상태에 따라 고친 것이다.

4 아스팔트 및 아스팔트 혼합물 시험

4.1 아스팔트의 밀도 시험
4.2 아스팔트의 침입도 시험
4.3 아스팔트의 신도 시험
4.4 아스팔트의 인화점 및 연소점 시험
4.5 아스팔트의 연화점 시험
4.6 아스팔트의 점도 시험
4.7 아스팔트의 증발량 시험
4.8 아스팔트의 용해도 시험
4.9 아스팔트 혼합물의 부피 밀도 시험
4.10 아스팔트 혼합물의 이론 최대 밀도 시험
4.11 아스팔트 혼합물의 아스팔트 함유율 시험
4.12 아스팔트 혼합물의 안정도 및 흐름값 시험
4.13 아스팔트 혼합물의 배합 설계

4.1 아스팔트의 밀도 시험
(Test for Density of Asphalt)

1. 시험 목적

(1) 아스팔트의 밀도는 아스팔트의 분류, 제조 방법 및 그 성질을 아는 데 필요하다.

(2) 아스팔트의 밀도는 아스팔트 혼합물의 배합 설계를 할 때, 아스팔트가 차지하는 용적을 구하는 데 필요하다.

2. 사용 기기

(1) 하바드 비중병(KS L 2303에서 규정한 것)

(2) 항온 수조(시험 온도 ±0.05°C로 조절이 가능한 것)

(3) 저울(용량 50 g, 감도 0.01 g)

(4) 보조 기구

① 온도계

② 가열 장치

③ 건조기

④ 데시케이터

그림 4.1 하바드 비중병

3. 사용 재료

(1) 아스팔트

(2) 화학 약품

① 석유 ② 에테르 ③ 톨루엔 ④ 아세톤

(3) 보조 재료

① 탈지면 ② 거름종이

4. 시험 방법(KS M 2201)

[1] 시료의 준비

(1) 'KS M 2001 원유 및 석유 제품의 시료 채취 방법'에 따라 시료를 채취한다.

(2) 시료의 증발 손실이 없고, 기포가 들어가지 않도록 낮은 온도에서 천천히 녹인다.

[2] 밀도 시험(하바드 비중병법)

(가) 물 당량의 측정

(1) 비중병 및 마개를 석유, 에테르, 톨루엔 등의 용제로 세척한 후, 건조한 공기를 불어 넣어 용제를 완전히 제거하고 건조시킨다.

(2) 비중병 및 마개를 실온이 될 때까지 그대로 두었다가 질량(m_o)을 0.1 mg까지 측정한다.

(3) 새로 끓여서 교정 온도(원칙적으로 15°C)보다도 약간 낮은 온도까지 냉각한 물(증류수)을 비중병에 채우고 마개를 끼운다.

(4) 비중병을 교정 온도 ± 0.05°C로 유지한 항온 수조 안에 머리 부분까지 담그고 1시간 동안 담가 놓는다.

(5) 비중병 속 물의 온도가 항온 수조의 온도와 평형이 되었다면 표선 위의 여분의 물을 빨아내어 표면을 표선에 맞춘다.

(6) 항온 수조에서 비중병을 꺼내어 겉면을 물, 아세톤, 톨루엔 순서로 씻고 건조시킨다.

(7) 물을 채운 비중병 및 마개의 질량(m_e)을 0.1 mg까지 측정한다.

(8) 교정 온도에서의 비중병의 물 당량을 다음 식으로 산출한다.

$$M_w = m_e - m_o \tag{4.1}$$

여기서, M_w : 교정 온도에서의 물 당량(g)

m_e : 교정 온도에서 물을 채운 비중병 및 마개의 질량(g)

m_o : 빈 비중병 및 마개의 질량(g)

(9) 비중병 안의 물을 버리고, 비중병 및 마개를 아세톤 등의 수용성 용제로 닦은 후 건조시킨다.

(나) 밀도 측정

(1) (가)의 (1)에 따라 세척하여 건조 교정한 빈 비중병 및 마개의 질량(m_o)을 0.1 mg까지 측정한다.

(2) 녹인 시료를 비중병에 용적의 $\frac{1}{2}$ 정도 넣는다. 이때 기포가 일어나지 않도록 하고, 시료가 벽면에 닿지 않게 한다.

(3) 시료가 든 비중병을 데시케이터 안에서 실온으로 될 때까지 냉각시킨 후, 마개와 함께 질량(m_n)을 0.1 mg까지 측정한다.

(4) 새로 끓여 시험 온도(원칙적으로 15°C로 한다) 이하로 냉각한 물을 비중병에 채우고, 시험 온도 ±0.05°C로 유지한 항온 수조에 20분간 담가 둔다.

(5) 비중병 안의 내용물의 온도가 안정되면 시험 온도로 한 마개를 비중병에 끼운다.

(6) 마개 모세관 안의 물의 메니스커스를 마개의 표선에 일치시킨다.

(7) 마개를 막은 비중병을 항온 수조에서 꺼내 그 바깥면을 물, 아세톤, 톨루엔 순서로 닦고 건조시킨다.

(8) (7)의 시료와 물이 들어 있는 비중병 및 마개의 질량(m_t)을 0.1 mg까지 측정한다.

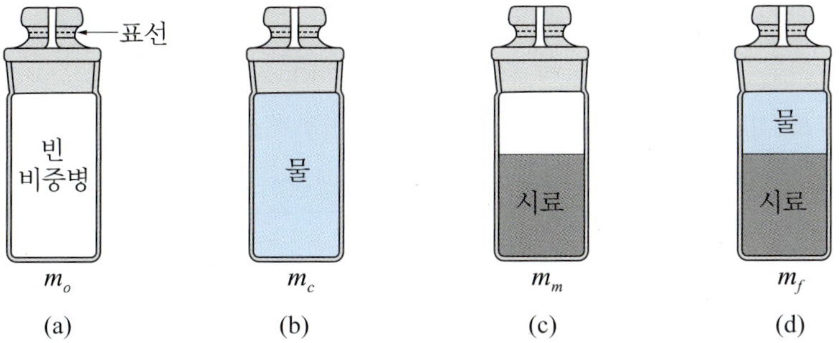

그림 4.2 아스팔트의 밀도 시험

[3] 시험 결과의 산출

(1) 아스팔트의 밀도는 다음 식으로 산출하고, 소수점 이하 셋째 자리에서 끝맺음 한다.

$$d_a = \frac{m_n - m_o}{M_w - m_t + m_n} \times d_w \tag{4.2}$$

여기서, d_a : 아스팔트의 밀도 (kg/m^3)

m_n : 시료를 넣은 비중병 및 마개의 질량(kg)

m_o : 빈 비중병 및 마개의 질량(kg)

M_w : 시험 온도에서 비중병의 물 당량(kg)

m_t : 시료와 물이 들어 있는 비중병 및 마개의 질량(kg)

d_w : 시험 온도에서 물의 밀도(kg/m^3)(표 2.7 참조)

(2) 시료의 시험 온도가 15±0.05°C이며 하바드 비중병의 온도가 15±0.05°C 이외의 온도인 경우, KS L 2302에서 규정하는 하바드 비중병을 참조한다.

(3) 정밀도는 다음에 따른다.

① 반복 정밀도는 동일 시험실에서 동일인이 동일 시험기로 날짜 또는 시간을 변경하여 동일 시료를 2회 시험하였을 때, 시험 결과의 차이는 3 kg/m^{3}를 넘어서는 안 된다.

② 재현 정밀도는 다른 2개의 시험실에서 다른 사람이 다른 시험기로 동일 시료를 각각 1회씩 시험하여 구한 시험 결과의 차이는 7 kg/m³를 넘어서는 안 된다.

5. 주의 사항

(1) 시험 온도는 15°C를 표준으로 한다.

(2) 시료의 시험 온도와 다른 온도에서 교정(물 당량의 측정)한 비중병을 사용한 경우는 다시 비중병(유리)의 열팽창에 대한 보정을 한다.

(3) 아스팔트의 밀도는 온도 변화에 따라 크게 변하므로 주의해야 한다.

(4) 비중병을 닦을 때 손의 열 때문에 내용물이 팽창하여 흘러나오지 않도록 해야 한다.

6. 시험 결과의 정리

(1) 시험 결과를 정리하여 기록한다.

(2) 아스팔트의 밀도 시험 결과의 예는 표 4.1과 같다.

표 4.1 **아스팔트의 밀도 시험 결과의 예**

아스팔트의 밀도 시험					
시험일	년 월 일	실온 23°C	습도 %	수온 15°C	
시료	스트레이트 아스팔트(80～100)		시험자		
측정 번호		1	2	3	4
(비중병+마개)의 질량 m_o	(g)	36.1399	36.1398		
(비중병+물+마개)의 질량 m_e	(g)	64.3700	64.3702		
물 당량 $M_w = m_e - m_o$	(g)	28.2301	28.2304		
(비중병+시료+마개)의 질량 m_n	(g)	51.6763	50.7673		
(비중병+시료+물+마개)의 질량 m_t	(g)	64.8411	64.8138		
물의 밀도(15°C) d_w	(kg/m³)	999.10	999.10		
밀도(15°C) $d_a = \dfrac{m_n - m_o}{M_w - m_t + m_n} \times d_w$	(kg/m³)	1 030	1 030		
측정값의 차	(kg/m³)	0			
반복 정밀도의 허용차	(kg/m³)	3			

7. 참고 사항

(1) 스트레이트 아스팔트의 품질(KS M 2201)에서 밀도를 1 000 kg/m^3(15°C) 이상으로 규정하고 있다.

(2) 아스팔트의 밀도의 개략 값은 표 4.2와 같다.

표 4.2 아스팔트의 밀도

종류	시험 온도(°C)	밀도(kg/m^3)
스트레이트 아스팔트	15	1 010~1 040
블론 아스팔트	15	1 020~1 060
유화 아스팔트	15	1 003~1 025

(3) 'KS M 2001 원유 및 석유 제품의 시료 채취 방법'은 다음과 같다.

① 용융 아스팔트는 탱크의 경우, 석유 아스팔트용 채취기를 사용해서 액면보다 밑에서 채취한다.

② 고형 아스팔트는 드럼 들이 또는 고형의 경우, 쇠망치와 끌을 사용해서 표층부(두께 약 80 mm)를 제거한 후 필요한 양을 깎아낸다.

③ 석유 아스팔트 유제는 탱크의 경우, 추가 붙은 채취기, 실린더 채취기, 석유 아스팔트 채취기로 채취한다.

④ 시료의 양은 각 로트(lot) 또는 적재에서 최소한 4 L를 채취한다.

8. 관계 지식

(1) 아스팔트의 밀도는 일반적으로 15°C에서의 밀도를 말한다.

(2) 아스팔트의 밀도는 하바드 비중병에 의하여 반고체 또는 고체 아스팔트의 밀도를 구한다.

(3) 아스팔트의 밀도는 원유의 산지, 제조 방법, 혼합물, 온도 등에 따라 크게 달라진다.

4.2 아스팔트의 침입도 시험

(Test for Penetration of Asphalt)

1. 시험 목적

(1) 아스팔트의 침입도는 아스팔트의 경도 정도를 나타내는 것이다.

(2) 아스팔트의 침입도로 아스팔트를 분류한다.

(3) 아스팔트의 침입도로 아스팔트를 혼합 또는 살포할 때, 그 사용 목적에 적합한 굳기를 가졌는가를 확인한다.

2. 사용 기기

(1) 침입도 시험기

① 침(스테인리스강으로서, 지름 1.00～1.02 mm, 질량 2.5±0.02 g)

② 침 지지 장치(47.5±0.02 g)

③ 추(황동제 원형추로서 질량 50±0.05 g)

④ 다이얼 게이지(0.1 mm까지 측정이 가능한 것)

(2) 시료 용기(안지름 약 55 mm, 높이 약 35 mm의 금속제)

(3) 유리 용기(안지름 약 110 mm, 높이 약 60～90 mm)

(4) 삼각 금속대(시료 용기의 받침대로서 높이 약 10 mm 정도)

(5) 항온 수조(25±0.1°C로 유지할 수 있는 것)

(6) 가열기(시료 녹임용)

(7) 보조 기구

① 초시계

② 온도계

그림 4.3 침입도 시험기

3. 사용 재료

(1) 아스팔트

(2) 삼염화에탄

4. 시험 방법(KS M 2252)

[1] 시료 및 시험체의 준비

(가) 시료의 준비

(1) 'KS M 2001 원유 및 석유 제품의 시료 채취 방법'에 따라 시료를 채취한다.

(2) 시료는 부분적 가열은 피하고 90°C 이상 높지 않도록 한다.

(3) 저온에서 시료 속에 기포가 들어가지 않도록 천천히 섞으면서 녹인다.

(나) 시험체의 제작

(1) 시료가 충분히 유동성을 가지게 되면, 시료를 시료 용기에 침이 들어갈 예정 깊이보다 10 mm 이상 깊게 시료를 넣는다.

(2) 시료 용기에 뚜껑을 덮고, 15～30°C의 실온에서 1～1.5시간 놓아둔다.

(3) 시료 용기를 유리 용기, 삼각대와 함께 25±0.1°C 온도로 유지된 항온 수조에 1～1.5시간 넣어둔다.

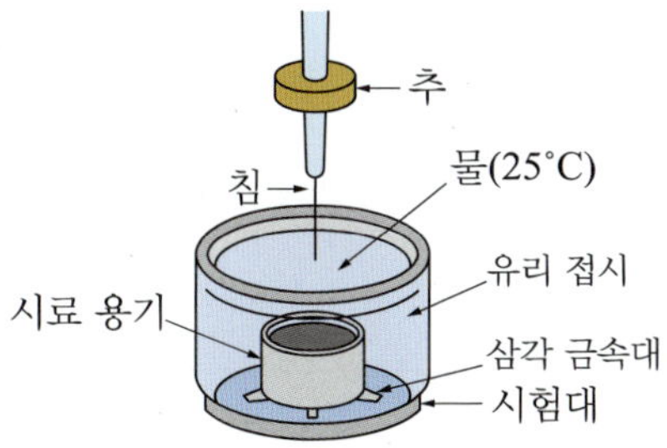

그림 4.4 시험의 준비

[2] 침입도 시험

(1) 침입도계를 수평으로 놓는다.

(2) 항온 수조 속에서 유리 용기의 삼각대 위에 시료 용기를 놓는다.

(3) 항온 수조의 물이 그대로 차 있는 유리 용기를 침입도계의 시험대 위에 놓는다.

(4) 침을 깨끗하게 하여 침 지지 장치에 끼운다.

(5) 시험대의 높이를 조절하여 침을 시료의 표면에 닿게 하고, 다이얼 게이지의 눈금을 0에 맞춘다.

(6) 고정쇠를 눌러 침이 5초간 시료 속으로 들어가게 한다.

(7) 침이 들어간 깊이를 다이얼 게이지의 눈금으로 0.5 단위까지 읽는다.

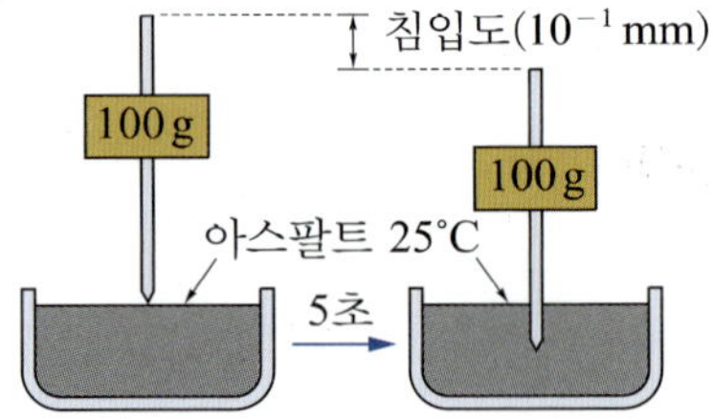

그림 4.5 아스팔트의 침입도 시험

[3] 시험 결과의 표시

(1) 아스팔트의 침입도는 침이 시료 속으로 들어간 깊이를 $\frac{1}{10}$ mm 단위로 나타낸다.

(2) 시험 결과는 같은 시료에 대해 3회 이상 측정값의 최댓값과 최솟값의 차이가 표 4.3의 허용차 이내이면 평균값을 정수로 한다.

표 4.3 **측정값의 허용차**

침입도 측정값의 평균값	침입도 측정값의 허용차
0 이상 50.0 미만	2.0
50.0 이상 150.0 미만	4.0
150.0 이상 250.0 미만	6.0
250 이상	8.0

(3) 정밀도는 다음에 따른다. 다만 침입도가 300을 넘는 시료의 경우는 규정하지 않는다.

① 반복 정밀도는 같은 시험실에서 같은 시험자가 같은 시험기로 시간을 달리하여 같은 시료를 2회 시험했을 때, 시험 결과의 차이는 다음 허용차를 넘어서는 안 된다.

$$\text{허용차} = 0.02A_m + 2 \tag{4.3}$$

여기서, A_m : 시험 결과의 평균값

② 재현 정밀도는 서로 다른 시험실에서 서로 다른 시험자가 다른 시험기로 같은 시료를 각각 1회씩 시험한 결과의 차이는 다음 허용차를 넘어서는 안 된다.

$$\text{허용차} = 0.04A_p + 4 \tag{4.4}$$

여기서, A_p : 시험 결과의 평균값

5. 주의 사항

(1) 시험 온도는 25°C를 표준으로 한다.
(2) 시험할 때 침의 온도는 측정 온도와 같아야 한다.
(3) 측정 위치는 먼저 측정한 지점으로부터 10 mm 이상 떨어진 곳이어야 한다.
(4) 측정 중에 시료의 용기가 움직인 경우에는 측정을 다시 하도록 한다.
(5) 측정한 뒤 침에 붙어 있는 시료를 매번 삼염화에탄 등으로 닦아 내야 한다.

6. 시험 결과의 정리

(1) 시험 결과를 정리하여 기록한다.
(2) 아스팔트의 침입도 시험 결과의 예는 표 4.4와 같다.

표 4.4 아스팔트의 침입도 시험 결과의 예

아스팔트의 침입도 시험						
시험일	년 월 일	실온 23.5°C		습도 %	수온 °C	
시료	스트레이트 아스팔트(80～100)			시험자		
시험 조건		25°C, 100 g, 5초				
측정 번호		1	2	3	4	5	6
측정값 (1/10 mm)		90.5	93	91.5			
측정값(최댓값 − 최솟값)의 차 (1/10 mm)		2.5					
반복 정밀도의 허용차 (1/10 mm)		4					
평균 침입도 (1/10 mm)		92					

7. 참고 사항

(1) 스트레이트 아스팔트의 침입도는 KS M 2201에 규정되어 있으며, 표 4.5와 같다.

표 4.5 스트레이트 아스팔트의 침입도 (KS M 2201)

시험 조건 \ 종류	40～60	60～80	80～100	100～120	120～150
25°C, 100 g, 5초	40～60	60～80	80～100	100～120	120～150

(2) 블론 아스팔트 침입도는 KS M 2204에 규정되어 있으며, 표 4.6과 같다.

표 4.6 블론 아스팔트의 침입도 (KS M 2204)

시험 조건 \ 종류	0~5	5~10	10~20	20~30	30~40
25°C, 100 g, 5초	0~5	5~10	10~20	20~30	30~40

(3) 컷백 아스팔트 침입도는 KS M 2202에 규정되어 있으며, 표 4.7과 같다.

표 4.7 컷백 아스팔트의 침입도 (KS M 2202)

시험 조건 \ 종류	RC(급속 경화형)						MC(중속 경화형)					
	0	1	2	3	4	5	0	1	2	3	4	5
증발 잔류물* 25°C, 100 g, 5초	80~120						120~300					

주 : * 컷백 아스팔트를 360°C까지 증류한 찌꺼기이다.

(4) 유화 아스팔트 침입도는 KS M 2203에 규정되어 있으며, 표 4.8과 같다.

표 4.8 유화 아스팔트의 침입도 (KS M 2203)

시험 조건 \ 종류	RS(C)				MS(C)			RS(A)				MS(A)			MS(N)
	1	2	3	4	1	2	3	1	2	3	4	1	2	3	1
증발 잔류물* 25°C	100 ~200	150 ~300	100 ~300	60 ~150	60 ~200	60 ~200	60 ~300	100 ~200	150 ~300	100 ~300	60 ~150	60 ~200	60 ~200	60 ~300	60 ~300

주 : * 유화 아스팔트 속의 수분을 증발시켜서 얻은 찌꺼기이다.

8. 관계 지식

(1) 아스팔트의 침입도는 규정된 온도, 하중 및 시간의 조건에서 침이 시료 속에 수직으로 들어간 깊이로 나타내며, 그 단위는 $\frac{1}{10}$ mm로 나타낸다.

(2) 같은 조건에서 묽은 아스팔트일수록 침입도가 크고, 된 아스팔트일수록 침입도가 작다.

(3) 침입도는 온도가 높아지면 커진다.

(4) 스트레이트 아스팔트(straight asphalt)는 침입도의 변화가 크나, 블론 아스팔트(blown asphalt)는 비교적 작다.

4.3 아스팔트의 신도 시험
(Test for Ductility of Asphalt)

1. 시험 목적

(1) 아스팔트의 신도는 아스팔트의 연성 기준이 된다.

(2) 아스팔트의 신도는 아스팔트를 결합재로 사용할 때, 그 사용 목적에 적합한 신장 능력을 가졌는지를 확인하는 기준이 된다.

2. 사용 기기

(1) 신도 시험기
  ① 이동 장치(시험편을 매분 5±0.25 cm의 속도로 늘일 수 있는 전동식 장치)
  ② 눈금판(시험편의 늘어난 길이 측정용, 길이 150 cm, 눈금 0.5 cm의 것)

(2) 형틀(황동제)

(3) 금속판(황동 또는 스테인리스 강제, 크기 약 150 mm×170 mm, 두께 2 mm 이상)

(4) 항온 수조(용량 10 L 이상, 시험 온도 ±0.1°C의 온도를 유지할 수 있는 것)

(5) 가열기

(6) 시험용 체(0.3 mm의 망체)

(7) 보조 기구
  ① 온도계
  ② 시료 용기
  ③ 시료용 칼
  ④ 숟가락

그림 4.6 신도 시험기

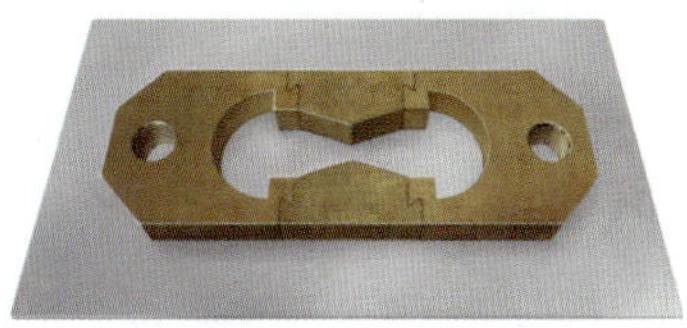

그림 4.7 시험체 형틀

3. 사용 재료

(1) 아스팔트

(2) 삼염화에탄

(3) 보조 재료

① 그리스

② 글리세린

4. 시험 방법(KS M 2254)

[1] 시료 및 시험체의 준비

(가) 시료의 준비

(1) 'KS M 2001 원유 및 석유 제품의 시료 채취 방법'에 따라 시료를 채취한다.

(2) 시료는 연화점보다 90°C 이상 높지 않도록 가열한다.

(3) 시료 속에 기포가 들어가지 않도록 저온에서 천천히 섞으면서 녹인다.

(나) 시험체의 제작

(1) 금속판 위에 형틀을 조립하고 그리스나 글리세린을 바른다.

(2) 시료를 0.3 mm체로 걸러서 형틀에 약간 넘치도록 부어 넣고, 30~40분간 실온에서 냉각시킨다.

(3) 시료가 든 형틀과 금속판을 시험 온도±0.1°C의 항온 수조에 넣어 30분간 담근다.

(4) 항온 수조에서 금속판과 함께 시료를 꺼내어 형틀의 윗면에 넘친 시료를 시료용 칼로 깎아낸다.

(5) 금속판과 함께 시료를 항온 수조에 넣어 1~1시간 30분 동안 담가 둔다.

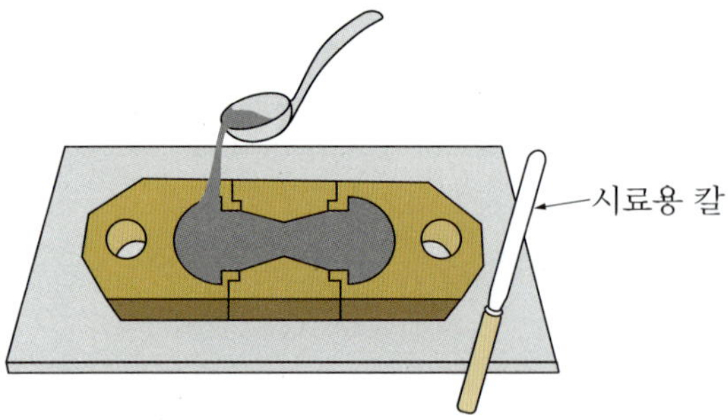

그림 4.8 시험체의 제작

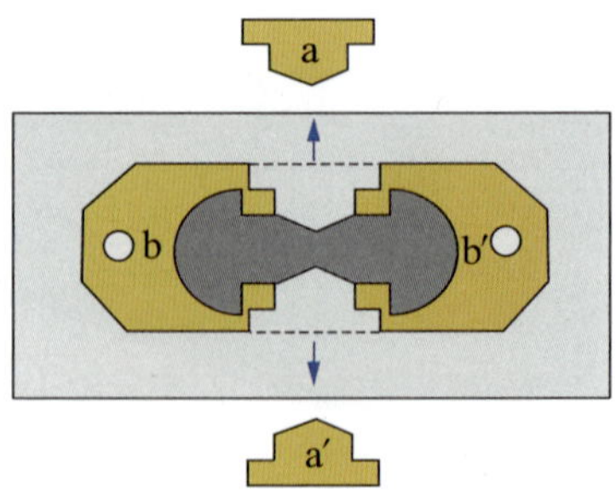

그림 4.9 형틀 떼어내기

[2] 신도 시험

(1) 시험기에 물을 채우고, 물의 온도를 시험 온도±0.5°C로 유지한다.

(2) 시료가 든 시험체 틀과 금속판을 함께 물에서 꺼내어 시료에서 형틀의 옆부분(그림 4.9의 a 및 a′)을 떼어낸다.

(3) 시료의 유지 부분(그림 4.9의 b 및 b′)의 구멍을 신도 시험기의 걸개에 걸고, 시험기의 지침을 0에 맞춘다.

(4) 시험기를 가동하여 매분 5±0.25 cm의 속도로 시료를 잡아당긴다.

(5) 시료가 끊어졌을 때 지침의 눈금을 0.5 cm의 단위로 읽고 기록한다.

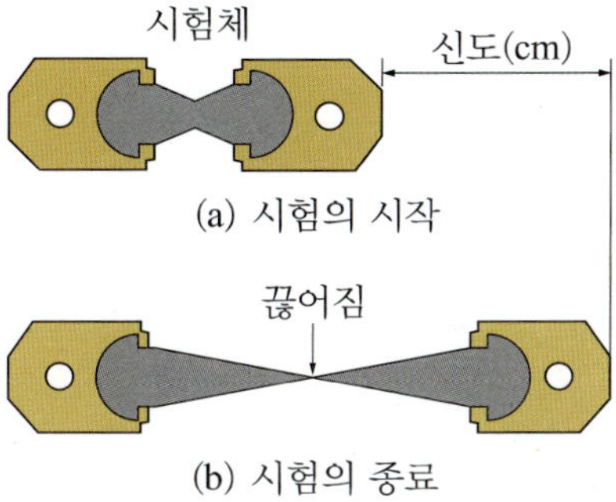

그림 4.10 아스팔트의 신도 시험

[3] 시험 결과의 표시

(1) 시료가 늘어나 끊어진 길이(cm)를 아스팔트의 신도로 한다.

(2) 시험 결과는 3회 측정값의 평균을 1 cm의 단위로 끝맺음 한 수치로 한다.

5. 주의 사항

(1) 형틀을 조립할 때 수평이 되게 한다.

(2) 시험 온도는 25°C를 표준으로 한다.

(3) 형틀에 시료를 채울 때 틀의 조립 부분이 흩어지지 않도록 한다.

(4) 시료를 형틀에 채울 때에는 기포가 섞이지 않도록 하며, 형틀의 상면보다 약간 높도록 부어 넣어야 한다.

(5) 시험 중 시험기 내의 물은 시험편 위아래로 적어도 2.5 cm는 덮을 수 있어야 하고, 규정된 온도에서 ±0.5°C 이내로 일정하게 유지되어야 한다.

6. 시험 결과의 정리

(1) 시험 결과를 정리하여 기록한다.

(2) 아스팔트의 신도 시험 결과의 예는 표 4.9와 같다.

표 4.9 아스팔트의 신도 시험 결과의 예

아스팔트의 신도 시험							
시험일	년 월 일	실온 23.5°C		습도 %		수온 °C	
시료	스트레이트 아스팔트(80～100)			시험자			
시험 조건		15°C, 5 cm/분					
측정 번호		1	2	3	4	5	6
측정값 (cm)		147.5	148.5	147.0			
평균 신도 (cm)		148					

7. 참고 사항

(1) 스트레이트 아스팔트의 신도는 KS M 2201에 규정되어 있으며, 표 4.10과 같다.

표 4.10 스트레이트 아스팔트의 신도 (KS M 2201)

시험 조건 \ 종류	40～60	60～80	80～100	100～120	120～150
15°C(cm)	10 이상	100 이상	100 이상	100 이상	100 이상

(2) 블론 아스팔트의 신도는 KS M 2204에 규정되어 있으며, 표 4.11과 같다.

표 4.11 블론 아스팔트의 신도 (KS M 2204)

시험 조건 \ 종류	0～5	5～10	10～20	20～30	30～40
25°C(cm)	0 이상	0 이상	1 이상	2 이상	3 이상

(3) 컷백 아스팔트의 신도는 KS M 2202에 규정되어 있으며, 표 4.12와 같다.

표 4.12 컷백 아스팔트의 신도 (KS M 2202)

시험 조건 \ 종류	RC(급속 경화형)						MC(중속 경화형)					
	0	1	2	3	4	5	0	1	2	3	4	5
25°C(cm)	100 이상						100 이상					

(4) 유화 아스팔트의 신도는 KS M 2203에 규정되어 있으며, 표 4.13과 같다.

표 4.13 **유화 아스팔트의 신도** (KS M 2203)

시험 조건 \ 종류	RS(C)				MS(C)			RS(A)				MS(A)			MS(N)
	1	2	3	4	1	2	3	1	2	3	4	1	2	3	1
증발 잔류물* 25°C(cm)	40 이상				40 이상			40 이상				40 이상			40 이상

주: * 유화 아스팔트 속의 수분을 증발시켜 얻은 찌꺼기이다.

8. 관계 지식

(1) 아스팔트의 신도는 아스팔트의 늘어나는 능력을 나타내는 것이다.

(2) 아스팔트의 신도는 시료의 두 끝을 규정 온도 및 속도로 잡아당겼을 때에 시료가 끊어질 때까지 늘어난 길이를 말하며, 단위는 cm로 나타낸다.

(3) 아스팔트의 신도는 점착성, 가요성, 내마모성에 관계된다.

(4) 도로 포장용 아스팔트는 신도가 크나, 블론 아스팔트는 신도가 상당히 작다.

4.4 아스팔트의 인화점 및 연소점 시험
(Test for Flash and Fire point of Asphalt)

1. 시험 목적

(1) 아스팔트는 가열해서 사용하는 경우 화재의 위험성이 있으므로 인화할 때의 온도를 알아야 한다.

(2) 아스팔트의 인화점을 알면 연소점을 알 수 있다.

2. 사용 기기

(1) 클리블랜드 개방식 인화점 시험기

① 시료 컵(안지름 64 mm, 깊이 34 mm의 구리 합금으로 된 것)

② 가열판(황동, 주철 또는 강재로 된 것)

③ 시험 불꽃 점화기(팁은 끝에서의 지름 약 1.6±0.05 mm, 단부 오리피스의 지름 약 0.8±0.05 mm의 금속관)

④ 가열기(매분 14～17°C의 속도로 온도를 올릴 수 있는 것)

⑤ 기압계(정밀도 0.5 kPa)

⑥ 온도계(온도 범위 −6～400°C)

그림 4.11 인화점 시험기

(2) 보조 기구

① 초시계　② 피펫

③ 가열 용기　④ 바람막이

3. 사용 재료

(1) 아스팔트

(2) 세척 용액

① 톨루엔　② 아세톤　③ 메탄올

(3) 강철 울(시료 컵의 탄소 퇴적물 제거용)

4. 시험 방법(KS M ISO 2592)

[1] 시료 및 시험체의 준비

(가) 시료의 준비

(1) 'KS M 2001 원유 및 석유 제품의 시료 채취 방법'에 따라 시료를 채취한다.

(2) 시료를 시료 용기 용량의 85~90% 정도까지 채운다.

(3) 증기 손실 및 압력의 증가를 최소화하는 조건에서 시료를 저장한다.

(나) 시험체의 준비

(1) 시료를 적당한 온도로 가열한다.

(2) 시료를 시료 컵의 표시선까지 채우고 기포를 없앤다.

[2] 인화점 및 연소점 시험(클리블랜드 개방 컵에 의한)

(가) 인화점 측정

(1) 시험기를 외풍이 없는 실내에 수평으로 놓는다.

(2) 시험 장치의 주변 기압(P)을 기록한다.

(3) 시료 컵을 시험기의 가열판 위에 놓는다.

(4) 온도계를 시료 컵의 중심과 안벽 중심과의 중간에 고정시킨다. 이때, 온도계 수은 구의 아래 끝이 시료 컵의 안쪽 바닥에서 6 mm 위에 있도록 한다(그림 4.12 참조).

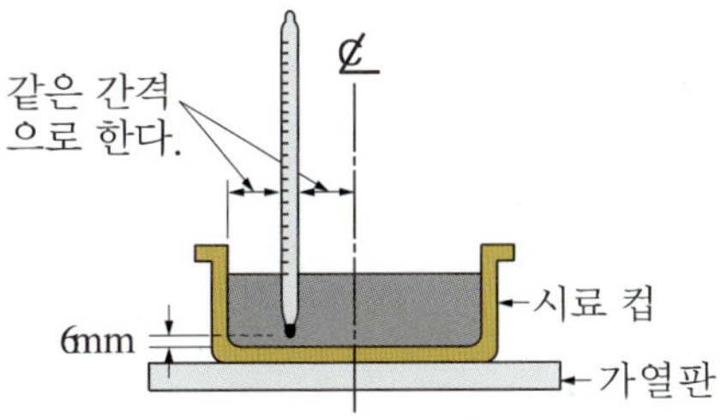

그림 4.12 온도계의 설치

(5) 시험 불꽃 점화기에 점화하고, 불꽃의 지름을 3.2~4.8 mm까지로 조절한다.

(6) 시료를 가열하여 온도가 매분 5~17°C의 비율로 올라가도록 가열기를 조절한다.

(7) 시료의 온도가 예상 인화점보다 약 56°C 낮은 온도가 되었을 때, 예상 인화점에 도달하기 전 23±5°C에서부터 온도 상승 속도를 매분 5~6°C/분으로 하여 열을 감소시킨다.

(8) 시료의 온도가 인화점보다 23±5°C 낮은 온도가 되면, 온도계 눈금이 2°C 올라갈 때마다 시험 불꽃을 반지름 150 mm 이상의 활 모양으로 약 1초간 움직인다(그림 4.13(a) 참조).

(9) 시험 불꽃이 시료의 증기에 점화되고 액체의 표면에 퍼질 때, 이때의 온도를 기록한다(그림 4.13(b) 참조).

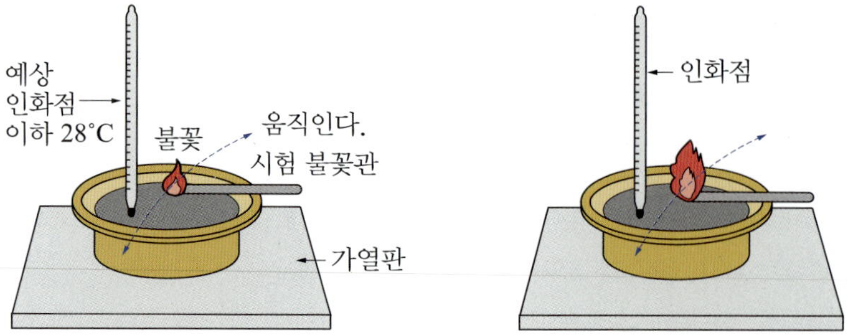

(a) 시험의 시작 (b) 시험의 종료

그림 4.13 아스팔트의 인화점 시험

(나) 연소점 측정

(1) 인화점을 측정한 뒤 다시 매분 5～6°C의 비율로 계속 가열하여, 온도가 2°C 올라갈 때마다 시험 불꽃을 움직인다.

(2) 시료가 적어도 5초 동안 계속 연소하는 최저 온도를 기록한다.

[3] 시험 결과의 표시

(1) 아스팔트의 인화점 및 연소점은 다음과 같다.

① 시료에 점화가 일어나는 최저 온도를 인화점으로 한다.

② 인화점 측정 후 5초 동안 계속 연소하는 최저 온도를 연소점으로 한다.

(2) 인화점 및 연소점은 다음 식을 사용하여 표준 대기압(101.3 kPa)으로 보정한다.

$$T_c = T_d + 0.25(101.3 - P) \tag{4.5}$$

여기서, T_c : 표준 대기압으로 보정된 인화점 또는 연소점(°C)

T_d : 주변 기압에서의 인화점 또는 연소점(°C)

P : 주변 기압(kPa)

(3) 표준 대기압으로 보정된 인화점 및 연소점은 1°C 단위로 반올림한다.

(4) 정밀도는 다음에 따른다.

① 반복 정밀도는 같은 시험자가 같은 시험 기기와 같은 시험 조건 및 같은 재료를 사용하여 얻어진 시험 결과의 차는 인화점 및 연소점에서 8°C의 값을 20회에 1회만 초과한다.

② 재현 정밀도는 다른 시험자가 다른 시험실에서 같은 재료를 사용하여 얻어진 시

험 결과의 차는 인화점에서 17°C, 연소점에서 14°C의 값을 20회에 1회만 초과한다.

5. 주의 사항

(1) 보조 시료는 예상 온도보다 56°C 낮은 온도에서 채취한다.

(2) 시료 컵은 사용하기 전에 예상 인화점보다 56°C 낮은 온도까지 냉각시킨다.

(3) 상온에서 반고체 또는 고체인 시료는 예상 인화점 56°C를 넘지 않는 온도로 가열 중탕 또는 오븐에서 가열한다.

(4) 유리 수분이 포함된 시료의 경우, 혼합하기 전에 유리 수분으로부터 일정량의 시료를 분리시킨다.

(5) 시험 중 시료에 막이 생기면 제거하고 시험한다.

6. 시험 결과의 정리

(1) 시험 결과를 정리하여 기록한다.

(2) 아스팔트의 인화점 및 연소점 시험 결과의 예는 표 4.14와 같다.

표 4.14 아스팔트의 인화점 및 연소점 시험 결과의 예

<table>
<tr><th colspan="6">아스팔트의 인화점 및 연소점 시험</th></tr>
<tr><td>시험일</td><td>년 월 일</td><td>실온 23.5°C</td><td>습도 %</td><td colspan="2">수온 °C</td></tr>
<tr><td>시료</td><td colspan="2">스트레이트 아스팔트(80~100)</td><td>시험사</td><td colspan="2"></td></tr>
<tr><td colspan="2">시험 방법</td><td colspan="4">클리블랜드 개방컵법</td></tr>
<tr><td colspan="2" rowspan="2">측정 항목</td><td colspan="2">인화점</td><td colspan="2">연소점</td></tr>
<tr><td>1</td><td>2</td><td>1</td><td>2</td></tr>
<tr><td colspan="2">주변 기압에서의 측정값 T_d (°C)</td><td>275</td><td>278</td><td>295</td><td>298</td></tr>
<tr><td colspan="2">절대 기압 P (kPa)</td><td>100.7</td><td>100.7</td><td>100.7</td><td>100.7</td></tr>
<tr><td colspan="2">인화점 또는 연소점(표준 대기압으로 보정된 값)
$T_c = T_d + 0.25(101.3 - P)$ (°C)</td><td>275</td><td>278</td><td>295</td><td>298</td></tr>
<tr><td colspan="2">측정값의 차 (°C)</td><td colspan="2">3</td><td colspan="2">3</td></tr>
<tr><td colspan="2">재현 정밀도의 허용차 (°C)</td><td colspan="2">8</td><td colspan="2">8</td></tr>
</table>

7. 참고 사항

(1) 스트레이트 아스팔트의 인화점은 KS M2201에 규정되어 있으며, 표 4.15와 같다.

표 4.15 스트레이트 아스팔트의 인화점 (KS M 2201)

항목 \ 종류	40~60	60~80	80~100	100~120	120~150
인화점(°C)	260 이상	260 이상	260 이상	260 이상	240 이상

(2) 블론 아스팔트의 인화점은 KS M2204에 규정되어 있으며, 표 4.16과 같다.

표 4.16 블론 아스팔트의 인화점 (KS M 2204)

항목 \ 종류	0~5	5~10	10~20	20~30	30~40
인화점(COC)*(°C)	210 이상	210 이상	210 이상	210 이상	210 이상

주 : * Cleveland open cup

8. 관계 지식

(1) 인화점과 연소점 시험은 아스팔트의 가열 작업 시에 화재의 위험도를 예측하기 위해서 한다.

(2) 인화점과 연소점의 용어 정의는 다음과 같다.

(ㄱ) **인화점** 대기압 101.3 kPa에서 시료의 증기에 불꽃을 가까이 대었을 때, 점화되고 규정 조건하에서 액체 표면에 점화가 일어나는 시료의 최저 온도이다.

(ㄴ) **연소점** 대기압 101.3 kPa에서 시료의 증기에 불꽃을 가까이 대었을 때, 규정 조건하에서 기름 증기와 공기 혼합체가 연속하여 5초 이상 연소하는 최저 온도이다.

(3) 연소점은 인화점보다 높으며, 그 차이는 25～60°C 정도이다.

4.5 아스팔트의 연화점 시험

(Test for Softening Point of Asphalt)

1. 시험 목적

(1) 아스팔트가 고온이 되었을 때 연화하기 시작하는 온도를 확인한다.

(2) 아스팔트의 연화점은 온도 변화에 의한 소성 정도의 기준이 된다.

(3) 아스팔트의 연화점으로 아스팔트의 감온성을 알 수 있다.

2. 사용 기기

(1) 연화점 시험기

① 환 받침대(황동제 시료대와 밑판과의 거리 25.4 mm)

② 환(ring, 황동제 또는 니켈 도금의 황동제, 안지름 15.9±0.1 mm, 높이 6.4±0.1 mm)

③ 강구(지름 9.525 mm, 질량 3.5±0.05 g)

④ 구 안내(ball centering guide, 안지름 23 mm, 높이 10.35±0.1 mm)

⑤ 가열 중탕(바깥지름 100±2 mm, 높이 140∼150 mm의 비커)

⑥ 온도계(온도 범위 2∼80°C와 30∼200°C의 것)

⑦ 가열기(가스 버너 또는 전열기)

그림 4.14 연화점 시험기

(2) 보조 기구

① 강구 집게(핀셋)

② 스톱 워치

③ 시료용 칼

3. 사용 재료

(1) 아스팔트

(2) 보조 재료

① 그리스　② 증류수　③ 글리세린

4. 시험 방법(KS M 2250)

[1] 시료 및 시험체의 준비

(가) 시료의 준비

(1) 'KS M 2001 원유 및 석유 제품의 시료 채취 방법'에 따라 시료를 채취한다.

(2) 시료는 연화점보다 90°C 이상 높지 않게 가열한다.

(나) 시험체의 제작

(1) 2개의 환을 시료와 같은 온도로 가열한다.

(2) 환에 그리스와 글리세린의 혼합물을 발라서 평판 위에 놓는다.

(3) 2개의 환에 시료를 부어 넣고, 실온에서 30분 이상 방랭한다(그림 4.15(a) 참조).

(4) 연화점 80°C 미만인 경우에는 5°C의 증류수에서, 연화점 80°C 이상인 경우에는 약 32°C의 글리세린에서 10분 이상 냉각시킨다.

(5) 시료의 높이를 환의 높이와 같게 깎아 고른다(그림 4.15(b) 참조).

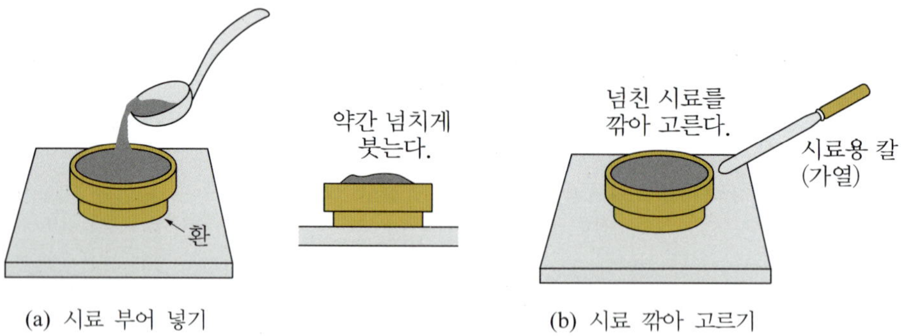

그림 4.15 연화점 시험체의 제작

[2] 연화점 시험(환구법)

(가) 연화점 80°C 이하의 경우

(1) 5°C의 증류수를 가열 중탕에 102～108 mm의 높이까지 채운다.

(2) 시료가 든 환에 구 안내를 끼워(그림 4.16 참조) 가열 중탕 속의 시료대 위에 놓고, 증류수의 온도를 5°C로 15분간 유지한다.

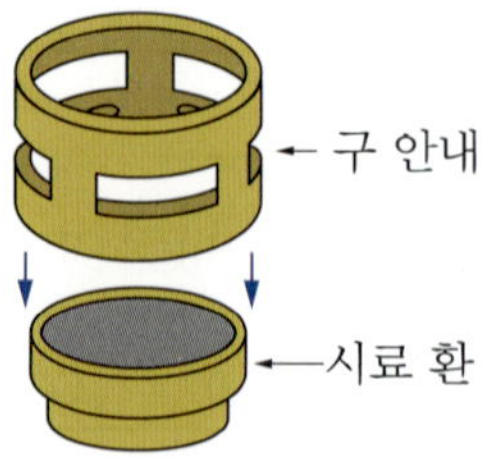

그림 4.16 구 안내 끼우기

(3) 강구를 집게로 집어 시료 윗면의 가운데에 얹어 놓는다(그림 4.17(a) 참조).

(4) 수온이 매분 5±0.5°C의 비율로 올라가도록 가열한다.

(5) 시료가 점차로 연화되어 늘어나기 시작하여 강구와 함께 25.4 mm 떨어진 밑판에 닿을 때의 온도계 눈금을 읽어 기록한다(그림 4.17(b) 참조). 이때 온도계의 노출부에 대한 보정은 하지 않는다.

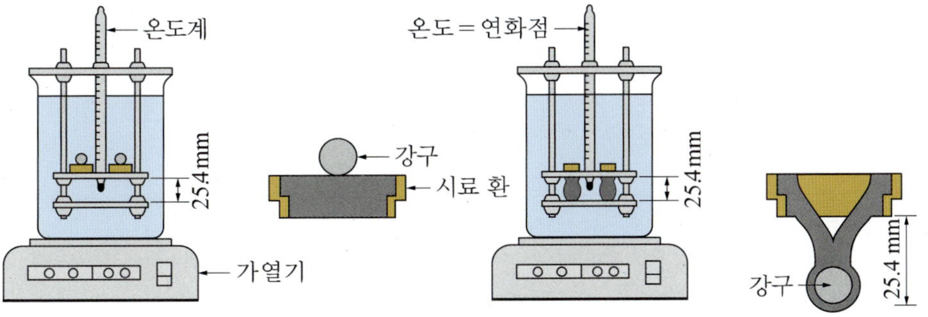

(a) 시험의 시작 (b) 시험의 종료

그림 4.17 아스팔트의 연화점 시험

(나) 연화점 80°C 초과의 경우

(1) 32°C의 글리세린을 가열 중탕에 102～108 mm의 높이까지 채운다.

(2) 시료가 든 환에 구 안내를 끼우고 유리 용기 속의 시료대 위에 놓는다.

(3) 글리세린의 온도를 32°C로 15분간 유지한다.

(4) (가)의 (3)～(5)의 방법으로 시험한다.

[3] 시험 결과의 표시

(1) 시료가 강구와 함께 시료대에서 25.4 mm 떨어진 밑판에 닿는 순간의 온도를 아스팔트의 연화점으로 한다.

(2) 아스팔트의 연화점의 측정 결과는 2개 측정값의 평균값을 0.5°C 단위로 반올림한 숫자로 한다.

(3) 정밀도는 다음에 따른다.

① 반복 정밀도는 같은 시험실에서 같은 시험자가 같은 시험기를 사용하여 날짜 또는 시간을 바꾸어 같은 시료를 2회 시험하였을 때의 시험 결과의 차이는, 연화점 80°C 이하의 경우에는 1.0°C, 연화점 80°C 이상의 경우에는 2.0°C의 허용차를 넘어서는 안 된다.

② 재현 정밀도는 서로 다른 2개의 시험실에서 다른 시험자가 다른 시험기를 사용하여 같은 시료를 각각 2회 시험하였을 때의 시험 결과의 차이는, 연화점 80°C 이하의 경우에는 4.0°C, 연화점 80°C 이상의 경우에는 8.0°C의 허용차를 넘어서는 안 된다.

5. 주의 사항

(1) 시료는 온도가 고르게 가열해야 한다.

(2) 시료에 거품이 일면 시험 결과에 영향이 있으므로, 중탕의 물은 새로 끓인 증류수를 사용한다.

(3) 환과 강구의 온도는 시료의 온도와 같게 하여야 한다.

(4) 시료는 환에 부어 넣을 때까지의 전 가열 시간이 15분을 넘어서는 안 되며, 가열할 때의 온도 상승의 비율은 일정하여야 한다.

(5) 시료를 환에 넣고 4시간 이내에 시험을 종료해야 한다.

(6) 온도계의 수은구 하단은 환의 아랫면과 동일한 평면상으로 환에서 10 mm 이내의 동일한 위치에 있도록 한다.

6. 시험 결과의 정리

(1) 시험 결과를 정리하여 기록한다.

(2) 아스팔트의 연화점 시험 결과의 예는 표 4.17과 같다.

표 4.17 아스팔트의 연화점 시험 결과의 예

<table>
<tr><th colspan="6">아스팔트의 연화점 시험</th></tr>
<tr><td>시험일</td><td>년 월 일</td><td>실온 22°C</td><td>습도 %</td><td colspan="2">수온 °C</td></tr>
<tr><td>시료</td><td colspan="2">스트레이트 아스팔트(80～100)</td><td>시험자</td><td colspan="2"></td></tr>
<tr><td colspan="2">시험 방법</td><td colspan="4">환구법</td></tr>
<tr><td colspan="2">측정 번호</td><td>1</td><td>2</td><td>3</td><td>4</td></tr>
<tr><td colspan="2">측정값 (°C)</td><td>69.5</td><td>70.0</td><td></td><td></td></tr>
<tr><td colspan="2">측정값의 차 (°C)</td><td colspan="2">0.5</td><td colspan="2"></td></tr>
<tr><td colspan="2">반복 정밀도의 허용차 (°C)</td><td colspan="2">1.0</td><td colspan="2"></td></tr>
<tr><td colspan="2">연화점 (°C)</td><td>69.5</td><td>70.0</td><td></td><td></td></tr>
</table>

7. 참고 사항

(1) 스트레이트 아스팔트의 연화점은 KS M 2201에 규정되어 있으며, 표 4.18과 같다.

표 4.18 스트레이트 아스팔트의 연화점 (KS M 2201)

항목 \ 종류	40~60	60~80	80~100	100~120	120~200
연화점(°C)	47~55	44~52	42~50	40~50	38~48

(2) 블론 아스팔트의 연화점 규격은 표 4.19와 같다.

표 4.19 블론 아스팔트의 연화점 (KS M 2204)

항목 \ 종류	0~5	5~10	10~20	20~30	30~40
연화점(°C)	130.0 이상	110.0 이상	90.0 이상	80.0 이상	65.0 이상

8. 관계 지식

(1) 연화점은 시료를 규정한 시험 조건에서 가열하였을 때, 시료가 연화되기 시작하여 규정 거리(25.4 mm)로 처졌을 때의 온도를 말한다.

(2) 아스팔트는 온도가 높아지면 연화되어 반고체에서 액체로 변하게 되며, 일정한 녹는점이 없으므로, 아스팔트의 점도가 어느 값에 도달하였을 때의 온도를 연화점으로 한다.

4.6 아스팔트의 점도 시험

(Test for Viscosity of Asphalt)

1. 시험 목적

(1) 아스팔트의 점도를 측정하여 점성의 정도를 파악한다.

(2) 세이볼트 점도 시험으로 컷백 아스팔트의 점성을 구한다.

(3) 엥글러 점도 시험으로 아스팔트 유제의 점성을 구한다.

2. 사용 기기

(1) 세이볼트(Saybolt) 점도 시험기

① 점도계(팁(tip)의 안지름은 유니버설계 1.8±0.015 mm, 퓨롤계 3.2±0.020 mm)

② 중탕 수조 ③ 가열 장치

④ 받이 용기(용량 60 mL의 플라스크) ⑤ 거르개(150 μm의 망체)

⑥ 온도계 ⑦ 초시계

(2) 엥글러(Engler) 점도 시험기

① 시료 용기 ② 바깥 물통

③ 가열 장치 ④ 받이 용기(용량 50 mL의 플라스크)

⑤ 거르개(150 μm, 850 μm의 망체) ⑥ 온도계 및 초시계

그림 4.18 세이볼트 점도 시험기

그림 4.19 엥글러 점도 시험기

3. 사용 재료

(1) 아스팔트(컷백 아스팔트, 유화 아스팔트)

(2) 보조 재료

① 삼염화에탄　　② 증류수

4. 시험 방법

[1] 시료의 준비

(1) ‘KS M 2001 원유 및 석유 제품의 시료 채취 방법’에 따라 시료를 채취한다.

(2) 컷백 아스팔트 시료는 약 500 mL를 취하여 연화점보다 28°C 낮게 가열하고, 거르개(150 ㎛의 망체)로 거른다.

(3) 유화 아스팔트 시료는 약 500 mL를 취하여 25±0.1°C의 물 중탕에 30분 이상 담그고, 거르개(850 ㎛의 망체)로 거른다.

[2] 점도 시험

(가) 세이볼트 점도 시험(KS M 2013)

(1) 세이볼트 점도계의 점도관에 시험기의 용도에 따른 각각의 팁을 끼우고, 유니버설 점도계 또는 퓨롤 점도계로 한다.

(2) 점도계를 수평으로 놓고, 바깥 물통에 물을 채운 후 시험 온도까지 가열한다.

(3) 점도계의 유출구를 코르크 마개로 막는다.

(4) 아스팔트 시료(컷백 아스팔트)를 시료관에 넣고 뚜껑을 덮는다.

(5) 뚜껑의 구멍 속으로 온도계를 넣고, 이것으로 1분간 젓는다.

(6) 시료의 온도가 규정한 시험 온도(표 4.21 참조)가 되도록 바깥 물통의 온도를 조절한다.

(7) 받이 용기를 유출구 아래에 놓고, 시료의 온도가 시험 온도로 되었을 때 유출구의 코르크 마개를 뺀다.

(8) 시료가 받이 용기에 60 mL 채워질 때까지의 유출 시간 T_s'(초)를 측정한다.

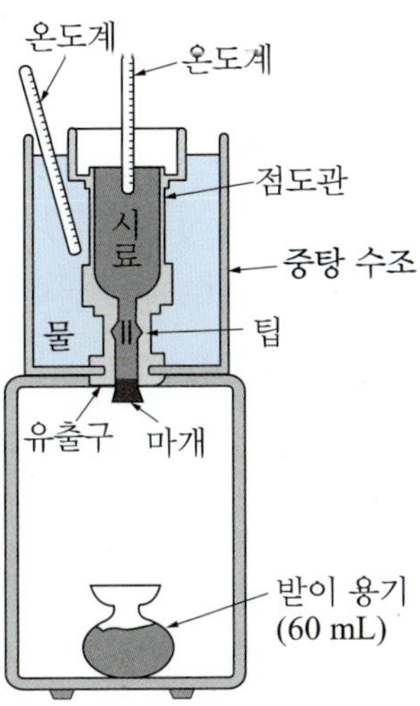

그림 4.20 세이볼트 점도계

(나) 엥글러 점도 시험(KS M 2203)

(ㄱ) **증류수의 유출 시간 측정**

(1) 엥글러 점도계를 수평으로 놓는다.

(2) 점도계의 바깥 물통에 물을 채운 후 가열하여 25°C의 온도로 유지한다.

(3) 점도계의 유출구를 나무 마개로 막고, 시료 용기에 25±0.1°C의 증류수를 넣는다.

(4) 유출구의 아래에 받이 용기를 놓고, 유출구에서 나무 마개를 빼서 증류수를 유출시킨다.

(5) 유출수가 받이 용기에 5 mL 채워질 때까지의 시간을 측정하여 t_w(초)로 한다.

(6) (5)의 측정 시간 평균값을 증류수의 유출 시간 T_w(초)로 하고, 엥글러계의 표준 시간으로 한다.

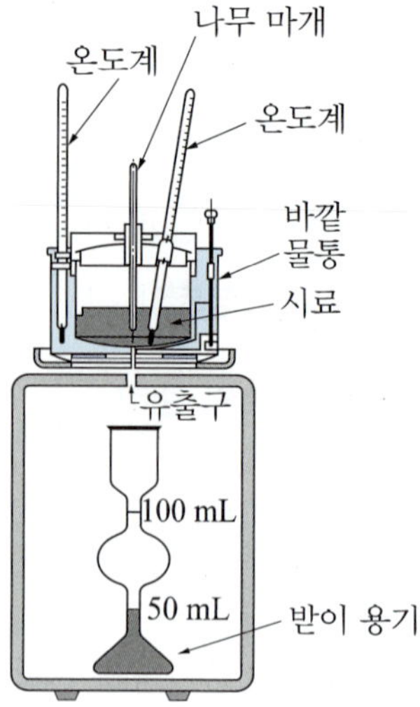

그림 4.21 엥글러 점도계

(ㄴ) **시료의 유출 시간 측정**

(1) 점도계의 시료 용기에 남은 증류수를 없앤다.

(2) 점도계의 유출구를 막고, 25±0.1°C의 시료(유화 아스팔트)를 넣는다.

(3) 유출구의 아래에 받이 용기를 놓고, 유출구에서 나무 마개를 빼서 시료를 유출시킨다.

(4) 시료가 받이 용기에 50 mL 채워질 때까지의 유출 시간 T_s(초)를 1회 측정한다.

[3] 시험 결과의 표시

(1) 아스팔트의 세이볼트 점도는 시료가 60 mL 유출될 때의 시간 T_s'(초)로 한다. 200초 이하의 값인 경우에는 0.1초의 자리까지 나타내고, 200초 이상인 경우에는 1.0초의 자리까지 나타낸다.

(2) 아스팔트의 엥글러도는 다음과 같이 구한다.

① 엥글러도는 다음 식으로 산출하고, 정수 자리로 끝맺음 한다.

$$E = \frac{T_s}{T_w} \tag{4.6}$$

여기서, E : 아스팔트의 엥글러도

T_s : 시료의 유출 시간(초)

T_w : 증류수의 유출 시간(초)

② 엥글러도가 15를 넘는 경우는 [2](가)의 세이볼트 퓨롤 시험 방법에 의해 시험하고, 그 결과를 엥글러도로 환산한다(7.(2)의 식 (4.7) 참조).

5. 주의 사항

(1) 유화 아스팔트는 거품이 함유되지 않도록 잘 저어 주어야 한다.

(2) 뜨겁거나 또는 찬 물체를 시료 속에 넣어서 온도를 맞추어서는 안 된다.

(3) 점도 측정은 실내 공기의 이슬점 이하 온도에서 해서는 안 된다.

6. 시험 결과의 정리

(1) 시험 결과를 정리하여 기록한다.

(2) 아스팔트의 점도 시험 결과의 예는 표 4.20과 같다.

표 4.20 아스팔트의 점도 시험 결과의 예

<table>
<tr><th colspan="12">아스팔트의 점도 시험</th></tr>
<tr><td>시험일</td><td colspan="2">년 월 일</td><td colspan="3">실온 23.0°C</td><td colspan="3">습도 %</td><td colspan="3">수온 °C</td></tr>
<tr><td>시료</td><td colspan="5">컷백 아스팔트, 유화 아스팔트</td><td colspan="2">시험자</td><td colspan="4"></td></tr>
<tr><td colspan="3">측정 번호</td><td colspan="3">1</td><td colspan="3">2</td><td colspan="3">3</td></tr>
<tr><td colspan="12">세이볼트 점도 시험</td></tr>
<tr><td colspan="3">시험 시료</td><td colspan="3">컷백 RC-2</td><td colspan="3"></td><td colspan="3"></td></tr>
<tr><td colspan="2">시험 온도</td><td>(°C)</td><td colspan="3">60</td><td colspan="3"></td><td colspan="3"></td></tr>
<tr><td colspan="2">시료의 유출 시간</td><td>(초)</td><td colspan="3">155.6</td><td colspan="3"></td><td colspan="3"></td></tr>
<tr><td colspan="2">세이볼트 점도 T_s'</td><td>(초)</td><td colspan="3">155.6</td><td colspan="3"></td><td colspan="3"></td></tr>
<tr><td colspan="12">엥글러 점도 시험</td></tr>
<tr><td colspan="3">시험 시료</td><td colspan="3">유화 RS(C)-3</td><td colspan="3"></td><td colspan="3"></td></tr>
<tr><td colspan="2">시험 온도</td><td>(°C)</td><td colspan="3">25</td><td colspan="3"></td><td colspan="3"></td></tr>
<tr><td colspan="2" rowspan="2">증류수의 유출 시간 T_w</td><td rowspan="2">(초)</td><td>8.6</td><td>8.7</td><td>8.7</td><td></td><td></td><td></td><td></td><td></td><td></td></tr>
<tr><td colspan="3">(평균) 8.7</td><td colspan="3"></td><td colspan="3"></td></tr>
<tr><td>시료</td><td>유출 시간 T_s</td><td>(초)</td><td colspan="3">33.6</td><td colspan="3"></td><td colspan="3"></td></tr>
<tr><td colspan="2">엥글러도
$E = \frac{t_s}{t_w}$</td><td>(초)</td><td colspan="3">4</td><td colspan="3"></td><td colspan="3"></td></tr>
</table>

7. 참고 사항

(1) 아스팔트의 세이볼트 점도계에는 유니버설 점도계와 퓨롤 점도계가 있다.

① 세이볼트 유니버설 점도계(Saybolt universal biscometer)는 유출 시간이 32초 이상 되는 유출유에 적합하다.

② 세이볼트 퓨롤 점도계(Saybolt Furol biscometer)는 유출 시간이 25초 이상 되는 중유나 찌꺼기유에 적합하다. 유출 시간은 유니버설 점도의 $\frac{1}{10}$ 정도이다.

(2) 아스팔트의 엥글러도가 15를 넘는 경우에는, 세이볼트 퓨롤계를 사용하여 시료가 25°C에서 60 mL 유출 시간을 측정하고, 다음 식으로 환산하여 엥글러도로 한다.

$$E = 0.280\ T_s' \tag{4.7}$$

여기서, E : 아스팔트의 엥글러도(초)

0.280 : 환산 계수(1/초)

T_s' : 세이볼트 퓨롤 점도계에 의한 시료의 유출 시간(초)

(3) 컷백 아스팔트의 점도는 KS M 2203에 규정되어 있으며, 표 4.21과 같다.

표 4.21 컷백 아스팔트 점도 (KS M 2202)

종류 / 시험 조건	RC(급속 경화형) 또는 MC(중속 경화형)					
	0	1	2	3	4	5
점도(SFS)* 25°C	75～150					
50°C		75～150				
60°C			100～200	250～500		
82.2°C					125～250	300～600

주 : * Saybolt furol second

(4) 유화 아스팔트의 점도는 KS M 2202에 규정되어 있으며, 표 4.22와 같다.

표 4.22 유화 아스팔트의 점도 (KS M 2202)

종류 및 기호 / 항목	RS(C)				MS(C)			RS(A)				MS(A)			MS(N)
	1	2	3	4	1	2	3	1	2	3	4	1	2	3	1
점도(엥글러도) 25°C	3～15		1～6		3～40			3～15		1～6		3～40			2～30

(5) 'KS M 2248 아스팔트의 동점도(kinematic vbiscosity) 시험 방법'은 다음과 같다.

① 모세관 점도계(capillary viscometer)를 사용하여 시험 온도(60°C 또는 135°C)에서 시료가 두 측시선 사이로 유출되는 시간(t)을 측정한다.

② 아스팔트의 동점도는 다음 식으로 산출한다.

$$\nu = ct \tag{4.8}$$

여기서, ν : 아스팔트의 동점도(cSt = mm^2/S)

c : 점도계의 보정 계수((mm^2/S)/S)

t : 시료의 유출 시간(s)

③ 아스팔트의 동점도 시험 방법은 액상 아스팔트, 액상 아스팔트의 증발 잔여물, 아스팔트 시멘트의 동점도 측정에 이용된다.

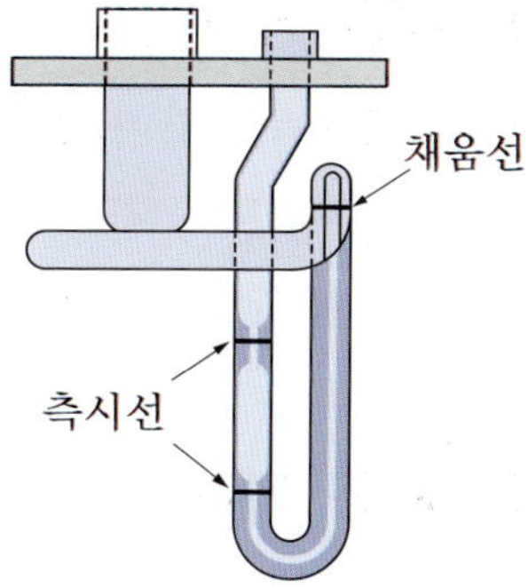

그림 4.22 모세관 점도계

8. 관계 지식

(1) 아스팔트의 점도는 온도가 상승함에 따라 감소하고, 고온이 되면 용해된다.

(2) 세이볼트 점도는 컷백 아스팔트의 혼합, 다짐 등에 필요한 점성을 구하는 데 필요하다.

(3) 엥글러 점도는 아스팔트 유제의 용도에 따른 분류 및 살포, 혼합 등에 필요한 점성을 구하는 데 필요하다.

(4) 아스팔트가 포장용 결합재(binder)로서 충분한 효과를 내기 위해서는 시공 시에 적정한 점도를 유지해야 한다.

4.7 아스팔트의 증발량 시험
(Test for Loss on Heating of Asphalt)

1. 시험 목적

(1) 아스팔트의 가열에 의한 질량의 변화로 품질의 변동을 알 수 있다.

(2) 아스팔트의 질량 변화에 의한 품질 변동은 아스팔트 혼합물의 성질에 나쁜 영향을 미친다.

2. 사용 기기

(1) 증발량 시험 장치

① 항온 공기 중탕(이중벽 상자형의 전열식으로서 높이 400～500 mm, 너비 400～500 mm)

② 회전반(알루미늄 원반)

③ 구동 장치(매분 5～6회의 속도로 회전반을 회전시킬 수 있는 것)

(2) 시료 용기(안지름 140±1 mm, 깊이 9.5～10 mm의 밑바닥이 편평한 알루미늄 접시)

(3) 저울(용량 100 g, 감도 0.001 g)

(4) 온도계(눈금 범위 0～200°C이고, 눈금 양 1°C 이하)

(5) 보조 기구

① 가열기

② 시료용 칼

그림 4.23 항온 공기 중탕

3. 사용 재료

(1) 아스팔트(스트레이트 아스팔트, 블론 아스팔트)

(2) 삼염화에탄

4. 시험 방법(KS F 2201)

[1] 시료의 준비

(1) 'KS M 2001 원유 및 석유 제품의 시료 채취 방법'에 따라 시료를 채취한다.

(2) 시료는 예상되는 연화점보다 90°C 이상 높지 않도록 저온에서 천천히 녹인다.

[2] 증발량 시험

(1) 건조로의 회전반 윗면에서 약 6 mm의 위가 되도록 온도계를 설치한다.

(2) 시료 용기의 질량(m_1)을 0.01 g까지 측정한다.

(3) 시료 용기에 녹인 시료 50±0.5 g을 넣고 질량(m_2)을 0.01 g까지 측정한다.

(4) 시료의 질량(m_a)을 구한다.

(5) 시료가 든 시료 용기를 항온 공기 중탕 속의 회전 원반 위에 고정한 후, 문을 닫고 매분 5~6회의 속도로 회전시켜 163±1°C의 온도에서 5시간 둔다.

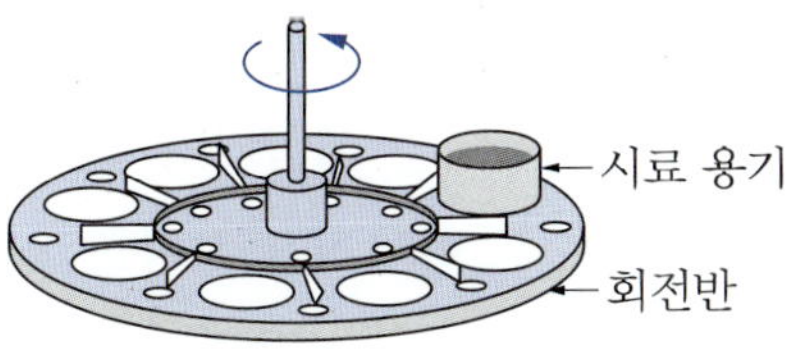

그림 4.24 회전반

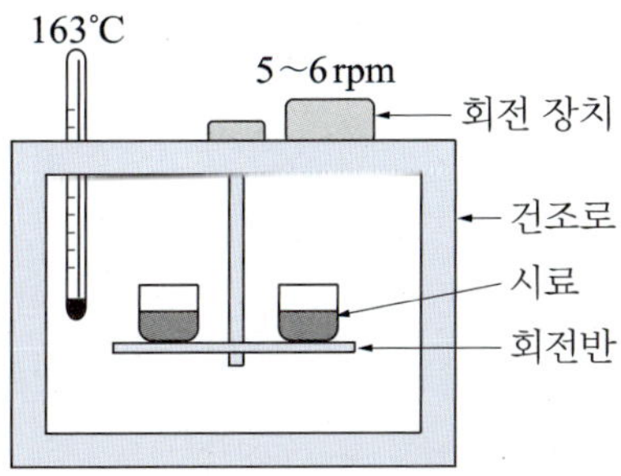

그림 4.25 아스팔트의 증발량 시험

(6) 가열이 끝난 시료 용기를 항온 공기 중탕에서 꺼내어 15~30°C의 실온에서 1~1.5 시간 방치한다.

(7) 증발 후 시료와 시료 용기의 질량(m_3)을 0.01 mg까지 측정한다.

(8) 증발 후 시료의 질량(m_r)을 0.01 g까지 구한다.

[3] 시험 결과의 산출

(1) 아스팔트의 증발 질량 변화율은 다음 식으로 산출하고, 소수점 이하 둘째 자리에서 끝맺음 한다. 증발 후 질량이 증가한 경우는 수치 앞에 (+), 감소한 경우는 (−) 부호를 기입한다.

$$V = \frac{m_r - m_a}{m_a} \times 100 \tag{4.9}$$

여기서, V : 아스팔트의 증발 질량 변화율(%)

m_r : 증발 후 시료의 질량(g)

m_a : 시료의 질량(g)

(2) 2개의 시험 결과의 차가 표 4.23의 허용차를 넘지 않으면 이것을 평균한다.

표 4.23 **반복 정밀도 및 재현 정밀도**

증발 시료의 질량 변화율 (%)	허용차(질량 %)	
	반복 정밀도	재현 정밀도
0.50 이하	0.10	0.20
0.50 초과 1.0 이하	0.20	0.40
1.0 초과	0.30 또는 평균값의 20% (큰 쪽을 취한다)	0.30 또는 평균값의 20% (큰 쪽을 취한다)

(3) 정밀도는 다음에 따른다.

① 반복 정밀도는 같은 시험실에서 같은 시험자가 같은 시료를 같은 항온 공기조 안에서 동시에 2회 시험하였을 때, 시험 결과의 차는 표 4.23의 허용차를 초과해서는 안 된다.

② 재현 정밀도는 다른 2개의 시험실에서 다른 시험자가 다른 시험기로 같은 시료를 각각 1회씩 시험하여 구한 2개의 시험 결과의 차는 표 4.23의 허용차를 초과해서는 안 된다.

5. 주의 사항

(1) 시료를 녹일 때 30분 이상 가열하지 않는다.

(2) 종류가 다른 시료에 대하여 동일 항온 공기조 안에서 동시에 시험해서는 안 된다.

(3) 회전반은 회전 중에 최대 기울기가 수평면에 대해 3° 이상 넘어서는 안 된다.

(4) 항온 공기 중탕 안에서 시료의 전체 가열 시간은 5시간 15분을 넘어서는 안 된다.

6. 시험 결과의 정리

(1) 시험 결과를 정리하여 기록한다.

(2) 아스팔트의 증발량 시험 결과의 예는 표 4.24와 같다.

표 4.24 **아스팔트의 증발량 시험 결과의 예**

<table>
<tr><th colspan="8">아스팔트의 증발량 시험</th></tr>
<tr><td>시험일</td><td>년 월 일</td><td>실온 23.0°C</td><td colspan="2">습도 %</td><td colspan="3">수온 °C</td></tr>
<tr><td>시료</td><td colspan="2">스트레이트 아스팔트(80～100)</td><td>시험자</td><td colspan="4"></td></tr>
<tr><td colspan="2">시험 조건</td><td colspan="6">163±1°C, 5시간</td></tr>
<tr><td colspan="2">측정 번호</td><td>1</td><td>2</td><td>3</td><td>4</td></tr>
<tr><td>시료 용기의 질량 m_1</td><td>(g)</td><td>49.50</td><td>49.20</td><td></td><td></td></tr>
<tr><td>(시료 용기+시료)의 질량 m_2</td><td>(g)</td><td>99.70</td><td>99.30</td><td></td><td></td></tr>
<tr><td>시료의 질량
$m_a = m_2 - m_1$</td><td>(g)</td><td>50.20</td><td>50.10</td><td></td><td></td></tr>
<tr><td>증발 후(시료 용기+시료)의 질량
m_3</td><td>(g)</td><td>99.365</td><td>98.955</td><td></td><td></td></tr>
<tr><td>증발 후 시료의 질량
$m_r = m_3 - m_1$</td><td>(g)</td><td>49.865</td><td>49.755</td><td></td><td></td></tr>
<tr><td>증발 질량의 변화율
$V = \frac{m_r - m_a}{m_a} \times 100$</td><td>(%)</td><td>(−)0.67</td><td>(−)0.69</td><td></td><td></td></tr>
<tr><td>측정값의 차</td><td>(%)</td><td colspan="2">0.02</td><td></td><td></td></tr>
<tr><td>반복 정밀도의 허용차</td><td>(%)</td><td colspan="2">0.20</td><td></td><td></td></tr>
<tr><td>평균 증발 질량의 변화율</td><td>(%)</td><td colspan="2">0.68</td><td></td><td></td></tr>
</table>

7. 참고 사항

(1) 스트레이트 아스팔트의 증발 질량 변화율은 KS M 2201에 규정되어 있으며, 표 4.25와 같다.

표 4.25 **스트레이트 아스팔트의 증발 질량 변화율** (KS M 2201)

항목 \ 종류	40～60	60～80	80～100	100～120	120～150
증발 질량 변화율(%)	−	−	−	−	0.5 이하

(2) 블론 아스팔트의 증발 질량 변화율은 KS M 2204에 규정되어 있으며, 표 4.26과 같다.

표 4.26 **블론 아스팔트의 증발 질량 변화율** (KS M 2204)

항목 \ 종류	0~5	5~10	10~20	20~30	30~40
증발 질량 변화율(%)	0.5 이하	0.5 이하	0.5 이하	0.5 이하	0.5 이하

8. 관계 지식

(1) 아스팔트의 증발량은 163°C의 항온 공기 중탕 속에서 5시간 유지한 후의 변화한 질량과 가열 전 시료의 질량에 대한 백분율로 나타낸다.

(2) 아스팔트는 대부분의 경우 가열 상태로 사용하므로, 그 성분의 일부분은 증발하기도 하고 산소의 작용을 받아 품질이 변한다.

(3) 아스팔트의 증발 질량 변화율은 아스팔트의 가열 저장 시의 안정성을 평가하는 척도가 된다.

4.8 아스팔트의 용해도 시험
(Test for Solubility of Asphalt)

1. 시험 목적

(1) 아스팔트의 톨루엔에 의한 용해도를 시험한다.

(2) 아스팔트의 용해도로써 아스팔트 속에 들어 있는 불순물의 양을 알 수 있다.

2. 사용 기기

(1) 여과 장치
① 흡인병
② 상부 깔때기 및 하부 깔때기
③ 거르개(지름 47 mm의 유리 섬유)

(2) 건조기(105±5°C의 온도를 유지할 수 있는 것)

(3) 저울(용량 10 g, 감도 0.01 g)

(4) 보조 기구
① 삼각 플라스크
② 페트리 접시
③ 데시케이터
④ 금속 집게

그림 4.26 여과 장치

3. 사용 재료

(1) 아스팔트

(2) 톨루엔(KS M ISO 6365-2(R39)에 규정한 것)

4. 시험 방법(KS 2201, 2204)

[1] 시료 및 거르개의 준비

(가) 시료의 준비

(1) ‘KS M 2013 원유 및 석유 제품의 시료 채취 방법’에 따라 시료를 채취한다.

(2) 시료는 연화점보다 90°C 이상 높지 않도록 녹이고, 30분 이상 가열하지 않는다.

(나) 거르개의 준비

(1) 페트리 접시에 거르개를 넣고 뚜껑을 조금 열고, 105~110°C의 건조기 안에서 30분간 건조시킨다.

(2) 페트리 접시를 건조기에서 꺼내어 뚜껑을 열고, 데시케이터 안에서 30분간 방랭시킨다.

(3) 거르개를 일정한 질량(±0.3 mg)이 될 때까지 건조, 방랭, 칭량을 반복하고, 일정한 질량이 될 때 질량(m_1)을 측정한다.

(4) 거르개를 여과 장치에 부착한다.

[2] 용해도 시험

(1) 아스팔트 시료(m_a) 약 2 g을 200 mL의 삼각 플라스크에 넣고 질량(m_a)을 0.001 g까지 측정한다.

(2) 삼각 플라스크를 계속 흔들면서 실온에서 톨루엔 100 mL를 조금씩 넣어 시료를 용해시킨다.

(3) 시료가 용해된 후 뚜껑을 덮고 15분 이상 그대로 둔다.

(4) 여과 장치에 부착된 거르개를 소량의 톨루엔으로 적신다.

(5) 톨루엔 용액을 경사법에 의해서 여과 장치의 상부 깔때기 속으로 주입한다.

(6) 톨루엔 용액이 거르개를 통해서 주입이 끝날 때까지 흡인 강도를 조절하면서 서서히 흡인한다.

(7) 소량의 톨루엔으로 200 mL의 삼각 플라스크를 씻으면서 불용분을 상부 깔때기 속으로 옮긴다.

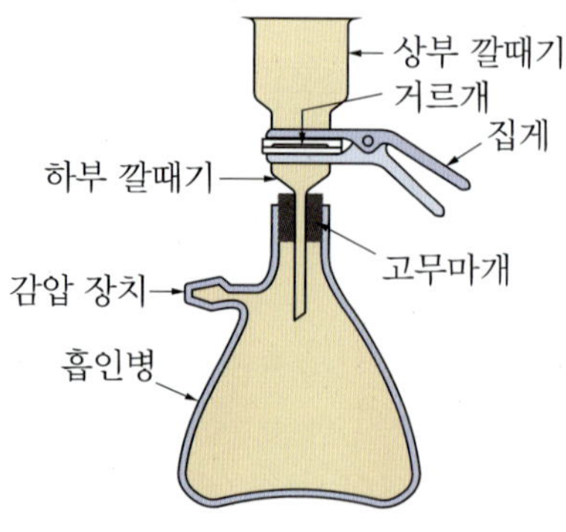

그림 4.27 여과 장치의 구조

(8) 상부 깔때기 내벽 및 거르개를 톨루엔을 조금씩 사용하여 여액이 무색이 될 때까지 세척한다. 이때 필요에 따라 불용분을 완전히 옮기는 데 유리제 교반봉 등을 사용한다.

(9) 흡인을 계속하면서 상부 깔때기를 들어낸다.

(10) 충분히 흡인하여 톨루엔을 제거한 후 거르개를 꺼내어 페트리 접시에 옮긴다.

(11) **[1]**(나)의 (1), (2)와 같은 방법에 따라 불용분이 들어 있는 거르개의 질량(m_2)을 구한다.

(12) (11)에서 측정한 거르개의 질량과 시험 전 거르개의 질량 차로 불용분의 질량(m_r)을 구한다.

[3] 시험 결과의 산출

(1) 아스팔트의 톨루엔 가용분은 다음 식으로 산출한다. 가용분이 99% 이상일 경우에는 0.01%까지 구하고, 99% 미만인 경우에는 0.1%까지 구한다.

$$S_t = 100 - \left(\frac{m_r}{m_a} \times 100 \right) \tag{4.10}$$

여기서, S_t : 아스팔트의 톨루엔 가용분 질량 백분율(%)

m_a : 시료의 질량(g)

m_r : 불용분의 질량(g)

(2) 정밀도는 다음에 따른다. 다만, 가용분이 99% 미만인 경우의 시료에 대해서는 규정하지 않는다

① 반복 정밀도는 같은 시험실에서 같은 시험자가 날짜 또는 시간을 바꾸어 시료를 2회 시험할 때, 시험 결과의 차는 0.1%를 넘어서는 안 된다. .

② 재현 정밀도는 다른 2개의 시험실에서 다른 사람이 다른 시험기로 같은 시료를 각각 1회씩 시험하여 구한 시험 결과의 차는 0.05%를 넘어서는 안 된다.

5. 주의 사항

(1) 톨루엔은 그 증기를 장기간 흡입하면 유해하므로 자주 환기를 시켜야 한다.

(2) 시료는 가능한 한 저온에서 기포가 혼입되지 않도록 용융한다.

(3) 시험할 때 불용분이 거르개의 표면에서 바깥쪽으로 흐르지 않도록 해야 한다.

6. 시험 결과의 정리

(1) 시험 결과를 정리하여 기록한다.

(2) 아스팔트의 용해도 시험 결과의 예는 표 4.27과 같다.

표 4.27 아스팔트의 용해도 시험 결과의 예

아스팔트의 용해도 시험						
시험일	년 월 일	실온 22°C	습도 %	수온 °C		
시료	스트레이트 아스팔트(80～100)		시험자			
사용 용제		톨루엔				
측정 번호		1	2	3	4	
시료의 질량 m_a	(g)	1.995	2.025			
거르개의 질량 m_1	(g)	1.051	1.070			
(거르개+불용분)의 질량 m_2	(g)	1.055	1.075			
불용분의 질량 $m_r = m_2 - m_1$	(g)	0.004	0.005			
톨루엔 가용분 $S_t = 100 - \left(\frac{m_r}{m_a} \times 100\right)$	(%)	99.80	99.71			
측정값의 차	(%)	0.009				
반복 정밀도의 허용차	(%)	0.1				
평균 톨루엔 가용분	(%)	99.8				

7. 참고 사항

(1) 스트레이트 아스팔트의 가용분은 KS M 2201에 규정되어 있으며, 표 4.28과 같다.

표 4.28 스트레이트 아스팔트의 가용분 (KS M 2201)

항목 \ 종류	40～60	60～80	80～100	100～120	120～150
톨루엔 가용분(%)	99.0 이상	99.0 이상	99.0 이상	99.0 이상	99.0 이상

(2) 블론 아스팔트의 가용분은 KS M 2204에 규정되어 있으며, 표 4.29와 같다.

표 4.29 블론 아스팔트의 가용분 (KS M 2204)

항목 \ 종류	0~5	5~10	10~20	20~30	30~40
톨루엔 가용분(%)	98.5 이상	98.5 이상	98.5 이상	98.5 이상	98.5 이상

(3) 컷백 아스팔트의 가용분은 KS M 2202에 규정되어 있으며, 표 4.30과 같다.

표 4.30 컷백 아스팔트의 가용분 (KS M 2202)

항목 \ 종류	RC(급속 경화형)						MC(중속 경화형)					
	0	1	2	3	4	5	0	1	2	3	4	5
증발 잔류물의 톨루엔 가용분(%)	99.0 이상						99.0 이상					

(4) 유화 아스팔트의 가용분은 KS M 2203에 규정되어 있으며, 표 4.31과 같다.

표 4.31 유화 아스팔트의 가용분 (KS M 2203)

항목 \ 종류	RS(C)				MS(C)			RS(A)				MS(A)			MS(N)
	1	2	3	4	1	2	3	1	2	3	4	1	2	3	1
증발 잔류물의 톨루엔 가용분(%)	98 이상				97 이상			98 이상				97 이상			97 이상

8. 관계 지식

(1) 아스팔트의 용해도는 시료를 톨루엔으로 용해시켜, 이것을 거르개로 걸러서 불용 부분의 전체 질량 백분율(%)을 100에서 뺀 값으로 한다.

(2) 아스팔트의 유기 용제에 녹는 성분을 페트로렌(petrolene), 녹지 않는 부분을 아스팔텐(asphaltene)이라 한다.

(3) 페트로렌은 아스팔트에 점착성을 주는 성분이며, 아스팔텐이 많으면 연화점이 높고, 신도가 작아진다.

4.9 아스팔트 혼합물의 부피 밀도 시험

(Test for Bulk Density of Asphalt Mixtures)

1. 시험 목적

(1) 표면 건조 포화 상태의 시험체 또는 파라핀으로 피복한 시험체를 사용하여 다져진 아스팔트 혼합물의 부피 밀도를 측정한다.

(2) 아스팔트 혼합물의 부피 밀도는 배합 설계 및 품질 관리에 필요하다.

2. 사용 기기

(1) 밀도 측정 장치

① 물통(철망 바구니를 담글 수 있는 크기)

② 철망태(지름 200 mm, 높이 200 mm인 5 mm 체눈의 것) 및 갈고리

③ 저울(용량 5 kg, 감도 0.1 g 이상)

(2) 건조기

(3) 보조 기구

① 코어 채취기

② 다이아몬드 톱 또는 금강사 톱

3. 사용 재료

(1) 아스팔트 혼합물

(2) 아스팔트 포장체의 코어 시험체

(3) 파라핀(비중 0.95)

4. 시험 방법

[1] 시료 및 시험체의 준비

(가) 시료의 준비

(1) 'KS F 2350 아스팔트 포장 혼합물의 시료 채취 방법'에 따라 시료를 채취한다.

(2) 실험실에서 아스팔트 시료를 제작한다.

(3) 시료의 질량은 250 g 이상 5 kg 이하로 한다.

(나) 시험체의 준비

(1) 실험실에서 제작한 아스팔트 혼합물 시험체를 준비한다(**4.12**의 **4.[1]** 참조).

(2) 아스팔트 포장체에서 코어 채취기나 다이아몬드 톱으로 시험체를 채취한다.

(3) 원통형 시험체의 지름 또는 측면의 길이는 골재 최대 크기의 4배 이상이어야 하고, 그 두께는 골재 크기의 1.5배 이상이어야 한다.

[2] 부피 밀도 시험

(가) 표면 건조 포화 상태 시험체의 경우(KS F 2446)

(ㄱ) 포장에서 채취한 시료(수분과 솔벤트 함유)

(1) 시험체를 25°C의 수조에 3～5분간 침수시킨 후 수중에서 질량(m_w)을 측정한다.

(2) 시험체의 표면을 습포로 닦아 건조시킨 후 표면 건조 포화 질량(m_s)을 측정한다. 이때 흘러나오는 물은 표면 건조 포화 시험체에 포함된다.

(3) 시험체를 110±5°C에서 완전히 건조시킨 후 냉각하여 건조 질량(m_d)을 측정한다.

(ㄴ) 시험실에서 제작한 시료(수분 함유)

(1) 시험체를 110±5°C에서 완전히 건조시킨 후 냉각하여 건조 질량(m_d)을 측정한다.

(2) (ㄱ)의 (1)과 같은 방법으로 수중에서 질량(m_w)을 측정한다.

(3) (ㄱ)의 (2)와 같은 방법으로 표면 건조 포화 시험체의 질량(m_s)을 측정한다.

(나) 파라핀으로 피복한 시험체의 경우(KS F 2353)

(1) 시험체를 25±3°C의 실내 온도에서 건조시킨 후 질량(m_d)를 측정한다.

(2) (1)에서 시험한 시험체 표면을 파라핀으로 완전히 피복하여 공극을 없앤다.

(3) 피복한 시험체를 25±3°C의 공기 중에서 30분간 냉각 후 건조 질량(m_p)을 측정한다.

(4) 피복한 시험제를 25°C의 수조에 30분간 침수 후 수중 질량(m_w)을 측정한다.

[3] 시험 결과의 산출

(1) 표면 건조 포화 상태의 아스팔트 혼합물 부피 밀도는 다음 식으로 산출한다.

$$d_B = \frac{m_d}{m_s - m_w} \times d_w \tag{4.11}$$

여기서, d_B : 다져진 아스팔트 혼합물의 부피 밀도(g/cm^3)

m_d : 건조 시험체의 질량(g)

m_s : 표면 건조 포화 시험체의 질량(g)

m_w : 수중에서 시험체의 질량(g)

d_w : 물의 밀도(25°C)(g/m^3) (표 2.7 참조)

(2) 아스팔트 혼합물의 체적당 함수율은 다음 식으로 산출하며, 체적당 함수율이 2%를 초과하면 F 2353(**4.[2]**의 (나) 참조)에 따라 다시 시험하도록 한다.

$$Z = \frac{m_s - m_d}{m_s - m_w} \times 100 \qquad (4.12)$$

여기서, Z : 다져진 아스팔트 혼합물 시험체의 체적당 함수율(%)

(3) 파라핀으로 피복한 아스팔트 혼합물의 부피 밀도는 다음 식으로 산출한다.

$$d_B = \frac{m_d}{m_p - m_w - (m_p - m_d)/g_p} \times d_w \qquad (4.13)$$

여기서, d_B : 다져진 아스팔트 혼합물의 부피 밀도(g/cm^3)

m_d : 건조 시험체의 질량(g)

m_p : 피복한 건조 시험체의 질량(g)

m_w : 피복한 건조 시험체의 수중 질량(g)

g_p : 파라핀의 비중(25°C)

d_w : 물의 밀도(25°C)(g/cm^3) (표 2.7 참조)

(4) 반복 정밀도는 같은 시험자에 의해 시험한 2회의 파라핀 피복 시험체의 부피 밀도 측정 결과가 0.02 이내이어야 한다.

5. 주의 사항

(1) 포장 채취 시험체가 수분을 함유한 경우는 수분의 질량에 대해 보정해야 한다.

(2) 110±5°C에서 건조된 시험체는 성상이 변하므로 다른 시험에 사용하지 않는다.

6. 시험 결과의 정리

(1) 시험 결과를 정리하여 기록한다.

(2) 아스팔트 혼합물의 부피 밀도 시험 결과의 예는 표 4.32와 같다.

표 4.32 **아스팔트 혼합물의 부피 밀도 시험 결과의 예**

아스팔트 혼합물의 부피 밀도 시험				
시험일 / 년 월 일	실온 23.5°C	습도 %	수온 °C	
시료 / 아스팔트 혼합물 시험체(실험실 제작)		시험자		
측정 번호	1	2	3	4
표면 건조 포화 상태 시험체의 경우				
건조 시험체의 질량 m_d (g)	1 182.5	1 183.3		
수중에서 시험체의 질량 m_w (g)	690.3	692.0		
표면 건조 포화 시험체의 질량 m_s (g)	1 193.6	1 195.2		
물의 밀도(25°C) d_w (g/cm³)	0.9970	0.997		
부피 밀도 $d_B=\dfrac{m_d}{m_s-m_w}\times d_w$ (g/cm³)	2.342	2.334		
평균 부피 밀도 (g/cm³)	2.343			
체적당 함수율 $Z=\dfrac{m_s-m_d}{m_s-m_w}\times 100$ (%)	2.2	2.4		
평균 체적당 함수율 (%)	2.3*			
허용값 (%)	2			
비고 : * 아스팔트 혼합물의 체적당 함수율이 허용값 2%를 초과하므로, KS M 2353에 따라 다시 시험한다.				
파라핀으로 피복한 시험체의 경우				
건조 시험체의 질량 m_d (g)	1 182.3	1 180.5		
피복한 건조 시험체의 질량 m_p (g)	1 203.3	1 200.5		
피복한 건조 시험체의 수중 질량 m_w (g)	675.7	672.4		
파라핀의 비중(25°C) g_p (g/cm³)	0.95	0.95		
물의 밀도(25°C) d_w (g/cm³)	0.997	0.997		
부피 밀도 $d_B=\dfrac{m_d}{m_p-m_w-\dfrac{m_p-m_d}{g_p}}\times d_w$ (g/cm³)	2.332	2.321		
측정값의 차 (g/cm³)	0.011			
반복 정밀도의 허용차 (g/cm³)	0.02			
평균 부피 밀도 (g/cm³)	2.326			

7. 참고 사항

(1) 도로 포장용 아스팔트 혼합물의 밀도 개략 값은 표 4.33과 같다.

표 4.33 도로 포장용 아스팔트 혼합물의 밀도 개략 값

혼합물의 종류	기층	표층	고로 슬래그 기층
밀도(g/cm^3)	2.31	2.33	2.30

(2) 시험체의 표면이 치밀하여 흡수하지 않는 경우, 아스팔트 혼합물의 겉보기 밀도 (apparent density)는 다음 식으로 구한다.

$$d_A = \frac{m_d}{m_d - m_w} \times d_w \tag{4.14}$$

여기서, d_A : 다져진 아스팔트 혼합물의 겉보기 밀도(g/cm^3)

m_d : 건조 시험체의 질량(g)

m_w : 수중에서 시험체의 질량(g)

d_w : 물의 밀도(25°C)(g/cm^3)(표 2.7 참조)

(3) 'KS F 2350 아스팔트 포장 혼합물의 시료 채취 방법'은 다음과 같다.

① 혼합 플랜트에서 시료를 채취할 때는 4분법에 의해 소량의 시료를 얻는다.

② 퇴적되어 있는 혼합물에서 시료를 채취할 때는 퇴적의 정부, 중앙 및 저부에 구멍을 파고, 같은 양의 시료를 채취하여 혼합하며, 4분법에 의해 소량의 시료를 얻는다.

③ 차량에 있는 혼합물에서 시료를 채취할 때는 차량 표면적의 1/6을 대표하는 중앙점 표면의 약 30 cm 깊이에서 6개 이상의 시료를 채취한다.

④ 도로에서 가열 혼합물의 시료 채취는 규정된 면적의 총 포설 두께까지 취한다.

⑤ 노상 혼합한 혼합물에서 시료를 채취할 때는 150 m 이내의 간격으로 취한다.

8. 관계 지식

(1) 실험실에서 다짐한 아스팔트 혼합물의 밀도는 혼합물의 공극률, 포화도 등의 계산, 최적 아스팔트 혼합률의 결정 및 포장 시공 다짐 관리의 기준 설정에 필요하다.

(2) 현장 포장체 아스팔트 혼합물의 밀도는 현장 다짐도, 압밀도 측정에 사용된다.

4.10 아스팔트 혼합물의 이론 최대 밀도 시험

(Test for Theoretical Maximum Density of Asphalt Mixtures)

1. 시험 목적

(1) 다져지지 않은 아스팔트 혼합물의 이론적 최대 밀도를 구한다.

(2) 아스팔트 혼합물의 이론 최대 밀도는 배합 설계 시에 사용된다.

(3) 아스팔트 혼합물의 이론 최대 밀도는 혼합물 골재의 유효 밀도 계산에 필요하다.

2. 사용 기기

(1) 밀도 시험 기기

① 시험 용기(표 4.34 참조)

표 4.34 용기의 종류, 용량 및 부속 장치

종류	용량 및 재질	부속 장치
A	용량이 2 000 mL 이상 되는 유리, 플라스틱 또는 금속제의 주발	고무 개스킷과 호스 연결구를 가진 뚜껑
B	용량이 2 000 mL 이상 되는 용적 측정용 플라스크	호스 연결구가 부착된 고무 스토퍼
C	용량이 약 4 000 mL 되는 중간 크기의 벽체가 두꺼운 유리제 또는 금속제의 비중병	진공 게이지, 개방 밸브, 튜브 접속구 및 체적을 일정하게 유지, 조절할 수 있는 고무 스토퍼로 구성된 적절한 진공 연결 부속
D	용량이 10 000 mL 이상 되는 크기가 큰 플라스틱 비중병	C형과 동일

그림 4.28 이론 최대 밀도 시험 장치

② 진공 펌프 또는 물 흡입기(잔류 압력 97 kPa 이상)

③ 잔류 압력계(규정된 진공 상태에서 게이지압 97 kPa 이상 측정할 수 있는 것)

④ 진공 게이지 또는 압력계

(2) 저울(필요한 용량의 소수점 3자리까지 읽을 수 있는 것)

(3) 수조(20～30°C 온도로 유지할 수 있는 것)

(4) 보조 기구

① 플라스크 ② 평평한 팬

3. 사용 재료

(1) 아스팔트 혼합물

4. 시험 방법(KS F 2366)

[1] 시료의 준비

(1) 'KS F 2350 아스팔트 혼합물의 시료 채취 방법'에 따라 시료를 채취한다.

(2) 시료의 질량은 표 4.35와 같다.

표 4.35 시료의 질량

혼합용 골재의 최대 치수(mm)	시료의 질량(g)
50	6 000 이상
40	4 000 이상
25	2 500 이상
20	2 000 이상
13	1 500 이상
10	1 000 이상
5	500 이상

(3) 아스팔트 혼합물은 다루기 쉬울 때까지 팬에 넣어 건조로에서 건조해야 한다.

[2] 최대 밀도 시험

(1) 시료를 실내 온도에서 냉각시킨다.

(2) 용기의 질량(m_1)을 측정하고, 용기에 시료를 넣어 질량(m_2)을 측정한다.

(3) 건조 시료의 질량(m_d)을 구한다.

(4) 25°C에서 시료에 물이 넘치도록 시료 용기에 물을 채운다.

(5) 시료가 부분 진공 게이지압 97 kPa이 되도록 갇혀 있는 공기를 뺀 후 5~15분 유지하면서, 용기와 시료를 기계적으로 또는 손으로 약 2분 간격으로 세게 흔들어 준다.

(6) 갇혀 있는 공기를 빼낸 즉시 아래의 방법 중 한 가지 방법으로 질량을 측정한다.

(ㄱ) A형 용기에 의한 측정: 시료가 담긴 주발을 25°C로 유지한 수조에 매달아 약 10±1분간 수침시킨 후, 수중에서 시료의 질량(m_w)을 구한다.

(ㄴ) B형 또는 C형 용기에 의한 측정: 용기에 물을 채워 일정한 온도로 유지된 수조에 넣어 25°C에서 질량(m_e)을 측정하고, 시료를 넣어 25±1°C로 한다. (3)의 과정을 마친 다음, 10분 후 물과 시료 및 용기의 질량(m_t)을 측정한다.

(ㄷ) D형 용기에 의한 측정: 용기에 물을 채우고, 고무 스토퍼를 삽입하여 바깥면을 말린다. 완전히 물을 채운 용기의 질량(m_e)을 측정하고, 물과 시료를 채운 용기의 질량(m_t)을 측정한다. 스토퍼를 제거하고 물의 온도를 측정한다.

[3] 시험 결과의 산출

(1) A형 용기에 의해 측정한 아스팔트 혼합물의 이론 최대 밀도는 다음 식으로 산출한다.

$$D_m = \frac{m_d}{m_d - m_w} \times d_w \tag{4.15}$$

여기서, D_m : 아스팔트 혼합물의 이론 최대 밀도(g/cm^3)

m_d : 건조 시료의 질량(g)

m_w : 수중에서 시료의 질량(g)

d_w : 시험 온도에서 물의 밀도(g/cm^3) (표 2.7 참조)

(2) B형 또는 C형 용기에 의해 측정한 아스팔트 혼합물의 이론 최대 밀도는 다음 식으로 산출한다.

$$D_m = \frac{m_d}{m_d + m_e - m_t} \times d_w \tag{4.16}$$

여기서, D_m : 아스팔트 혼합물의 이론 최대 밀도(g/cm^3)

m_d : 건조 시료의 질량(g)

m_e : 25°C에서 물을 채운 용기의 질량(g)

m_t : 25°C에서 물과 시료를 채운 용기의 질량(g)

d_w : 시험 온도에서의 물의 밀도(g/cm^3)(표 2.7 참조)

(3) D형 용기의 측정에 의한 아스팔트 혼합물의 이론 최대 밀도는 시험 온도가 25±3°C의 범위이면, 식 (4.16)을 사용하여 구한다.

이외의 온도에서는 아스팔트의 열팽창 및 시험 온도에서 물의 밀도를 보정해서 구한다.

(4) 시험 결과는 소수점 이하 셋째 자리까지 구하고, 3회 시험하여 평균값으로 한다.

5. 주의 사항

(1) 시료에서 골재를 분리할 때는 골재 입자가 부서지지 않도록 한다.

(2) 시료 중 잔골재의 입자가 6.4 mm보다 크지 않아야 한다.

6. 시험 결과의 정리

(1) 시험 결과를 정리하여 기록한다.

(2) 아스팔트 혼합물의 이론 최대 밀도 시험 결과의 예는 표 4.36과 같다.

표 4.36 아스팔트 혼합물의 이론 최대 밀도 시험 결과의 예

<table>
<tr><th colspan="6">아스팔트 혼합물의 이론 최대 밀도 시험</th></tr>
<tr><td>시험일</td><td>년 월 일</td><td>실온 23.5°C</td><td colspan="2">습도 %</td><td>수온 °C</td></tr>
<tr><td>시료</td><td colspan="2">아스팔트 혼합물(WC-2, 13F)</td><td>시험자</td><td colspan="2"></td></tr>
<tr><td colspan="2">시험 방법</td><td colspan="4">B형 용기에 의한 측정</td></tr>
<tr><td colspan="2">측정 번호</td><td>1</td><td colspan="2">2</td><td>3</td></tr>
<tr><td colspan="2">용기의 질량 m_1 (g)</td><td>18 736.3</td><td colspan="2">18 736.3</td><td>18 736.3</td></tr>
<tr><td colspan="2">(용기+시료)의 질량 m_2 (g)</td><td>20 264.8</td><td colspan="2">20 265.6</td><td>20 266.8</td></tr>
<tr><td colspan="2">공기 중 건조 시료의 질량 $m_d = m_2 - m_1$ (g)</td><td>1 528.5</td><td colspan="2">1 529.3</td><td>1 530.5</td></tr>
<tr><td colspan="2">(용기+물)의 질량 m_e (g)</td><td>20 365.3</td><td colspan="2">20 365.3</td><td>20 365.3</td></tr>
<tr><td colspan="2">(용기+시료+물)의 질량 m_t (g)</td><td>21 284.8</td><td colspan="2">21 286.2</td><td>21 285.4</td></tr>
<tr><td colspan="2">물의 밀도(25°C) d_w (g/cm^3)</td><td>0.9970</td><td colspan="2">0.9970</td><td>0.9970</td></tr>
<tr><td colspan="2">이론 최대 밀도 $D_m = \frac{m_d}{m_d + m_e - m_t} \times d_w$ (g/cm^3)</td><td>2.502</td><td colspan="2">2.506</td><td>2.502</td></tr>
<tr><td colspan="2">평균 이론 최대 밀도 (g/cm^3)</td><td colspan="4">2.503</td></tr>
</table>

7. 참고 사항

(1) 아스팔트 혼합물의 이론 최대 밀도 시험 방법은 직접 측정 방법으로 진공법과 용제법이 있으나, 용제법은 번잡하고 숙련이 필요하므로 진공법을 표준으로 하고 있다.

(2) 다공질 골재를 함유한 아스팔트 혼합물에 대한 이론 최대 밀도 시험 방법은 다음과 같다.

① 골재의 공극이 아스팔트 막으로 완전히 채워져 있지 않은 경우는 **4.[2]**(6)의 방법에 따라 시험한 후, 물을 배수시키고 미세입자의 손실을 막기 위해서 수건으로 용기를 덮어 둔다. 그리고 각 골재의 조각을 깨뜨리고 부서진 표면의 습윤 상태를 관찰한다.

② 골재가 수분을 흡수했을 때는 표면의 수분을 건조시키고, 15분 간격으로 질량을 달아 질량의 손실이 0.5 g 미만일 때 그 시료는 표면 건조 상태로 간주한다.

8. 관계 지식

(1) 아스팔트 혼합물의 이론 최대 밀도는 혼합물에 공극이 전혀 없다고 가정할 때의 이론적인 최대 밀도이다.

(2) 아스팔트 혼합물의 배합 설계 시 이론 최대 밀도는 각 재료별로 측정한 밀도와 배합률로 산출할 수 있다.

4.11 아스팔트 혼합물의 아스팔트 함유율 시험

(Test for Asphalt Content of Asphalt Mixtures)

1. 시험 목적

(1) 아스팔트 혼합물의 아스팔트 함유량이 배합 설계대로 함유되었는지를 확인한다.

(2) 아스팔트 혼합물의 품질 관리 기준이 되는 자료를 얻는다.

2. 사용 기기

(1) 아스팔트의 추출 장치

① 볼(bowl, 안지름 200 mm, 높이 50 mm인 반구형)

② 추출기(3 600 rpm 속도까지 조절할 수 있는 것)

(2) 가열 접시(용량 125 mL 정도)

(3) 증기조

(4) 증류기

(5) 건조기(110±5°C 범위의 것)

(6) 전기 가열판(700 W)

(7) 저울(용량 5 kg, 감도 0.2 g, 용량 15 kg, 감도 10 g)

(8) 화학 저울

(9) 보조 기구

① 시료 팬(길이 300 mm, 너비 200 mm, 깊이 25 mm)

② 메스실린더(1 000 mL 또는 2 000 mL)

③ 데시케이터

④ 시료용 칼

그림 4.29 추출 장치

3. 사용 재료

(1) 아스팔트 혼합물

(2) 화학 약품

① 삼염화에틸렌 ② 탄산암모늄 용액

(3) 거름종이 환(filter ring)

4. 시험 방법(KS F 2354)

[1] 시료 및 시험체의 준비

(가) 시료의 준비

(1) 'KS F 2350 아스팔트 혼합물의 시료 채취 방법'에 따라 시료를 채취한다.

(2) 아스팔트 포장체에서 코어 시료를 채취한다.

(3) 아스팔트 혼합물을 시료용 칼이나 흙손으로 쉽게 떼어낼 수 없을 때에는 건조기에서 110±5°C로 가열한다.

(4) 일반적인 시험에서는 골재의 최대 입자 지름이 13 mm 이하의 것이 사용된다.

(5) 1회의 시험에 필요한 시료량이 얻어질 때까지 4분법으로 시료를 분취한다.

(6) 시료의 최대 골재의 크기에 따른 최소 시료량은 표 4.37과 같다.

표 4.37 시료의 최대 골재의 크기에 따른 최소량

최대 골재의 크기(mm)	최소 시료의 질량(g)
5	500
10	1 000
13	1 500
20	2 000
25	3 000
40	4 000

(나) 함수율의 결정

(1) 시료(m_a') 500 g을 증류 용기에 넣어 수분의 양(V_m)을 측정한다.

(2) 시료의 함수율(Z)을 결정한다(**7.**(2) 참조).

(3) 시료 중의 수분의 질량(m_m)을 구한다.

[2] 아스팔트 함유율 시험(원심 분리법)

(1) 추출 장치 볼의 질량(m_1)을 측정한다.

(2) 시료 약 1 000 g을 볼에 넣어 질량(m_2)을 측정하고, 시료의 질량(m_a)을 구한다.

(3) 볼 안의 시료에 삼염화에틸렌을 부어서 시료가 붕괴되도록 1시간 정도 놓아둔다.

(4) 시료와 용제가 담긴 볼을 추출기에 장착한다.

(5) 거름종이 환을 건조시켜 질량(m_3)을 측정하고, 볼의 가장자리에 끼운다.

(6) 볼의 뚜껑을 잘 잠그고, 유출구 밑에 비커를 놓는다.

(7) 추출기를 천천히 회전시켜 최대 속도 3 000 rpm까지, 또는 유출구에서 용제가 나오지 않을 때까지 점차적으로 속도를 증가시킨다.

(8) 추출기를 멈추고 삼염화에틸렌을 200 mL 더 넣는다.

(9) (7), (8)의 조작을 3회 이상 반복하여 추출액이 연한 색이 될 때까지 계속한다.

(10) 추출액과 세정액을 적당한 용기에 한데 모은다.

(11) 볼에서 거르개 환을 들어내어 공기 중에서 건조시키고, 거름종이 환에 달라붙은 광물질을 떼어내어 볼 안의 골재에 넣는다.

(12) 회분이 들어 있는 거름종이 환을 110±5°C의 건조로에서 질량이 일정하게 될 때까지 건조시켜 질량(m_4)을 측정하고, 거르개 환의 질량 증가분(m_i)을 구한다.

(13) 골재가 든 볼을 증기조에서 건조 후, 110±5°C의 건조기에서 질량이 일정하게 될 때까지 건조시켜 질량(m_5)을 측정하고, 추출 골재의 질량(m_g)을 구한다.

(14) 용기 안의 모든 추출액을 메스실린더에 모아서 전체 용적(V_t)을 측정한다.

(15) 가열 접시의 질량(m_6)을 측정하고, 시험액으로 추출액을 약 100 mL 넣는다.

(16) 추출액의 전체 용적에서 시험한 액체를 뺀 추출액의 용적(V_e)을 측정한다.

(17) 가열 접시를 증기조에서 증발 건조시키고 500~600°C에서 태워 냉각시킨다.

(18) 가열 접시에 1 g당 탄산암모늄 포화 용액 500 mL를 넣은 후, 1시간 동안 실내 온도로 방치한다.

(19) 회분이 든 가열 접시를 건조기에서 110±5°C로 질량이 일정하게 될 때까지 건조시키고, 데시케이터 안에서 냉각시킨 후 질량(m_7)을 측정한다.

(20) 시험한 액체 중 회분의 질량(m_q)과 추출액 중 회분의 전체 질량(m_h)을 구한다.

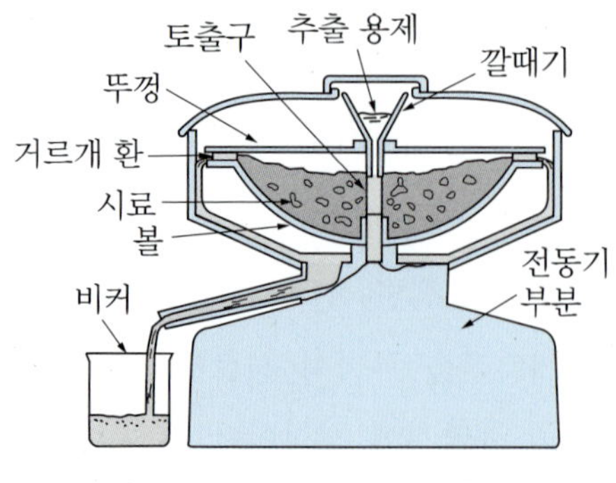

그림 4.30 아스팔트의 추출 시험

[3] 시험 결과의 산출

(1) 추출액 중 회분 전체의 질량은 다음 식으로 산출한다.

$$m_h = m_g\left(\frac{V_t}{V_t - V_e}\right) \tag{4.17}$$

여기서, m_h : 추출액 중 회분의 전체 질량(g)

m_g : 추출액 중 회분의 질량(g)

V_t : 추출액의 전체 용적(mL)

V_e : 시험한 액체를 뺀 추출액의 용적(mL)

(2) 아스팔트 혼합물의 아스팔트 함유율은 다음 식으로 산출한다.

$$A_c = \frac{(m_a - m_m) - (m_i + m_g + m_h)}{m_a - m_m} \times 100 \tag{4.18}$$

여기서, A_c : 혼합물의 아스팔트 함유율(건조 시료에 대한 질량 백분율)(%)

m_a : 시료의 질량(g)

m_m : 시료 중 수분의 질량(g)

m_i : 거름종이 환의 질량 증가분(g)

m_g : 추출된 골재의 질량(g)

m_h : 추출액 중 회분의 전체 질량(g)

5. 주의 사항

(1) 시료 채취 시 골재와 아스팔트가 분리되지 않도록 주의하여야 한다.

(2) 골재의 입자 지름이 커질수록 시험의 정확도는 낮아진다. 이런 경우에는 시료량을 늘려 시험할 수 있다.

(3) 가열된 추출 골재는 대기 중에서 식히면 수분을 흡착하므로, 알맞은 온도로 식었을 때 질량을 측정하여야 한다.

6. 시험 결과의 정리

(1) 시험 결과를 정리하여 기록한다.

(2) 아스팔트 혼합물의 아스팔트 함유율 시험 결과의 예는 표 4.38과 같다.

표 4.38 아스팔트 혼합물의 아스팔트 함유율 시험 결과의 예

아스팔트 혼합물의 아스팔트 함유율 시험			
시험일	년 월 일 / 실온 23.5°C	습도 %	수온 °C
시료	아스팔트 혼합물(설계 아스팔트 함유율 5.8%)	시험자	
측정 번호		1	2
혼합물	볼의 질량 m_1 (g)	1 442	
	(볼+시료)의 질량 m_2 (g)	2 463.5	
	시료의 질량 $m_a = m_2 - m_1$ (g)	1 021.5	
	용제	삼염화에틸렌	
시료 중의 수분	함수율 측정용 시료의 질량 m_a' (g)	505.3	
	수분의 양 V_m (mL)	0.37	
	함수율 $Z = (V_m/m_a') \times 100$ (%)	0.07	
	수분의 질량 $m_m = m_a' \times Z$ (g)	0.72	
거름종이 환의 회분	거름종이 환의 질량 m_3 (g)	18.9	
	추출 건조 후 (거름종이 환+회분)의 질량 m_4 (g)	20.4	
	거름종이 환의 질량 증가분 $m_i = m_4 - m_3$ (g)	1.5	
추출기 내의 골재	추출 건조 후 (볼+골재)의 질량 m_5 (g)	2 391.7	
	추출 된 골재의 질량 $m_g = m_5 - m_1$ (g)	949.7	
추출액 중의 골재	추출액의 전체 용적 V_t (mL)	1 810	
	시험한 액체를 뺀 추출액의 용적 V_e (mL)	1 703	
	가열 접시의 질량 m_6 (g)	68.50	
	추출액 건조 후(가열 접시+회분)의 질량 m_7 (g)	69.31	
	시험한 액체 중 회분의 질량 $m_q = m_7 - m_6$ (g)	0.81	
	추출액 중 회분의 전체 질량 $m_h = m_q\left(\frac{V_t}{V_t - V_e}\right)$ (g)	13.7	
아스팔트 함유율(건조 시료에 대한 질량 백분율) $A_c = \frac{(m_a - m_m) - (m_i + m_g + m_h)}{(m_a - m_m)} \times 100$ (%)		5.5	

7. 참고 사항

(1) 도로 포장용 혼합물에서 배합 설계에 제시된 아스팔트의 함유량과 실측한 아스팔트의 함유량과의 차이는 ±0.5% 이하이어야 한다(도로공사표준시방서).

(2) 아스팔트 혼합물의 함수율 측정은 'KS M ISO 3733 석유 제품 및 아스팔트 재료의 수분 시험 방법'에 따른다.

① 시료 100 g을 증류 용기에 넣고 질량(m_a')을 측정한다.

② 용기 속의 시료에 용제(톨루엔) 100 mL를 넣는다.

③ 증류 용기에 검수관을 연결하고, 콘덴서에 냉각수를 순환시킨다.

④ 응축된 액체가 냉각기로부터 매초 2～5방울씩 떨어지도록 조절하면서 가열기(버너)로 증류 용기를 가열한다.

⑥ 수분의 유출이 끝나면 검수관과 내부의 내용물을 실온까지 냉각시킨다.

⑦ 검수관에 모아진 수분의 양(V_m)을 측정한다.

⑧ 시료의 함수율은 다음 식으로 산출한다.

$$Z = \frac{V_m}{m_a'} \times 100 \tag{4.19}$$

여기서, Z : 시료의 함수율(시료에 대한 질량 백분율)(%)

V_m : 수분의 양(mL)

m_a' : 시료의 질량(g)

(3) 일반적으로 아스팔트 혼합물은 가열하여 수분을 없앤 상태에서 시험하는 것이므로, 시료 속의 함수량의 측정을 생략하는 수가 많다.

8. 관계 지식

(1) 아스팔트 혼합물의 아스팔트 함유량은 25 mm 체를 전부 통과하는 골재로 된 혼합물 속에 들어 있는 아스팔트를 용매로 용해시켜, 그 양을 질량 백분율(%)로 나타낸다.

(2) 아스팔트 혼합물의 아스팔트 함유량은 아스팔트 플랜트에서 생산되는 아스팔트 혼합물을 직접 채취하거나, 포장체에서 코어를 채취하여 시험하므로 도로 포장의 품질관리에 중요한 자료가 된다.

(3) 아스팔트 혼합물의 아스팔트 함유율 시험 방법에는 원심 분리법, 가열법, 진동법, 단순 여과법, 소각법 등이 있다.

4.12 아스팔트 혼합물의 안정도 및 흐름값 시험

(Test for Marshall Stability and Flow of Asphalt Mixtures)

1. 시험 목적

(1) 마샬 시험에 의한 아스팔트 혼합물의 소성 흐름에 대한 저항성을 측정한다.

(2) 아스팔트 혼합물의 배합 설계를 할 때 최적 아스팔트 양을 결정한다.

2. 사용 기기

(1) 마샬 안정도 시험기

① 재하 장치(loading jack, 매분 50.8 mm로 수직 운동할 수 있는 것)

② 재하 헤드(loading head, 곡률 반지름이 50.8 mm인 궁형으로 상하 2개)

③ 로드 셀(load cell, 용량 30 kN, 최소 눈금 0.01 N)

④ 흐름 미터(flow meter, 눈금이 0.01 mm 단위로 새겨져 있는 것)

(2) 시험체 형틀(지름 101.6 mm, 높이 76.2 mm인 원통형으로, 밑판과 칼라 있는 것)

(3) 시험체 추출기

(4) 다짐용 해머(질량 4.536 kg, 다짐 높이 457.2 mm)

(5) 시험체 형틀 홀더(mold holder, 반원형 밑판과 원형 윗판)

(6) 다짐 받침대(304.8×304.8×25.4 mm의 철판을 씌운 나무 말뚝)

그림 4.31 마샬 안정도 시험기

그림 4.32 시험체 형틀 및 다짐용 해머

(7) 건조기 또는 가열판(필요한 온도를 3°C 이내로 조절할 수 있는 것)

(8) 수조(깊이 150 mm 이상)

(9) 공기조(액상 아스팔트 혼합용, 25°C의 공기 유지)

(10) 아스팔트 혼합기

(11) 표준체(40 mm, 25 mm, 20 mm, 13 mm, 10 mm, 5 mm, 2.5 mm, 1.2 mm, 0.6 mm, 0.3 mm, 0.15 mm, 0.08 mm의 망체)

(12) 보조 기구

① 저울(저울 5 kg인 것과 2 kg인 것) ② 온도계(온도 한계 10~204°C)

③ 용기(밑면이 편편한 금속제) ④ 혼합 용기 및 작은 삽

3. 사용 재료

(1) 아스팔트 혼합물의 재료(스트레이트 아스팔트, 잔골재, 굵은 골재, 석분)

(2) 보조 재료

① 거름종이 ② 그리스

4. 시험 방법(KS F 2337)

[1] 시료 및 시험체의 준비

(가) 혼합물의 준비

(1) 골재를 110±5°C에서 질량이 일정하게 될 때까지 건조시킨다.

(2) 골재는 'KS F 2357 아스팔트 포장 혼합물용 골재'의 굵은 골재 및 잔골재 입도의 골재 번호에 해당하는 입도 범위로 나눈다(표 4.50, 표 4.51 참조).

(3) 다져진 시험체의 높이가 약 63.5±1 mm(시험체의 질량 약 1 200 g)가 될 수 있도록, 각 골재를 배합비에 따라 용기에 소요량을 준비한다.

(4) 계량한 골재를 가열판이나 건조기에 넣고, 아스팔트 혼합물의 규정된 혼합 온도(동점도 170±20 cSt(세이볼트 퓨롤도 80±10초))(그림 4.34 참조)보다 약 28°C(액상 아스팔트의 경우는 약 14°C) 높은 온도까지 가열한다.

(5) 가열된 골재를 혼합 용기에 넣고 마른 비빔을 한다.

(6) 소요의 아스팔트 양을 계량하여 골재에 넣고, (4)의 규정된 혼합 온도에서 혼합한다.

(7) 혼합물을 다짐하기 전에 건조로에 넣어 규정된 다짐 온도(동점도 280±30 cSt(세이볼트 퓨롤도 135±15초))(그림 4.34 참조) 내에서 1시간 동안 양생한다.

(나) 시험체의 제작

(1) 시험체 형틀, 밑판, 칼라, 다짐 해머의 타격면을 끓는 물속이나 가열판 위에서 90~150°C로 가열한다.

(2) 형틀의 안쪽과 밑면에 그리스를 엷게 발라 조립하고, 밑면에 거름종이를 깐다.

(3) 형틀에 혼합물을 넣고 표면을 고른 후, 형틀에서 칼라를 떼어 내고 표면을 고른다.

(4) 혼합물의 온도를 (가)(4)의 규정 다짐 온도로 유지하고, 형틀에 칼라를 다시 붙인다.

(5) 조립된 형틀을 홀더 안에서 다짐 받침대 위에 올려놓는다.

(6) 다짐 해머를 450 mm의 높이에서 자유 낙하시켜 혼합물을 50회(또는 75회) 다진다.

(7) 형틀에서 밑판과 칼라를 떼어 내고 뒤집어 재조립한다.

(8) 뒤집은 시험체의 표면을 (6)과 같은 방법으로 다진다.

(9) 형틀에서 밑판과 칼라를 떼어내고, 시험체 추출기로 시험체를 형틀에서 빼낸다.

(10) 시험체를 편편한 면에 놓고 실온에서 12시간 둔다.

[2] 안정도 시험

(1) 시험체의 두께를 원주에 따라 4곳(90°마다)을 측정하고, 그 평균값(t)을 구한다.

(2) 시험체를 60±1°C의 온도를 유지한 항온 수조에 30~40분간 담근다.

(3) 수조에서 시험체를 꺼내어 하부 재하 헤드 위에 놓고, 안내봉을 통하여 그 위에 상부 헤드를 놓는다(그림 4.33 참조).

(4) 흐름 미터의 가동봉 끝단을 안내봉의 상부에 밀착시키고, 지시계를 0에 맞춘다.

(5) 재하 시험기를 매분 50.8±0.508 mm의 속도로 움직여 시험체에 하중을 가한다.

(6) 최대 하중이 되어 재하가 멈추면, 로드 셀의 지시계 값(R)과 흐름 미터의 지시계 값(F)을 읽는다.

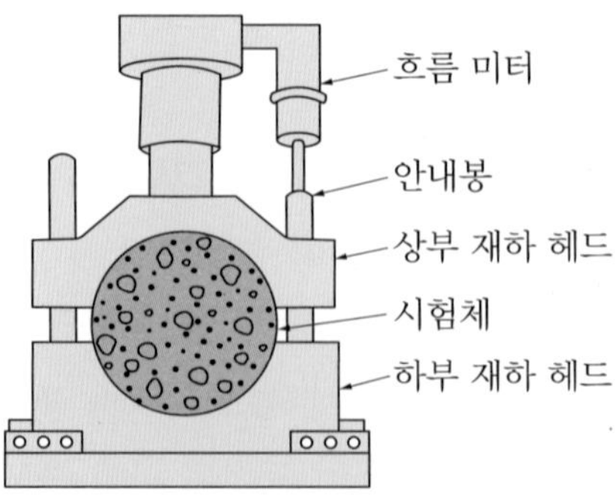

그림 4.33 재하 장치

[3] 시험 결과의 산출

(1) 아스팔트 혼합물의 안정도는 다음 식에 따라 산출한다.

$$S_a = R \times a \tag{4.20}$$

여기서, S_a : 아스팔트 혼합물의 안정도(N)

R : 로드 셀의 지시계 읽음(N)

a : 안정도 보정 계수(표 4.39 참조)

(2) 아스팔트 혼합물의 흐름값(F)은 흐름 미터의 지시계 읽음값을 $\frac{1}{100}$ cm 단위로 환산한다.

표 4.39 안정도 보정 계수 (KS M 2337)

시험체의 두께 (mm)	보정 계수	시험체의 두께 (mm)	보정 계수	시험체의 두께 (mm)	보정 계수
25.4	5.56	42.8	2.08	60.3	1.09
26.9	5.00	44.4	1.92	61.9	1.04
28.5	4.55	46.0	1.79	63.5	1.00
30.1	4.17	47.6	1.67	64.0	0.96
31.7	3.85	49.2	1.56	65.1	0.93
33.3	3.57	50.8	1.47	66.7	0.89
34.9	3.33	52.3	1.39	68.3	0.86
36.5	3.03	53.9	1.32	71.4	0.83
38.1	2.78	55.5	1.25	73.0	0.81
39.6	2.50	57.1	1.19	74.6	0.78
41.2	2.27	58.7	1.14	76.2	0.76

5. 주의 사항

(1) 아스팔트 혼합물의 골재 최대 지름은 25 mm 이하로 한다.

(2) 시험체를 수조에서 꺼내어 최대 하중을 측정할 때까지의 시험에 소요되는 시간은 30초 이내이어야 한다.

(3) 아스팔트 혼합물은 온도에 민감하므로, 혼합 온도 및 다짐 온도를 잘 지켜야 한다.

6. 시험 결과의 정리

(1) 시험 결과를 정리하여 기록한다.

(2) 아스팔트 혼합물의 안정도 및 흐름값 시험 결과의 예는 표 4.40과 같다.

표 4.40 아스팔트 혼합물의 안정도 및 흐름값 시험 결과의 예

<table>
<tr><th colspan="10">아스팔트 혼합물의 안정도 및 흐름값 시험</th></tr>
<tr><td>시험일</td><td colspan="2">년 월 일</td><td colspan="2">실온 23.5°C</td><td colspan="2">습도 %</td><td colspan="3">수온 °C</td></tr>
<tr><td>시료</td><td colspan="5">아스팔트 혼합물(아스팔트 함유율 4.5%)</td><td>시험자</td><td colspan="3"></td></tr>
<tr><td colspan="2">시험 방법</td><td colspan="8">마샬식</td></tr>
<tr><td>혼합 온도(°C)</td><td>150~157</td><td colspan="3">다짐 온도(°C)</td><td colspan="5">136~143</td></tr>
<tr><td colspan="2">측정 번호</td><td colspan="4">1</td><td colspan="4">2</td></tr>
<tr><td colspan="2" rowspan="2">시험체의 두께 t (mm)</td><td>63.7</td><td>63.9</td><td>63.3</td><td>63.5</td><td></td><td></td><td></td><td></td></tr>
<tr><td colspan="4">(평균) 63.6</td><td colspan="4"></td></tr>
<tr><td rowspan="2">지시계 읽음</td><td>로드 셀의 읽음값 R (kN)</td><td colspan="4">8.05</td><td colspan="4"></td></tr>
<tr><td>흐름 미터의 읽음값 F (mm)</td><td colspan="4">2.5</td><td colspan="4"></td></tr>
<tr><td colspan="2">보정 계수 a</td><td colspan="4">0.99</td><td colspan="4"></td></tr>
<tr><td colspan="2">안정도 $S_a = R \times a$ (kN)</td><td colspan="4">7.97</td><td colspan="4"></td></tr>
<tr><td colspan="2">흐름값 F (1/100 cm)</td><td colspan="4">25</td><td colspan="4"></td></tr>
</table>

7. 참고 사항

(1) 아스팔트 혼합물의 안정도 및 흐름값의 기준값은 표 4.43, 표 4.46 및 표 4.48과 같다.

(2) 시험체의 제작 시 아스팔트 혼합물의 혼합 온도 및 다짐 온도는 그림 4.34와 같다.

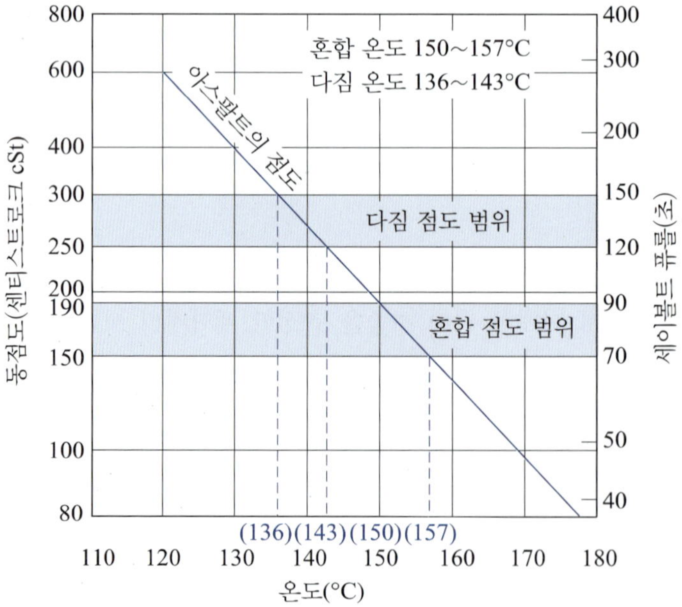

그림 4.34 아스팔트 혼합물의 혼합 온도 및 다짐 온도

8. 관계 지식

(1) 포장용 아스팔트 혼합물이 하중을 받을 때, 변형에 대하여 저항하는 정도를 아스팔트 혼합물의 안정도라 한다.

(2) 마샬 안정도는 마샬 시험기를 사용하여 원통형 시험체의 측면에 하중을 가해, 소성 흐름에 대한 저항력을 측정하여 구한다.

(3) 아스팔트의 안정도 및 흐름값은 아스팔트 혼합물의 품질 기준이 된다.

4.13 아스팔트 혼합물의 배합 설계

(Mix Design of Asphalt Mixtures)

1. 시험 목적

(1) 소요의 품질 재료를 사용하여 안정성, 내구성 및 경제성을 가지는 가열 아스팔트 혼합물을 만든다.

(2) 마샬 시험에 의한 가열 아스팔트 혼합물의 배합 설계를 한다.

2. 사용 기기

(1) 마샬 안정도 시험기(4.12의 2.(1) 참조)

(2) 시험체 기구(형틀, 다짐용 해머, 받침대, 건조기 등)(4.12의 2.(2)~(12) 참조)

3. 사용 재료

(1) 도로 포장용 아스팔트(스트레이트 아스팔트, KS M 2201)

(2) 아스팔트 혼합물용 잔골재(KS F 2357) 및 굵은 골재(KS F 2357)

(3) 아스팔트 혼합물용 순환 골재(KS F 2572)

(4) 아스팔트 포장용 채움재(KS F 3501)

4. 시험 방법

[1] 시료의 준비

(1) 필요한 품질을 가지고 충분한 양을 얻을 수 있도록 재료를 선정한다.

(2) 골재는 4분법 또는 시료 분취기로 채취하여 105±5°C의 온도로 건조시킨다.

[2] 가열 아스팔트 혼합물의 배합 설계(마샬 시험에 의한)

(가) 아스팔트 혼합물의 종류 및 재료의 선정

(1) 아스팔트 혼합물의 종류를 결정한다.

(2) 사용 재료를 선정하고, 재료 시험을 한다.

(나) 골재의 배합비 및 합성 입도의 결정

(1) 골재의 예정 입도를 정한다.

아스팔트 혼합물의 종류에 따라 골재의 입도(표 4.42, 표 4.45, 표 4.47 참조)를 선정하여 예정 입도를 정하고, 그 입도 범위의 중심 입도를 선정한다.

(2) 사용 골재의 입도를 구한다.

(3) 골재의 배합비를 시산법 또는 도표법에 의해 결정한다.

① 시산법(trial error method)은 최적화 기법을 이용하며, 전산 프로그램(스프레드 시트)을 사용하여 예정 입도에 가까운 사용 골재의 배합비를 구한다.

② 도표법은 그림 4.35와 같은 방법을 이용하여, 다음과 같이 예정 입도에 가까운 사용 골재의 배합비를 구한다.

㉠ 사용 골재의 입도 곡선을 다음과 같이 그린다.

1) 방안지에 그림 4.35와 같이 외곽선을 그리고 대각선을 긋는다. 이 대각선이 예정 입도 곡선을 나타낸다.

2) 대각선을 이용하여 가로축에 체눈 크기의 위치를 정하고, 세로축은 통과 질량 백분율의 눈금으로 한다.

예를 들면, 예정 입도의 체의 호칭이 13 mm일 때 통과율이 90%라 하면, 이것의 수평선이 대각선과 만나는 점에서 수직선을 그어 가로축과 만나는 점을 13 mm 체의 위치로 한다.

3) 이와 같이 구한 그림에 사용 골재의 각 입도 곡선(A, B, C, D)을 그린다.

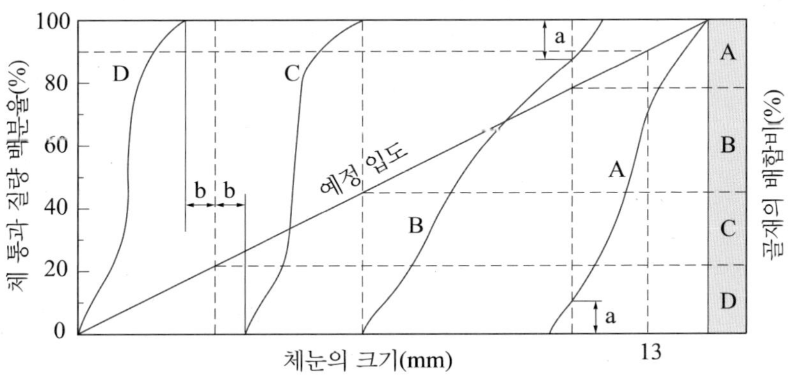

그림 4.35 골재의 배합비 정하는 방법[7]

㉡ 사용 골재의 배합비를 정한다.

각 골재의 서로 옆에 있는 입도 곡선과의 관계는 그림 4.35와 같이 3종류가 있다. 이들의 관계로부터 다음과 같이 수직선을 긋는다.

1) 입도 곡선이 서로 겹쳐져 있을 경우(A의 아랫점과 B의 윗점)에는 2개의 입도 곡선과 위 또는 아래 가로축의 거리(a의 길이)가 같게 되는 위치에 수직선을 긋는다.
2) 입도 곡선이 서로 마주하여 있을 경우(B의 아랫점과 C의 윗점)에는 2개의 입도 곡선이 가로축과 만나는 점을 지나는 수직선을 긋는다.
3) 입도 곡선이 서로 떨어져 있을 경우(C의 아랫점과 D의 윗점)에는 2개의 입도 곡선 간격의 2등분선(b = b)을 지나는 수직선을 긋는다.

이상과 같이 그은 수직선과 대각선(예정 입도 곡선)의 만나는 점을 수평으로 연장하면 골재의 배합비가 된다.

(4) 골재의 합성 입도를 구한다.

골재의 합성 입도는 구해진 골재의 배합비를 사용하여 다음 식에 따라 구한다.

$$P_i = A_i a + B_i b + C_i c + \cdots \tag{4.21}$$

여기서, P_i : 체의 크기 i를 통과하는 합성 골재의 질량 백분율(%)

A_i, B_i, C_i : 체의 크기 i를 통과하는 골재 A, B, C의 질량 백분율(%)

a, b, c : 골재 A, B, C의 배합비(%)

(5) 골재의 합성 입도 곡선을 그린다.

합성 입도를 검토하여 설계 사용 입도로 하고, 필요하면 합성 입도를 보정한다.

(6) 골재의 배합비를 밀도에 의해 보정한다.

골재의 밀도 차가 0.2 이상이 되면, 다음 식에 따라 골재의 배합비를 보정한다.

$$P_d = \frac{P_g \times d}{\Sigma(P_g \times d)} \tag{4.22}$$

여기서, P_d : 밀도에 의해 보정한 골재의 배합비(%)

P_g : 골재의 배합비(%)

d : 골재의 밀도(g/cm^3)

(7) 결정 골재의 배합비와 합성 입도를 구한다.

(다) 설계 아스팔트 양의 결정

(1) 추정 아스팔트 양을 결정한다.

추정 아스팔트 양은 골재의 합성 입도를 이용하여 다음 식으로 구한다.

$$P_b = 0.035a + 0.045b + Xc + F \tag{4.23}$$

여기서, P_b : 전체 아스팔트 혼합물 질량에 대한 추정 아스팔트의 질량 백분율(%)

a : 2.5 mm(No. 8) 체에 남은 골재의 질량 백분율(%)

b : 2.5 mm 체를 통과하고 0.08 mm 체에 남은 골재의 질량 백분율(%)

c : 0.08 mm 체를 통과한 골재(채움재)의 질량 백분율(%)

X : c값이 11~15%이면 0.15, 6~10%이면 0.18, 5% 이하이면 0.20 사용

F : 골재의 흡수율로 일반적으로 0~2%이며, 자료가 없으면 0.7~1% 사용

(2) 추정 아스팔트 양으로 아스팔트 혼합물의 시험체를 제작한다.

① 아스팔트의 혼합률을 0%, ±0.5%, ±1% 등의 5종류로 변화시켜 시험체를 각각 1조당 3개씩 제작한다.

② 시험체 질량 또는 골재의 질량이 일정할 때, 아스팔트의 질량은 다음 식으로 구한다.

$$m_a = \frac{m_g \times P_a}{100 - P_a} \quad \text{또는} \quad m_a = m_s \times P_a \tag{4.24}$$

여기서, m_a : 아스팔트의 질량(g)

m_g : 골재의 질량(g)

P_a : 아스팔트의 혼합률(%)

m_s : 시험체의 질량(g)

③ ‘KS F 2337 아스팔트 혼합물의 마샬 안정도 및 흐름값 시험 방법’에 따라 시험체를 제작한다(**4.12** 의 **4.[1]** 참조).

(3) 추정 아스팔트 양 혼합물의 이론 최대 밀도를 구한다.

아스팔트 혼합물의 이론 최대 밀도(D_m)는 식 (4.15), 식 (4.16)에 의해 구한다.

(4) 아스팔트 혼합물 시험체의 특성치를 산출한다.

① 실측 밀도(d)는 시험체의 함수율에 따라 식 (4.11), 식 (4.13) 또는 식 (4.14)에 의해 부피 밀도(d_B) 또는 겉보기 밀도(d_A)를 구한다.

② 이론 최대 밀도(d_m)는 다음 식으로 구한다.

$$d_m = \frac{100}{\dfrac{100 - P_a}{d_e} + \dfrac{P_a}{d_a}} \tag{4.25}$$

여기서, d_m : 아스팔트 혼합물의 이론 최대 밀도(g/cm^3)

P_a : 아스팔트의 혼합률(%)

d_a : 아스팔트의 밀도(g/cm³)

d_e : 골재의 유효 밀도(g/cm³) $\left(= \dfrac{100 - P_b}{100/D_m - P_b/d_a}\right)$

P_b : 추정 아스팔트의 질량 백분율(%)(식 (4.23) 참조)

D_m : (3)에서 구한 추정 아스팔트 양 혼합물의 이론 최대 밀도(g/cm³)

③ 아스팔트 용적률(V_a)은 다음 식으로 구한다.

$$V_a(\%) = \frac{d}{d_a} \times P_a \tag{4.26}$$

④ 공극률(VTM)은 다음 식으로 구한다.

$$VTM(\%) = \left(1 - \frac{d}{d_m}\right) \times 100 \tag{4.27}$$

⑤ 간극률(VMA)은 다음 식으로 구한다.

$$VMA(\%) = V_a + VTM \tag{4.28}$$

⑥ 포화도(VFA)는 다음 식으로 구한다.

$$VFA(\%) = \frac{V_a}{V_a + VTM} \times 100 \tag{4.29}$$

⑦ 안정도(S_a)는 식 (4.20)에 의하여 구한다.

⑧ 흐름값(F)은 안정도 시험에서 흐름 미터의 읽음값을 1/100 cm 단위로 나타낸다.

(5) 최적 아스팔트 양은 다음과 같이 결정한다.

① 아스팔트 혼합물의 아스팔트 양과 혼합물 특성치의 관계를 구한다.

② 아스팔트 양과 특성치의 관계에서 아스팔트 혼합물의 공극률이 표층용 및 중간층용은 4%, 기층용은 5%일 때의 아스팔트 양을 선정한다.

③ 아스팔트 혼합물 시험 결과가 품질 기준값(표 4.43, 표 4.46, 표 4.48 참조)에 적합하면, 이것을 최적 아스팔트 양으로 결정한다.

(6) 아스팔트 혼합물의 시험 결과가 품질 기준값에 적합하지 않을 때는 재료의 배합을 변경하여 재시험을 해야 한다.

[3] 시험 결과의 표시

(1) 마샬 시험 기준값에 맞는 아스팔트 혼합물의 아스팔트 양을 실시 배합으로 한다.

(2) 실시 배합의 굵은 골재, 잔골재, 석분 및 아스팔트 양을 배합비(%)로 나타낸다.

5. 주의 사항

(1) 마샬 안정도 시험은 혼합물의 골재 최대 지름을 25 mm 이하로 하므로, 25 mm를 넘는 골재는 25～13 mm 골재로 치환하여 설계 아스팔트 양을 구한다.

(2) 비가 많고, 눈이 많은 지역은 설계 아스팔트 양을 증가할 수 있다.

6. 시험 결과의 정리

(1) 아스팔트 혼합물의 배합 설계 결과를 정리하여 기록한다.

(2) 아스팔트 혼합물의 배합 설계 결과의 예는 표 4.41과 같다.

표 4.41 **아스팔트 혼합물의 배합 설계 결과의 예**

아스팔트 혼합물의 배합 설계					
시험일	년 월 일	실온 23°C	습도 %	수온 °C	
시료	아스팔트 혼합물의 재료		시험자		
설계 조건	포장 도로 중간층의 가열 아스팔트 혼합물(WC-5)				
사용 재료	아스팔트 : 스트레이트 아스팔트(80～100) 굵은 골재 : 부순 굵은 골재(6번, 7번) 잔골재 : 부순 잔골재(No.1) 채움재 : 석분				

골재의 배합비	
골재의 종류	배합비(%)
부순 굵은 골재(6번)	35
부순 굵은 골재(7번)	24
부순 잔골재(No.1)	35
채움재(석분)	6
합계	100
혼합 및 다짐 온도(°C)	150～157 / 136~143

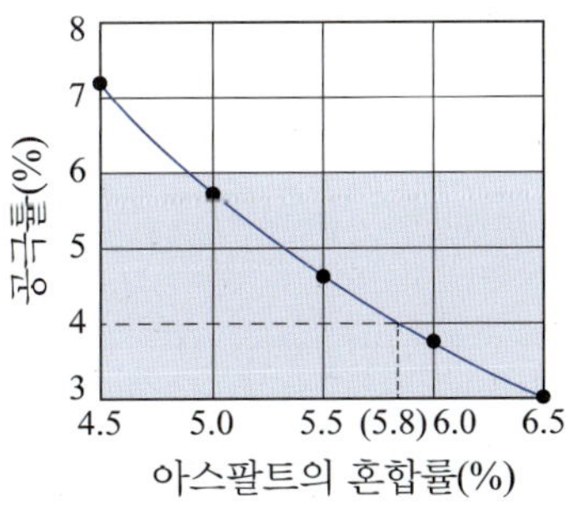

혼합물의 성질(설계 아스팔트의 혼합률 5.8%)			실시 배합	
항목	시험값	기준값	재료	배합비(%)
공극률(%)	4	3～7	부순 굵은 골재(6번)	33
안정도(N)	11 200	5 000 이상	부순 굵은 골재(7번)	22.6
흐름값(1/100 cm)	30	20～40	부순 잔골재(No.1)	33
포화도(%)	76	65～85	채움재(석분)	5.6
간극률(%)	17.6	–	스트레이트 아스팔트	5.8

7. 참고 사항

(1) 도로 포장용 가열 아스팔트 혼합물의 입도 분포 및 품질 기준은 다음과 같다.

① 표층용 가열 아스팔트 혼합물의 입도 분포는 표 4.42와 같고, 품질 기준은 표 4.43과 같다.

표 4.42 **표층용 가열 아스팔트 혼합물의 입도 분포** (SPS-KAI0002-F2349-5687)

혼합물의 종류 / 체의 호칭 치수(mm)		WC*-1	WC-2	WC-3	WC-4	WC-5	WC-6
		13	13F**	20	20F	20R***	13R
체 통과 질량 백분율 (%)	25			100	100	100	
	20	100	100	90～100	95～100	90～100	100
	13	90～100	95～100	72～90	75～90	69～84	90～100
	10	76～90	84～92	56～80	67～84	56～74	73～90
	5	44～74	55～70	35～65	45～65	35～55	40～60
	2.5	28～58	35～50	23～49	35～50	23～38	25～40
	0.60	11～32	18～30	10～28	18～30	10～23	11～22
	0.30	5～21	10～21	5～19	10～21	5～16	7～16
	0.15	3～15	6～16	3～13	6～16	3～12	4～12
	0.08	2～10	4～8	2～8	4～8	2～10	3～9

주 : * WC(wearing course)는 표층용 가열 아스파트 혼합물이다.
** F는 광물성 채움재(석분)가 많이 함유된 혼합물이다.
*** R은 소성 변형 저항성이 높은 혼합물이다.

표 4.43 **표층용 가열 아스팔트 혼합물의 품질 기준** (SPS-KAI0002-F2349-5687)

항목	기준값		비고
	WC-1～4	WC-5, 6	
안정도(N)	5 000(7 500)*	6 000 이상	다짐 횟수 WC-1～4 양면 각 50회 ( ) 안은 75회 WC-5, 6 양면 각 75회
흐름값(1/100 cm)	20～40	15～40 이상	
공극률(%)	3～6	3～5	
포화도(%)	65～80	70～85	
간극률(%)	표 4.44의 값	표 4.44의 값	
인장 강도비**	0.75 이상	0.75 이상	
동적 안정도(회/mm)***	750 이상	1 000 이상	

주 : * ( ) 안은 대형차 교통량이 1일 1방향, 1 000대 이상일 경우 소성 변형이 우려되는 포장에 적용한다.
** 인장 강도비는 공극률 7±0.5% 이상만 적용한다.
*** 동적 안정도는 가열 재활용, 중온 재활용, 중온 아스팔트 혼합물에만 적용한다.

표 4.44 최소 간극률(%) 기준 (SPS-KAI0002-F2349-5687)

골재의 최대 치수(mm) \ 공극률(%)	3.0	4.0	5.0	6.0
13	13.0 이상	14.0 이상	15.0 이상	16.0 이상
20	12.0 이상	13.0 이상	14.0 이상	15.0 이상
25	11.0 이상	12.0 이상	13.0 이상	14.0 이상

주 : 설계 공극률이 3.0~4.0인 경우에는 각 기준값을 보간하여 사용한다.

② 중간층용 가열 아스팔트 혼합물의 입도 분포는 표 4.45와 같고, 품질 기준은 표 4.46과 같다.

표 4.45 중간층용 가열 아스팔트 혼합물의 입도 분포 (SPS-KAI0002-F2349-5687)

체의 호칭 치수(mm) \ 혼합물의 종류		MC*-1
		20
체 통과 질량 백분율 (%)	25	100
	20	90~100
	13	70~90
	10	60~80
	5	35~55
	2.5	20~35
	0.6	11~23
	0.3	5~16
	0.15	4~12
	0.08	2~7

주 : * MC(itermediate course)는 중간층용 아스팔트 혼합물이다.

표 4.46 중간층 가열 아스팔트 혼합물의 품질 기준 (SPS-KAI0002-F2349-5687)

항목	기준값	비고
안정도(N)	5 000(7 500)*	다짐 횟수 양면 각 50회 ( ) 안은 75회
흐름값(1/100 cm)	20~40	
공극률(%)	3~7	
포화도(%)	65~85	

주 : * ( ) 안은 대형차 교통량이 1일 1방향, 1 000대 이상일 경우에 유동성에 의한 소성 변형이 우려되는 포장에 적용한다.

③ 기층용 가열 아스팔트 혼합물의 입도 분포는 표 4.47, 품질 기준은 표 4.48과 같다.

표 4.47 기층용 가열 아스팔트 혼합물의 입도 분포 (SPS-KAI0002-F2349-5687)

체의 호칭 치수(mm) \ 혼합물의 종류		BB-1*	BB-2	BB-3	BB-4**
		40	30	25	25R
체 통과 질량 백분율 (%)	50	100			
	40	95～100	100		
	30	80～100	95～100	100	100
	25	70～100	80～100	90～100	95～100
	20	55～90	55～90	71～90	80～90
	13	40～80	46～80	56～80	60～78
	10	30～70	40～70	45～72	45～68
	5	17～55	28～55	29～59	25～45
	2.5	10～42	19～42	19～45	15～33
	0.6	5～28	7～26	7～25	6～18
	0.3	3～22	4～19	5～17	4～14
	0.15	2～16	2～13	3～12	3～10
	0.08	1～10	1～7	1～7	2～8

주 : * BB(black base) 기층용 가열 아스팔트 혼합물이다.

표 4.48 기층용 가열 아스팔트 혼합물의 품질 기준 (SPS-KAI0002-F2349-5687)

항목	기준값	비고
안정도(N) 흐름값(1/100 cm) 공극률(%) 포화도(%)	3 500(5 000)* 10～40 3～8 60～75	다짐 횟수 양면 각 50회 ( ) 안은 75회

주 : * ( ) 안은 대형차 교통량이 1일 1방향, 1 000대 이상일 경우 소성 변형이 우려되는 포장에 적용한다.

④ 순환 골재를 사용한 가열 아스팔트 혼합물의 품질 기준은 표 4.49와 같다.

표 4.49 순환 골재를 사용한 가열 아스팔트의 품질 기준 (SPS-KAI0002-F2349-5687)

항목	기층용	중간층 및 표층용
간접 이장 강도(N/mm^2)	0.6 이상	0.8 이상
터프니스(toughness)(N · mm^2)	6 000 이상	8 000 이상
아스팔트 추출 후 침입도(1/10 mm)	55 이상	55 이상

(2) 도로 포장용 아스팔트 혼합물의 골재 입도 및 품질은 다음과 같다.

① 아스팔트 혼합물용 굵은 골재의 입도는 골재 번호와 입도 범위에 따라 표 4.50과 같이 규정하고 있다.

표 4.50 **아스팔트 혼합물용 굵은 골재의 입도** (KS F 2357)

골재 번호	체의 치수(mm) / 입도 범위(mm)	각 체를 통과하는 것의 질량 백분율(%)									
		65	50	40	25	20	13	10	5	2.5	1.2
3	50～25	100	90～100	35～70	0～15		0～5				
357	50～5	100	95～100		35～70		10～30		0～5		
4	4～20		100	90～100	20～55	0～15		0～5			
467	40～5		100	95～100		35～70		10～30	0～5		
5	25～13			100	95～100	20～55	0～10	0～5			
57	25～5			100	95～100		25～60		1～10	0～5	
6	20～10				100	90～100	20～55	0～15	0～5		
67	20～5				100	90～100		20～55	0～10	0～5	
68	20～2.5				100	90～100		30～65	5～25	0～10	0～5
7	13～5					100	90～100	40～70	0～15	0～5	
78	13～2.5					100	90～100	40～75	5～25	0～10	0～5
8	10～2.5						100	85～100	10～30	0～10	0～5

② 아스팔트 혼합물용 잔골재의 입도는 골재의 입도 번호에 따라 표 4.51과 같이 규정하고 있다.

표 4.51 **아스팔트 혼합물용 잔골재의 입도** (KS F 2357)

체의 호칭 치수(mm)	체를 통과하는 것의 질량 백분율(%)				
	입도 No.1	입도 No.2	입도 No.3	입도 No.4	입도 No.5
10	100			100	
5	95～100	100	100	80～100	100
2.5	70～100	75～100	95～100	65～100	85～100
1.2	40～80	50～74	85～100	40～80	
0.6	20～65	28～52	65～90	20～65	25～55
0.3	7～40	8～30	30～60	7～40	15～40
0.15	2～20	0～12	5～25	2～20	7～28
0.08	0～5	0～5	0～5	0～10	0～20

③ 아스팔트 포장용 채움재의 입도는 표 4.52와 같이 규정하고 있다.

표 4.52 아스팔트 포장용 채움재의 입도 (KS F 3501)

체의 호칭 치수(mm)	체 통과 질량 백분율(%)
0.60	100
0.30	95 이상
0.15	90 이상
0.08	70 이상

④ 아스팔트 혼합물용 골재의 품질은 표 4.53과 같이 규정하고 있다.

표 4.53 아스팔트 혼합물용 골재의 품질 (KS F2357)

구분	굵은 골재		잔골재	시험 방법
	표층	기층		
밀도(절건)(g/cm^3)	2.5 이상	2.5 이상	2.5 이상	KS F 2503, 2504
흡수율(%)	3.0 이상	3.0 이상	3.0 이상	KS F 2503, 2504
안정성(%)	12 이하	12 이하	15 이하	KS F 2507
마모율(%)	35 이하	40 이하	–	KS F 2508

【가열 아스파트 혼합물의 배합 설계 예】

일반 지역의 아스팔트 도로 포장 표층에 사용하는 가열 아스팔트 혼합물(최대 입경 20 mm R)의 배합 설계를 한다.

[1] 사용 재료 및 시험 결과

(가) 사용 재료

아스팔트 : 스트레이트 아스팔트(80～100)(KS M 2201 참조)

굵은 골재 : 아스팔트 혼합물용 굵은 골재(6번, 7번)(표 4.50 참조)

잔골재 : 아스팔트 혼합물용 잔골재(No.1)(표 4.51 참조)

채움재 : 아스팔트 포장용 채움재(석분)(표 4.52 참조)

(나) 시험 결과

아스팔트 : 표 4.54와 같다.

골재 : 표 4.55와 같다.

표 4.54 아스팔트의 시험 결과

항목	밀도 [15°C] (kg/m³)	침입도[25°C, 100 g, 5초] (1/10 mm)	인화점 (°C)	신도[15°C, 5 cm/min] (cm)	증발 후 침입도비 (%)	박막 가열 후 질량 변화율(%)	톨루엔 가용분 (%)
시험값	1 030	92	274	148	93	0.5	99.8
규정값	1 000 이상	80～100	260 이상	100 이상	110 이하	0.6 이하	99 이상

표 4.55 골재의 시험 결과

체의 호칭 치수(mm) \ 골재의 종류		굵은 골재		잔골재	채움재
		6번	7번	No.1	석분
체 통과 질량 백분율 (%)	25	100			
	20	94	100		
	13	40	95		
	10	8	67	100	
	5	0.3	9	94	
	2.5	0	0.6	66	
	0.6		0	22	100
	0.3			15	98
	0.15			9	95
	0.08			6	86
겉보기 밀도(g/cm³)		2.740	2.742	2.650	2.710
흡수율(%)		1.0	1.3	1.2	0.1

[2] 골재 배합비의 결정

(1) 표 4.42의 WC-5(20R)항을 선택하여 그 중심 입도를 사용 골재의 예정 입도로 한다(표 4.56 참조).

(2) 사용 골재(굵은 골재, 잔골재, 채움재 등)의 체가름 시험을 하여 구한 입도 시험 결과는 표 4.55와 같다.

(3) 사용 골재의 입도를 사용하여 입도 곡선을 그리면 그림 4.36과 같다.

(4) 사용 골재의 입도 곡선을 사용하여 도표법에 의해서 각 골재의 배합비를 구하면 그림 4.36과 같다.

(5) 그림 4.36에서 구한 사용 골재의 배합비를 사용하여, 식 (4.21)에 따라 사용 골재의 합성 입도를 구하면 표 4.56과 같다.

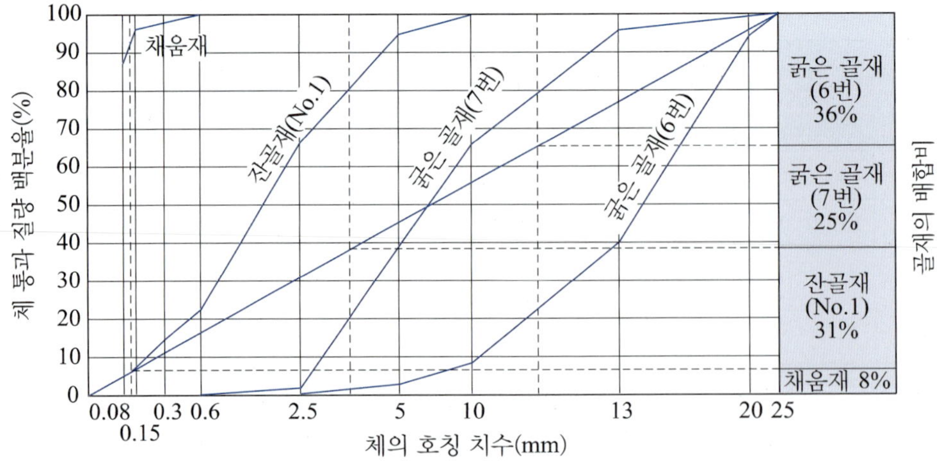

그림 4.36 사용 골재의 입도 곡선 및 배합비

표 4.56 사용 골재의 합성 입도

골재의 종류		굵은 골재		잔골재	채움재	골재의 배합비				합성 입도	예정 입도 (WC-5)
		6번	7번	No.1	석분	굵은 골재		잔골재	채움재		
체의 치수(mm)	배합비 (%)	36	25	31	8	6번	7번	No.1	석분		
체 통과 질량 백분율 (%)	25	100				36(35)	25(24)	31(35)		100(100)	100
	20	94	100			33.8(32.9)	25(24)	31(35)	8(6)	97.8(96.9)	90～100
	13	40	95			14.4(14)	23.8(22.8)	31(35)	8(6)	77.2(77.8)	76.5
	10	8	67	100		2.9(2.8)	16.8(16.1)	31(35)	8(6)	58.7(59.9)	65
	5	0.3	9	94		0.1(0.1)	2.3(2.2)	29.1(32.9)	8(6)	39.5(41.2)	45
	2.5	0	0.6	66			0.15(0.1)	20.5(23.1)	8(6)	28.7(29.2)	30.5
	0.6		0	22	100			6.8(7.7)	8(6)	14.8(13.7)	16.5
	0.3			15	98			4.7(5.3)	7.8(5.8)	12.5(11.1)	10.5
	0.15			9	95			2.8(3.2)	7.6(5.7)	10.4(10.4)	7.5
	0.08			6	86			1.9(2.1)	6.8(5.2)	8.7(7.3)	6

주 : ( ) 속의 숫자는 보정값이다.

(6) 표 4.56의 합성 입도를 사용하여 입도 곡선을 그리면 그림 4.37과 같다.

그림 4.37의 합성 입도 곡선에서 0.08 mm 체와 0.15 mm 체 및 5 mm 체와 10 mm 체의 통과량이 예정 입도와 크게 다르다.

따라서 될 수 있는 대로 예정 입도에 가깝게 하기 위하여 잔골재와 석분의 양을 늘리고 굵은 골재의 양을 줄여서 입도를 보정한다. 보정 입도는 표 4.56의 합성 입도란 ( ) 속의 수치와 같다.

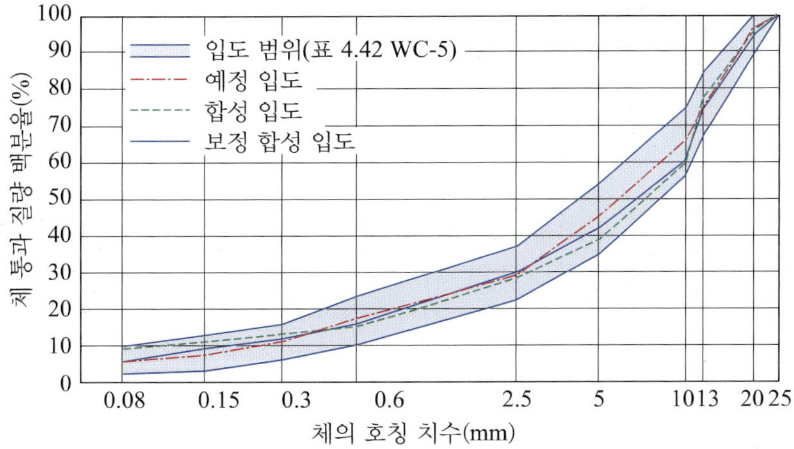

그림 4.37 골재의 합성 입도 곡선

(7) 골재의 밀도 차가 0.2 이상 다른 것이 2개 이상이 아니므로, 밀도에 의한 배합비의 보정이 필요 없다. 참고로 식 (4.22)에 의해 보정하면 표 4.57과 같다.

표 4.57 **밀도에 의한 골재 배합비의 보정**

항목 \ 골재의 종류	굵은 골재		잔골재	채움재	합계
	6번	7번	No.1	석분	
골재의 배합비 P_g (%)	35	24	35	6	100
골재의 밀도 d (g/cm^3)	2.740	2.742	2.650	2.710	–
$P_g \times d$	95.900	65.808	92.750	16.260	270.718
밀도 보정 골재의 배합비 $P_d = \dfrac{P_g \times d}{\Sigma(P_g \times d)} \times 100$ (%)	35.42	24.31	34.26	6.01	100

(8) 표 4.56의 결정 골재의 배합비 및 합성 입도를 정리하면 표 4.58과 같다.

표 4.58 **결정 골재의 배합비 및 합성 입도**

골재의 종류	골재의 배합비(%)
굵은 골재(6번)	35
굵은 골재(7번)	24
잔골재(No.1)	35
채움재(석분)	6

체의 호칭 치수(mm)	25	20	13	10	5	2.5	0.6	0.3	0.15	0.08
합성 입도(%)	100	96.9	77.8	59.9	41.2	29.2	13.7	11.1	10.4	7.3

[3] 설계 아스팔트 양의 결정

(1) 추정 아스팔트 양은 식 (4.23)에 의하여 구하면 표 4.59와 같다.

$$P_b = 0.035a + 0.045b + Xc + F = 5.6(\%)$$

표 4.59 추정 아스팔트의 질량 백분율(P_b)

상수	a	b	c	X	F	P_b
값(%)	70.8	21.9	7.3	0.18	0.85	5.6

(2) 추정 아스팔트 양으로 아스팔트 혼합물의 시험체를 제작한다.

① 추정 아스팔트의 질량비가 5.6%이므로 4.5%, 5.0%, 5.5%, 6.0%, 6.5%의 아스팔트 혼합률을 사용하여 각각 시험체 1조당 3개씩 만든다.

② 다짐 후 규정 높이(63.5±1 mm)가 될 수 있는 표준 시험체 1개당의 아스팔트 혼합물의 질량은 약 1 200 g이 된다. 시험체 1개당의 골재 질량을 1 150 g으로 하면, 각 아스팔트 양에 따른 재료량은 표 4.60과 같다.

아스팔트의 양은 식 (4.24)에 의하여 구한다.

표 4.60 시험체 1개에 필요한 재료량

재료		아스팔트의 혼합률에 따른 각 재료의 질량(g)				
종류	배합비(%)	4.5%	5.0%	5.5%	6.0%	6.5%
굵은 골재 (6번)	35	402.5	402.5	402.5	402.5	402.5
굵은 골재 (7번)	24	276	276	276	276	276
잔골재(No. 1)	35	402.5	402.5	402.5	402.5	402.5
채움재(석분)	6	69	69	69	69	69
골재의 질량(g)		1 150	1 150	1 150	1 150	1 150
아스팔트의 질량(g)		54.2	60.5	66.9	73.4	79.9
혼합물의 질량(g)		1 204	1 210.5	1 216.9	1 223.4	1 229.9

③ 'KS F 2337 아스팔트 혼합물의 마샬 안정도 및 흐름값 시험 방법'(**4.12**의 **4.[1]** 참조)에 따라 시험체를 제작한다.

아스팔트 혼합물의 혼합 온도 및 다짐 온도는 그림 4.34와 같이 각각 150~157°C 및 136~143°C로 한다.

(3) 추정 아스팔트의 질량 백분율이 5.6%일 때, 아스팔트 혼합물의 시험 결과로 식 (4.16)에 의해 이론 최대 밀도를 구한다.

$$D_m = \frac{m_d}{m_d + m_e - m_t} \times d_w = 2.502 \text{ g/cm}^3$$

이와 같은 방법으로 아스팔트 혼합물의 이론 최대 밀도를 구하여 평균값을 취하면 표 4.61과 같다.

표 4.61 아스팔트 혼합물의 이론 최대 밀도 시험 결과

항목	아스팔트 혼합률 P_a (%)	번호	건조 시료의 질량 m_d(g)	(물+용기)의 질량 m_e(g)	(시료+물+용기)의 질량 m_t(g)	물의 온도 (°C)	물의 밀도 d_w(g/cm³)	이론 최대 밀도 D_m (25°C, g/cm³)	평균값 (25°C, g/cm³)
WC-5 (20R)	5.6	1	1 528.5	20 365.3	21 284.8	25	0.997	2.502	2.503
		2	1 529.3	20 365.3	21 286.2	25	0.997	2.506	
		3	1 530.5	20 365.3	21 285.4	25	0.997	2.502	

(4) 아스팔트 혼합물 시험체의 특성치를 산출한다.

① 아스팔트 혼합률 $P_a = 4.5\%$일 때, 시험체의 함수율에 따라 식 (4.11)에 의해 부피 밀도(d_B)를 구하면 다음과 같다.

$$d_B = \frac{m_d}{m_s - m_w} \times d_w = \frac{1\,193.2}{1\,193.6 - 690.3} \times 0.997 = 2.364 \text{ g/cm}^3$$

이와 같은 방법으로 각 시험체의 부피 밀도를 구하여 배치별 평균값을 취한다.

② 아스팔트 혼합률 $P_a = 4.5\%$일 때, 식 (4.25)에 의해 이론 최대 밀도(d_m)를 구하면 다음과 같다.

$$d_m = \frac{100}{\dfrac{100 - P_a}{d_e} + \dfrac{P_a}{d_a}} = \frac{100}{\dfrac{100 - 4.5}{2.734} + \dfrac{4.5}{1.03}} = 2.545 \text{ g/cm}^3$$

여기서, $d_e = \dfrac{100 - P_b}{\dfrac{100}{D_m} - \dfrac{P_b}{d_a}} = \dfrac{100 - 5.6}{\dfrac{100}{2.503} - \dfrac{5.6}{1.03}} = 2.734 \text{ g/cm}^3$

이와 같은 방법으로 각 배치에 대한 시험체의 이론 최대 밀도를 구한다.

③ 아스팔트 혼합률 $P_a = 4.5\%$일 때, 식 (4.26)에 의해 아스팔트의 용적률(V_a)을 구하면 다음과 같다.

$$V_a = \frac{d_B}{d_a} P_a = \frac{2.364}{1.03} \times 4.5 = 10.3\%$$

이와 같은 방법으로 각 배치에 대한 시험체의 아스팔트 용적률을 구한다.

④ 아스팔트 혼합률 $P_a = 4.5\%$일 때, 식 (4.27)에 의해 공극률(VTM)을 구하면 다음과 같다.

$$VTM = \left(1 - \frac{d_B}{d_m}\right) \times 100 = \left(1 - \frac{2.364}{2.545}\right) \times 100 = 7.1\%$$

이와 같은 방법으로 각 배치에 대한 시험체의 공극률을 구한다.

⑤ 아스팔트 혼합률 $P_a = 4.5\%$일 때, 식 (4.28)에 의해 간극률(VMA)을 구하면 다음과 같다.

$$VMA = V_a + VTM = 10.3 + 7.1 = 17.4\%$$

이와 같은 방법으로 각 배치에 대한 시험체의 간극률을 구한다.

⑥ 아스팔트 혼합률 $P_a = 4.5\%$일 때, 식 (4.29)에 의해 포화도(VFA)를 구하면 다음과 같다.

$$VFA = \frac{V_a}{V_a + VTM} \times 100 = \frac{10.3}{10.3 + 7.1} \times 100 = 59.2\%$$

이와 같은 방법으로 각 배치에 대한 시험체의 포화도를 구한다.

⑦ 아스팔트 혼합률 $P_a = 4.5\%$일 때, 식 (4.20)에 의해 안정도(S_a)를 구하면 다음과 같다.

$$S_a = R \times a = 8\,050 \times 0.99 = 7\,970 \text{ N}$$

이와 같은 방법으로 각 시험체의 안정도를 구하여 배치별 평균값을 취한다.

⑧ 아스팔트 혼합률 $P_a = 4.5\%$일 때, 흐름값(F)을 구하면 다음과 같다.

$$F = 25(\text{흐름 미터 읽음값의 } 1/100 \text{ cm})$$

이와 같은 방법으로 각 시험체의 흐름값을 구하여 배치별 평균값을 취한다.

이상과 같이 구한 아스팔트 혼합물 시험체의 특성치는 표 4.62와 같다.

표 4.62 아스팔트 혼합물 시험체의 특성치

시험체 번호	아스팔트 혼합률 (%)	두께* (mm)	질량			밀도		아스팔트 용적률 (%)	공극률 (%)	간극률 (%)	포화도 (%)	안정도			흐름값 (1/100 cm)
			건조 (g)	표건 (g)	수중 (g)	실측** (g/cm³)	이론 최대 (g/cm³)					지시계 값(kN)	보정 계수	안정도 (kN)	
No.	P_a	t	m_d	m_s	m_m	d_B	d_m	V_a	VTM	VMA	VFA	R	a	S	F
						$\frac{m_d}{m_s - m_u} d_w$	식 (4.25)	$\frac{d_B}{d_a} P_a$	$\left(1 - \frac{d_B}{d_m}\right)100$	$Va + VTM$	$\left(\frac{V_a}{V_a + VTM}\right)100$		표 4.39	$R \times a$	
1	4.5	63.6	1 193.2	1 193.6	690.3	2.364						8.05	0.99	7.97	25
2	4.5	62.5	1 192.3	1 192.6	690.2	2.366						7.87	1.02	8.03	26
3	4.5	62.2	1 192.2	1 192.3	689.7	2.366						7.72	1.02	7.87	24
(평균)						(2.365)	(2.545)	(10.3)	(7.1)	(17.4)	(59.2)			(7.96)	(25)
1	5.0	63.4	1 190.3	1 190.4	692.3	2.383						9.64	1.01	9.74	28
2	5.0	63.0	1 185.2	1 185.3	689.2	2.382						9.62	1.02	9.81	26
3	5.0	63.5	1 190.5	1 190.6	694.5	2.393						9.75	1.00	9.75	27
(평균)						(2.386)	(2.525)	(11.6)	(5.5)	(17.1)	(67.8)			(9.77)	(27)
1	5.5	63.5	1 192.4	1 192.6	695.3	2.391						10.82	1.00	10.82	30
2	5.5	62.8	1 190.2	1 191.3	695.2	2.392						10.72	1.02	10.93	28
3	5.5	63.6	1 193.3	1 191.3	694.1	2.393						11 05	0.99	10.94	27
(평균)						(2.392)	(2.506)	(12.7)	(4.6)	(17.3)	(73.4)			(10.90)	(28)
1	6.0	63.6	1 199.5	1 199.7	699.9	2.393						11.48	0.99	11.36	33
2	6.0	63.7	1 202.5	1 202.7	701.8	2.394						11.49	0.99	11.38	32
3	6.0	63.5	1 198.7	1 198.9	700.1	2.396						11.52	1.00	11.52	31
(평균)						(2.394)	(2.487)	(14.0)	(3.8)	(17.8)	(78.6)			(11.42)	(32)
1	6.5	63.7	1 202.3	1 202.4	702.0	2.396						11.09	0.99	10.98	39
2	6.5	63.4	1 196.2	1 196.3	698.3	2.395						11.03	1.01	11.14	37
3	6.5	63.5	1 196.1	1 196.3	698.1	2.394						11.06	1.01	11.17	36
(평균)						(2.395)	(2.469)	(15.1)	(3.0)	(18.1)	(83.4)			(11.10)	(37)

주 : * 4방향에서 측정한 평균값이다.

** 시험체가 흡수하지 않는 경우, 실측 밀도는 식 (4.14)에 의해 겉보기 밀도를 사용한다.

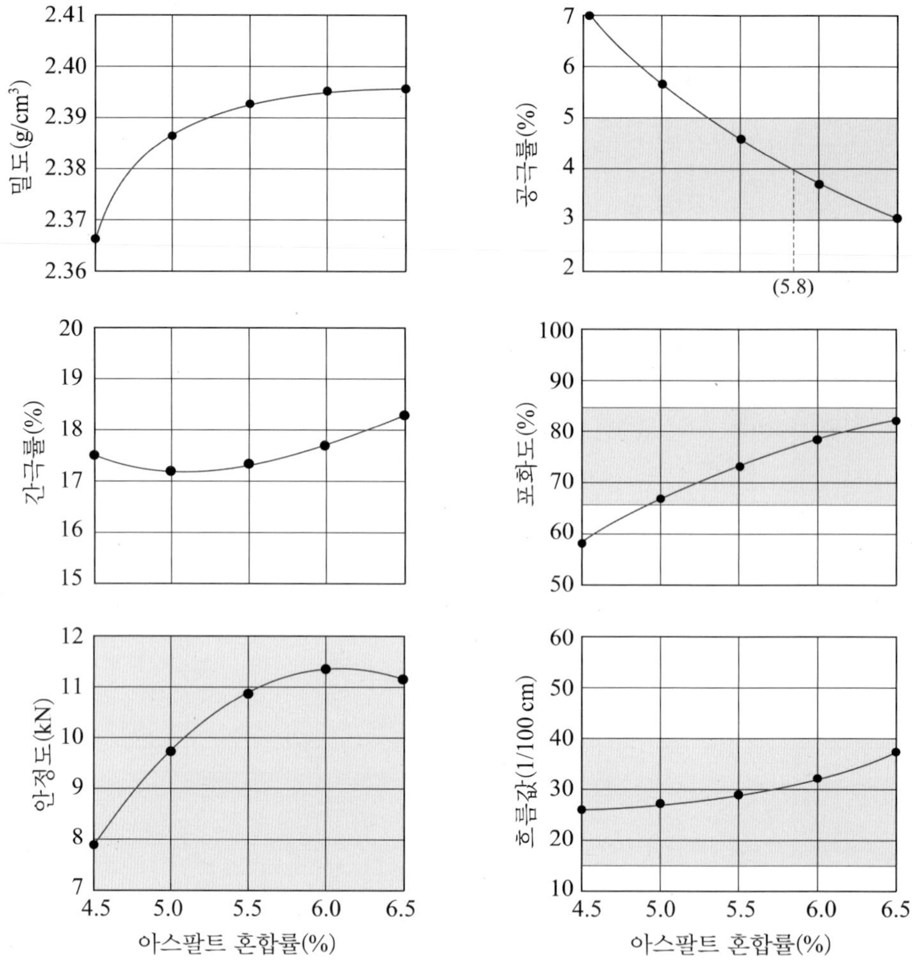

그림 4.38 아스팔트 양과 혼합물의 특성치

(5) 최적 아스팔트 양을 결정한다.

① 아스팔트 혼합물의 아스팔트 양과 그 특성치의 관계를 나타내면 그림 4.38과 같이 된다.

② 그림 4.38에서 아스팔트 혼합물의 공극률 4%에 해당하는 아스팔트 혼합률 5.8 %를 아스팔트 양으로 선정한다.

③ 아스팔트 혼합률이 5.8%일 때, 그림 4.38의 시험 결과에서 아스팔트 혼합물의 성질은 표 4.63과 같다.

이 값은 표층용 가열 아스팔트 혼합물의 품질 기준(표 4.43)에 적합하므로 이것을 최적 아스팔트 양으로 결정한다.

표 4.63 최적 아스팔트의 양에 대한 혼합물의 성질

혼합물의 특성	최적 아스팔트 혼합률 5.8%의 해당값	기준 범위
공극률(%)	4	3~5
안정도(N)	11 200	6 000 이상
흐름값(1/100 cm)	31	15~40
포화도(%)	76	70~85
간극률(%)	17.6	13 이상

[4] 혼합물 배합의 결정

아스팔트 혼합물의 실시 배합은 표 4.64와 같다.

표 4.64 실시 배합

재료		배합비(%)
굵은 골재	6번	33
	7번	22.6
잔골재	No.1	33
채움재	석분	5.6
아스팔트	스트레이트 아스팔트	5.8

8. 관계 지식

(1) 소요의 품질 재료를 사용하여 소요의 품질 및 기준값이 얻어지도록 아스팔트 혼합물 각 재료의 배합 비율을 정하는 것을 아스팔트 혼합물의 배합 설계(mix design of asphalt mixtures)라 한다.

(2) 가열 아스팔트 혼합물의 배합 설계 방법에는 마샬(Mashall) 시험(KS F 2337)에 의한 배합 설계 방법과 수퍼 페이버(super paver) 배합 설계 방법(AASHTO) 등이 있다.

이 중에서 마샬 배합 설계 방법이 경험적인 방법으로 현장에 적용하기 쉽기 때문에 많이 사용하고 있다.

(3) 가열 아스팔트 혼합물의 배합 설계에 관한 용어의 정의는 다음과 같다.

(ㄱ) **이론 최대 밀도**(theoretical maximum density, D_m) 다져진 아스팔트 혼합물에 공극이 전혀 없다고 가정할 때의 밀도이다.

(ㄴ) **아스팔트 용적률**(volume of asphalt, V_a) 아스팔트 혼합물의 전 체적에 대해 아스팔트의 체적이 차지하는 비율을 백분율(%)로 나타낸 것이다.

(ㄷ) **공극률**(void in total mix, *VTM*) 다져진 아스팔트 혼합물의 용적 중 공극이 차지하는 용적을 백분율(%)로 나타낸 것이다.

(ㄹ) **포화도**(void filled with asphalt cement, *VFA*) 다져진 아스팔트 혼합물의 골재 간극 중 아스팔트가 차지하는 용적을 백분율(%)로 나타낸 것이다.

(ㅁ) **간극률**(void in mineral aggregate, *VMA*) 다져진 아스팔트 혼합물에서 골재의 용적을 제외한 부분의 체적, 즉 공극과 아스팔트가 차지하고 있는 체적을 혼합물 전체 체적에 대한 백분율(%)로 나타낸 것이다.

(ㅂ) **안정도**(stability, *S*) 마샬 시험에서 아스팔트 혼합물의 시험체에 하중을 가하여 시험체가 파괴될 때의 하중을 말한다.

(ㅅ) **흐름값**(flow value, *F*) 안정도 시험 시 최대 하중(안정도)까지의 소성 변형값이다.

(4) 마샬 시험에 의한 가열 아스팔트 혼합물의 배합 설계 순서는 그림 4.39와 같다.

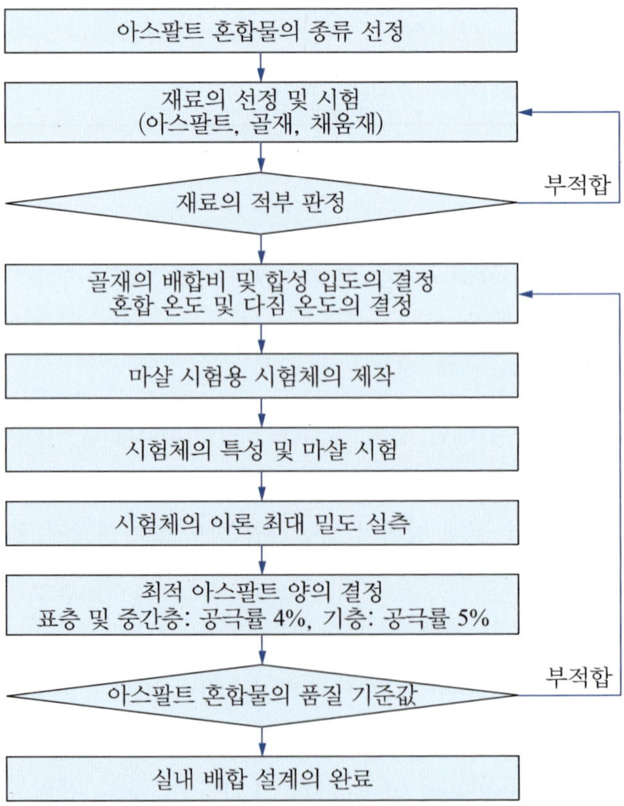

그림 4.39 가열 아스팔트 혼합물의 배합 설계 순서[7)]

5 강재 시험

5.1 강재의 인장 시험

5.2 강재의 굽힘 시험

5.1 강재의 인장 시험
(Tensile Test for Steel Materials)

1. 시험 목적

(1) 강재의 기계적 성질을 측정한다.

(2) 강재의 허용 응력을 정한다.

2. 사용 기기

(1) 인장 시험 기기

① 인장 시험기(KS B 5521에 따른다.)

② 인장 시험 장치

(2) V블록

(3) 캘리퍼스

(4) 보조 기구

① 마이크로미터

② 금긋기 바늘

③ 쇠톱 및 쇠줄

④ 펀치

그림 5.1 만능 재료 시험기

3. 사용 재료

(1) 강재 시험편(철근, 강재 등)

(2) 샌드 페이퍼

4. 시험 방법(KS B 0802)

[1] 시험편의 준비

(가) 시험편의 제작

(1) 'KS B 0801 금속 재료의 인장 시험편'에 따라 시험편을 제작한다.

(2) 인장 시험편은 표 5.1에 따라 3개 이상 만든다.

(3) 시험편의 길이는 지름이나 맞변 거리의 약 10배에 200 mm 더한 정도로 한다.

표 5.1 금속 재료의 인장 시험편 (KS B 0801)

시험편의 종류	모양	치수(mm)	용도
1호 시험편	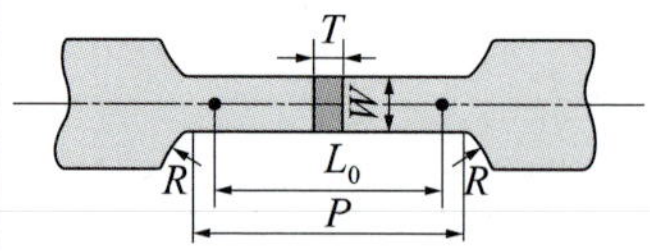	W(너비)$=\begin{cases}40(1A)\\25(1B)\end{cases}$ L_0(표점 거리)$=200$ P(평행부 길이)$=$약 220 R(어깨의 반지름)$=25$ 이상 T(두께)$=$원래의 두께대로	판 두께 6 mm 초과 20 mm 이하의 판재 또는 판 두께 20 mm 초과 40 mm 이하의 판재
2호 시험편	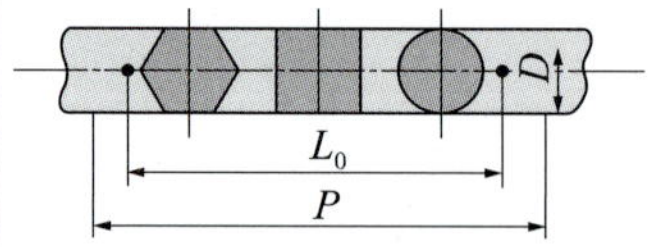	D(지름 또는 맞변 거리) $=$원래대로 $L_0=8D$ P(물림 간격)$=$약 (L_0+2D)	호칭 지름(또는 맞변 거리)이 25 mm 이하인 봉재
3호 시험편	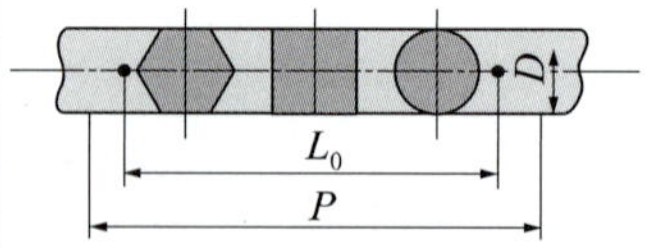	$D=$원래대로 $L_0=4D$ $P=$약 (L_0+2D)	호칭 지름(또는 맞변 거리)이 25 mm를 초과하는 봉재
4호 시험편	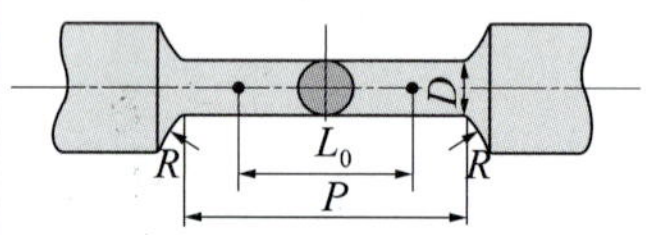	$L_0=50$ $P=$약 60 $D=14$ 이상 $R=15$ 이상	봉재, 판재(20 mm 초과 40 mm 이하 또는 40 mm 초과)에서 막대 모양 시험편을 채취한 것
5호 시험편	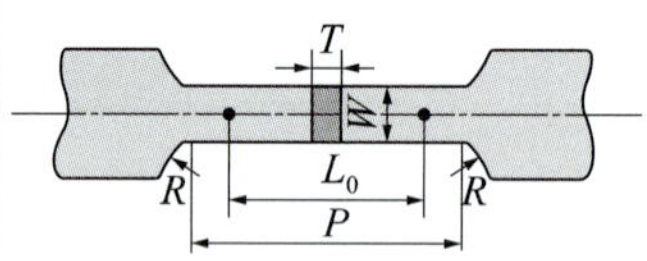	$L_0=50$ $W=25$ $P=$약 60 $R=15$ 이상 $T=$원래의 두께대로	판재(3 mm 초과 6 mm 이하 또는 6 mm 초과 20 mm 이하)
14(A) 시험편	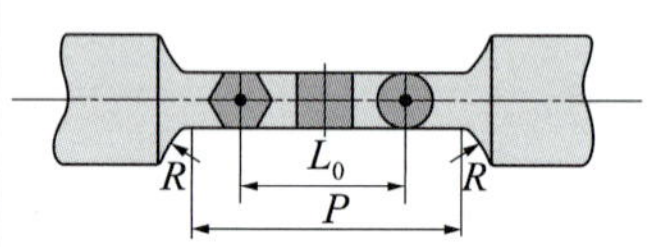	$L_0=5.65\sqrt{A}$ (A : 평행부의 단면적) P : $5.5D\sim7D$ $R=15$ 이상	호칭 지름(또는 맞변 거리)이 25 mm를 초과하는 봉재
기타 시험편	6호~14(B), (C)호가 있다.		

(나) 표점 거리의 표시

(1) 시험편을 V블록 위에 놓고 시험편의 축에 나란하게 금긋기 바늘로 금을 긋는다.

(2) 시험편 가운데 부분의 선 위에 펀치로 중심을 찍는다.

(3) 시험편의 지름 또는 맞변 거리에 따른 표점 거리 L_0(mm)를 측정한다.

(4) 표점 사이를 정확한 길이(5~10 mm)로 등분해서 펀치로 찍는다(그림 5.2 참조).

(다) 원단면적의 측정

(1) 표점 거리의 양단부 및 중앙부의 지름, 너비 및 두께를 측정한다.

(2) 위에서 측정한 양단부 및 중앙부 3곳의 단면적을 구하고, 그 평균값을 시험편의 원단면적(A_0)으로 한다.

[2] 인장 시험

(1) 시험편의 윗부분을 시험기의 상부 물림 장치에 물린다.

(2) 시험기를 움직여 지침을 0에 맞춘다.

(3) 시험편의 아랫부분을 시험기의 하부 물림 장치에 물린다.

(4) 시험편에 작용하는 하중과 변형을 정확하게 측정할 수 있도록 재료에 따라 규정 속도로 하중을 가한다.

(5) 시험 중 지침이 일시 멈추거나 거꾸로 돌기 이전의 최대 하중(P_{YU})을 읽고, 다시 지침이 일시 멈추는 하중(P_{YL})을 읽는다.

(6) 시험편이 견디는 최대 인장 하중(P_{max})을 읽는다.

(7) 절단된 시험편을 시험기에서 빼낸다.

(8) 시험편을 V블록 위에 놓고, 시험편 양 파단면의 중심선이 일치되도록 접촉시켜 늘어난 파단 후의 표점 거리(L)를 측정한다.

(9) 시험편의 파단면을 접촉시켜 파단부의 지름 또는 너비와 두께를 측정하고, 이것으로 파단 후의 단면적(A)으로 한다.

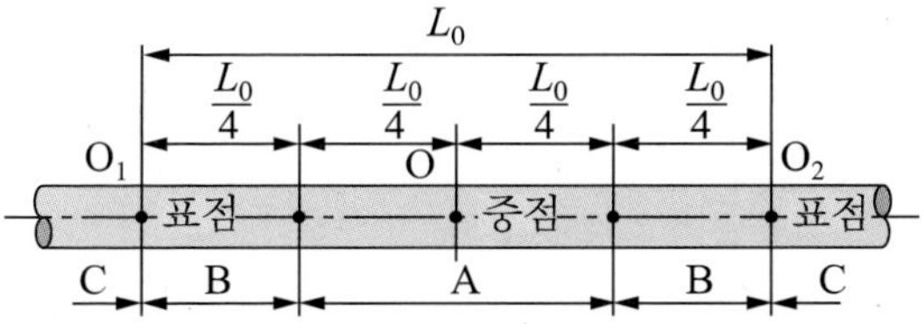

A : 표점 사이의 중심에서 $L_0/4$ 이내에서 파단된 경우
B : 표점 사이의 중심에서 $L_0/4$ 초과해서 파단된 경우
C : 표점 밖에서 파단된 경우

그림 5.2 시험편의 파단 위치 구분

[3] 시험 결과의 산출

(1) 강재의 상항복점 및 하항복점은 다음 식으로 산출하고, 수치는 정수로 끝맺음 한다.

$$\sigma_{YU} = \frac{P_{YU}}{A_0} \tag{5.1}$$

$$\sigma_{YL} = \frac{P_{YL}}{A_0} \tag{5.2}$$

여기서, σ_{YU} : 상항복점(N/mm²)

P_{YU} : 항복 이전의 최대 하중(N)

A_0 : 원단면적(mm)

σ_{YL} : 하항복점(N/mm²)

P_{YL} : 항복 이후의 최소 하중(N)

(2) 강재의 인장 강도는 다음 식으로 산출하고, 수치는 정수로 끝맺음 한다.

$$\sigma_B = \frac{P_{max}}{A_0} \tag{5.3}$$

여기서, σ_B : 인장 강도(N/mm²)

P_{max} : 최대 인장 하중(N)

(3) 강재의 파단 연신율은 다음 식으로 산출하고, 수치는 정수로 끝맺음 한다.

$$\delta = \frac{L - L_0}{L_0} \times 100 \tag{5.4}$$

여기서, δ : 파단 연신율(%)

L : 파단 후의 표점 거리(mm)

L_0 : 표점 거리(mm)

(4) 강재의 단면 축소율은 다음 식으로 산출하고, 수치는 정수로 끝맺음 한다.

$$\phi = \frac{A_0 - A}{A_0} \times 100 \tag{5.5}$$

여기서, ϕ : 단면 축소율

A : 파단 후의 단면적(mm²)

5. 주의 사항

(1) 시험 온도는 10~35°C의 범위로 한다.

(2) 특히 온도 관리가 필요할 때는 23±5°C로 한다.

(3) 시험편이 되는 부분의 재질에 변화를 일으키는 변형 또는 가열은 하지 않는다.

6. 시험 결과의 정리

(1) 시험 결과를 정리하여 기록한다.

(2) 강재의 인장 시험 결과의 예는 표 5.2와 같다.

표 5.2 **강재의 인장 시결 결과의 예**

<table>
<tr><th colspan="5">강재의 인장 시험</th></tr>
<tr><td>시험일</td><td>년 월 일</td><td>실온 22°C</td><td>습도 %</td><td>수온 °C</td></tr>
<tr><td>시료</td><td colspan="2">이형 철근(D 16)</td><td>시험자</td><td></td></tr>
<tr><td colspan="2">측정 번호</td><td>1</td><td>2</td><td>3</td></tr>
<tr><td colspan="2">강재의 종류</td><td>이형 철근</td><td></td><td></td></tr>
<tr><td colspan="2">기호</td><td>SD 300</td><td></td><td></td></tr>
<tr><td colspan="2">시험편의 종류</td><td>2호 시험편</td><td></td><td></td></tr>
<tr><td colspan="2">공칭 지름 (mm)</td><td>15.9</td><td></td><td></td></tr>
<tr><td rowspan="2">시험 전 시험편</td><td>표점 거리 L_0 (mm)</td><td>127</td><td></td><td></td></tr>
<tr><td>원단면적 A_0 (mm^2)</td><td>198.6</td><td></td><td></td></tr>
<tr><td rowspan="3">시험 하중</td><td>항복 이전의 최대 하중 P_{YU} (kN)</td><td>78.5</td><td></td><td></td></tr>
<tr><td>항복 이후의 최소 하중 P_{YL} (kN)</td><td></td><td></td><td></td></tr>
<tr><td>최대 인장 하중 P_{max} (kN)</td><td>118</td><td></td><td></td></tr>
<tr><td rowspan="2">시험 후 시험편</td><td>파단 후의 표점 거리 L (mm)</td><td>155.5</td><td></td><td></td></tr>
<tr><td>파단 후의 단면적 A (mm^2)</td><td>139.4</td><td></td><td></td></tr>
<tr><td colspan="2">파단 위치(표점 사이의 중심에서)</td><td>A ($L_0/4$ 이내)</td><td></td><td></td></tr>
<tr><td colspan="2">상항복점 $\sigma_{YU} = \dfrac{P_{YU}}{A_0}$ (N/mm^2)</td><td>395</td><td></td><td></td></tr>
<tr><td colspan="2">하항복점 $\sigma_{YL} = \dfrac{P_{YL}}{A_0}$ (N/mm^2)</td><td></td><td></td><td></td></tr>
<tr><td colspan="2">인장 강도 $\sigma_B = \dfrac{P_{max}}{A_0}$ (N/mm^2)</td><td>594</td><td></td><td></td></tr>
<tr><td colspan="2">파단 연신율 $\delta = \dfrac{L - L_0}{L_0} \times 100$ (%)</td><td>22</td><td></td><td></td></tr>
<tr><td colspan="2">단면 수축률 $\phi = \dfrac{A_0 - A}{A_0} \times 100$ (%)</td><td>30</td><td></td><td></td></tr>
</table>

7. 참고 사항

(1) 일반 구조용 압연 강재의 기계적 성질은 표 5.3과 같다.

표 5.3 일반 구조용 압연 강재의 기계적 성질 (KS D 3503)

종류의 기호	항복점 또는 항복 강도(N/mm²) 강재의 두께(mm) 16 이하	16~40	40~100	100 초과	인장 강도 (N/mm²)	연신율 (%)	시험편
SS 235	235 이상	225 이상	205 이상	195 이상	330~450	21~28	강판, 강대. 형강, 평강 : 1A호, (4호) 5호 봉강 : 2호, 14A호
SS 275	275 이상	265 이상	245 이상	235 이상	410~550	18~23	
SS 315	315 이상	305 이상	295 이상	275 이상	490~630	14~21	
SS 410	410 이상	400 이상	–	–	540 이상	16~17	
SS 450	450 이상	440 이상	–	–	590 이상	10~15	
SS 550	550 이상	540 이상	–	–	690 이상	11~14	

(2) 철근 콘크리트 이형 봉강의 기계적 성질은 표 5.4와 같다.

표 5.4 철근 콘크리트용 이형 봉강의 기계적 성질 (KS D 3504)

종류의 기호		항복점 또는 항복 강도(N/mm²)	인장 강도 (N/mm²)	인장 시험편	연신율 (%)
일반용	SD 300	300~420	항복 강도의 1.08배 이상	2호에 준한 것	16 이상
	SD 400	400~550		3호에 준한 것	18 이상
	SD 500	500~650	항복 강도의 1.08배 이상	2호에 준한 것 3호에 준한 것	12 이상 14 이상
	SD 600	600~780	항복 강도의 1.08배 이상	2호에 준한 것	10 이상
	SD 700	700~910		3호에 준한 것	10 이상
용접용	SD 400 W	400~520	항복 강도의 1.15배 이상	2호에 준한 것 3호에 준한 것	16 이상 18 이상
	SD 500 W	500~650	항복 강도의 1.15배 이상	2호에 준한 것 3호에 준한 것	12 이상 14 이상
특수 내진용	SD 400 S	400~520	항복 강도의 1.15배 이상	2호에 준한 것	16(12) 이상
	SD 500 S	500~620		3호에 준한 것	18(14) 이상
	SD 600 S	600~720	항복 강도의 1.25배 이상	2호에 준한 것 3호에 준한 것	10 이상 10 이상

8. 관계 지식

(1) 강재의 인장 시험은 일반 구조용으로 사용되는 강재나 철근으로 사용되는 강재가 한국 산업 표준(KS)에 규정한 기계적 성질에 맞는지를 알기 위해서 실시한다.

(2) 한국 산업 표준에 규정되어 있지 않은 강재는 인장 시험을 하여 허용 응력을 정하여 사용하여야 한다.

(3) 강재의 인장 시험에 사용하는 용어는 다음과 같다.

(ㄱ) **시험편의 평행부** 시험편 가운데 부분의 같은 단면을 가지는 부분을 말한다.

(ㄴ) **시험편의 표점 거리**(L_0) 시험편의 평행부에 표시한 2표점 사이의 거리로서 연성의 기준이 된다.

(ㄷ) **항복점**(σ_Y) 항복점은 상항복점과 하항복점으로 구별한다. 다만, 혼동되지 않을 때에는 상항복점을 항복점이라 불러도 된다(그림 5.3 참조).

㉠ **상항복점**(σ_{YU}) 인장 시험을 할 때, 시험편의 평행부가 항복을 하기 이전의 최대 하중(kg)을 평행부의 원단면적(mm^2)으로 나눈 값(N/mm^2)이다.

㉡ **하항복점**(σ_{YL}) 인장 시험을 할 때, 시험편의 평행부가 항복을 시작한 뒤 거의 일정한 하중 상태에서의 최소 하중(N)을 평행부의 원단면적(mm^2)으로 나눈 값(N/mm^2)이다.

(ㄹ) **인장 강도**(σ_B) 최대 인장 하중(N)을 평행부의 원단면적(mm^2)으로 나눈 값(N/mm^2)이다.

(ㅁ) **파단 연신율**(δ) 시험편이 파괴되어 끊어진 뒤의 영구 영신율이다.

(ㅂ) **단면 수축률**(ϕ) 시험편이 파괴되어 끊어진 뒤의 최소 단면적과 그 원단면적과의 차의 원단면적에 대한 비(%)이다.

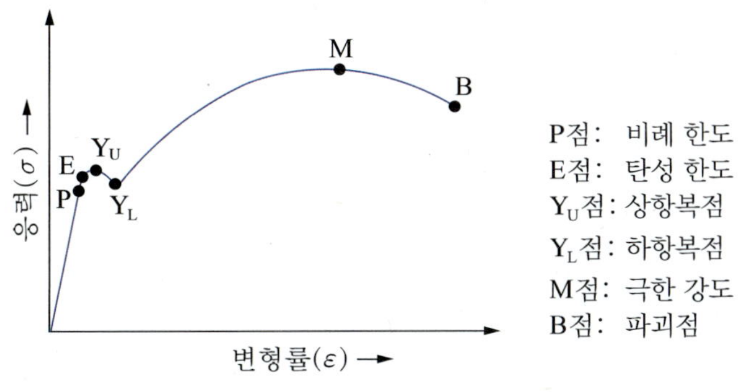

그림 5.3 연강의 응력-변형률 선도

5.2 강재의 굽힘 시험

(Bend Test for Steel Materials)

1. 시험 목적

(1) 강판, 철근 등 강재의 상온에서 휨 가공성을 판단한다.

(2) 강재의 소성 가공성 또는 재료의 점성을 판정한다.

2. 사용 기기

(1) 굽힘 시험 기기

① 굽힘 시험기(압축 시험기)

② 받침과 심봉

③ V블록과 심봉

④ 체결구

(2) 캘리퍼스 또는 마이크로미터

(3) 쇠톱 및 쇠줄

그림 5.4 강재의 굽힘 시험 장치

3. 사용 재료

(1) 강재 시험편(철근, 강재 등)

4. 시험 방법(KS B 0804)

[1] 시험편의 준비

(1) 강재에서 시험편(그림 5.5 참조)을 채취한다.

(2) 굽힘 시험편은 표 5.5에 따라 제작한다.

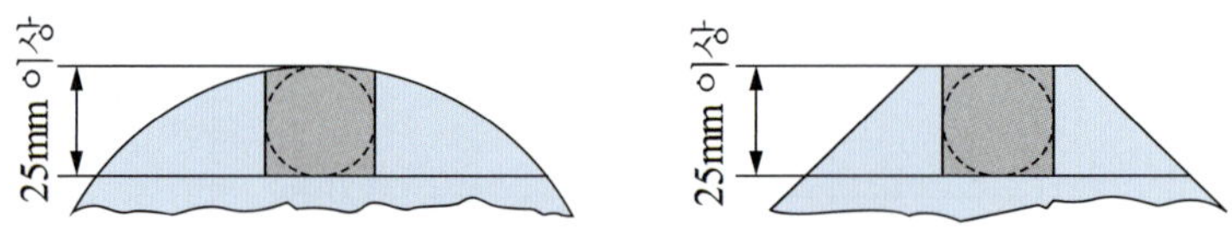

(a) 원형 단면 시험편 (b) 다각형 단면 시험편

그림 5.5 금속 재료의 굽힘 시험편

표 5.5 **금속 재료의 굽힘 시험편** (KS B 0804)

항목		시험편의 규격
시험편의 너비	제품의 너비 20 mm 이하	제품의 단면과 동일
	제품의 너비 20 mm 초과	제품의 두께 3 mm 미만의 경우 : 20±5 mm 제품의 두께 3 mm 이상의 경우 : 20~50 mm
시험편의 두께	판, 띠 단면	제품의 단면과 동일
	원, 다각형 단면	지름 또는 내접원 지름 50 mm 이하의 경우 : 제품의 지름과 동일 지름 또는 내접원 지름 50 mm 이상의 경우 : 25 mm 이상
시험편의 길이	시험편의 두께와 사용 시험 장비에 따라 결정	

[2] 굽힘 시험

(가) 받침과 심봉에 의한 방법

(1) 시험편의 받침 사이 거리를 다음 식으로 구한다(그림 5.6 참조).

$$l = (D + 3a) \pm a/2 \tag{5.6}$$

여기서, l : 받침 사이의 거리(mm)

D : 심봉의 지름(mm)

a : 시험편의 두께 또는 지름(mm)

(2) 받침을 시험기의 가압 아랫부분에 고정시킨다.

(3) 시험편을 중심이 받침 사이의 중앙에 오도록 받침 위에 놓는다.

(4) 시험편 위에 누름 심봉을 놓는다.

(5) 심봉에 하중을 천천히 가해 시험편을 눌러 굽힘 각도가 170°까지 되게 한다.

(6) 굽힘 각도 180°까지는 다음 중 하나로 한다.

① 그림 5.6과 같은 방법으로 받침 거리 $l = D + 2a$로 하여 시험편이 빠져나갈 때까지 눌러 180°까지 굽힌다.

② 그림 5.7(a)의 방법으로 규정한 안지름의 두께를 가진 삽입물을 사용하여 시험편의 양 끝을 눌러 180°로 굽힌다.

(7) 밀착할 때는 거의 170°까지 굽힌 후, 그림 5.7(b)와 같은 방법으로 한다.

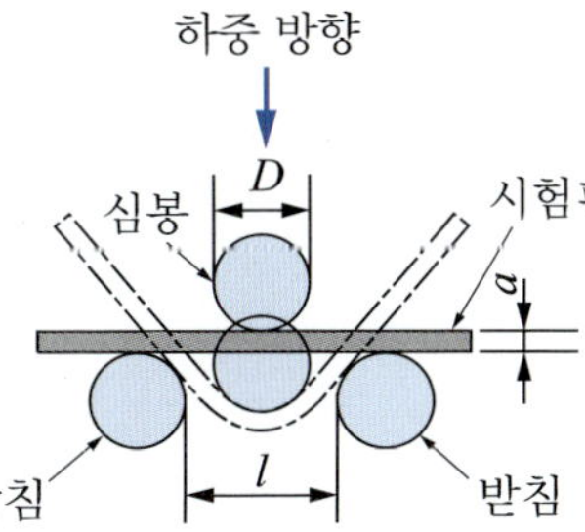

a : 시험편의 두께 또는 지름
l : 받침 사이 거리
D : 심봉의 지름

그림 5.6 받침과 심봉에 의한 방법

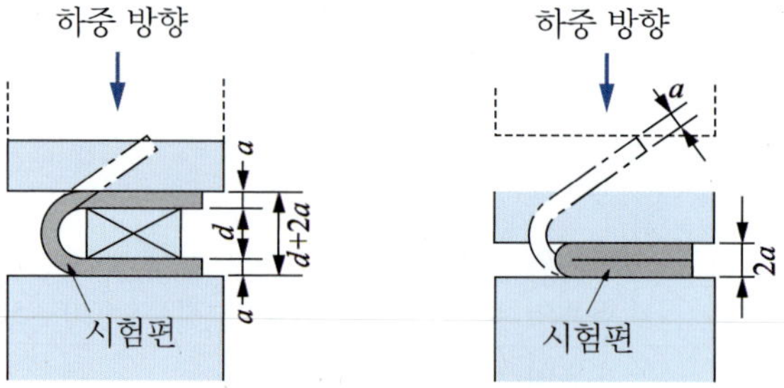

a : 시험편의 두께 또는 지름
d : 시험편 굽힘부의 안지름

(a) 굽힘 각도 180°의 경우 (b) 밀착의 경우

그림 5.7 굽힘 방법

(나) 체결구에 의한 방법

(1) 시험편의 중앙 부분을 규정된 심봉에 대고 시험편 끝에 하중을 가한다(그림 5.8 참조).

(2) 규정된 굽힘 각도까지 감아 굽힌다.

(3) 굽힘 각도가 180°의 경우 그림 5.7(a)와 같은 방법으로 하고, 밀착할 경우에는 그림 5.7(b)와 같은 방법으로 한다.

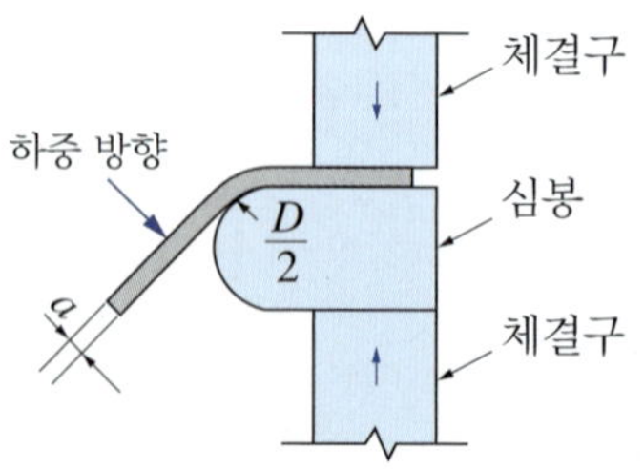

a : 시험편의 두께 또는 지름
D : 심봉의 지름

그림 5.8 체결구에 의한 방법

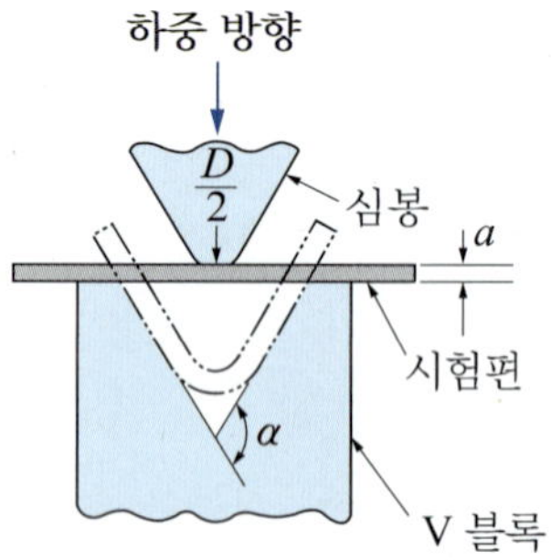

a : 시험편의 두께 또는 지름
α : 굽힘 각도
D : 심봉의 지름

그림 5.9 V블록에 의한 방법

(다) V블록에 의한 방법

(1) 시험편을 V블록 위에 놓고 중앙 부분에 심봉을 대고 하중을 가한다(그림 5.9 참조).

(2) 규정된 모양으로 시험편을 굽힌다.

(3) 굽힘 각도가 180°의 경우 또는 밀착할 경우는 (나)의 (3)과 같은 방법으로 한다.

[3] 시험 결과의 판정

(1) 육안으로 균열이 보이지 않을 경우 이상이 없는 것으로 간주한다.

(2) 굽힘 각도는 규정한 값을 항상 최솟값으로 간주한다. 만약 굽힘의 안쪽 반지름이 규정되어 있으면 규정 반지름을 최댓값으로 한다.

5. 주의 사항

(1) 시험편을 취할 때 가공 작업에 의해 영향을 받는 부분은 제거해야 한다.

(2) 시험편이 되는 부분에 불필요한 가열 또는 변형을 하지 않아야 한다.

(3) 시험 온도는 10～35°C의 범위로 한다.

(4) 조절된 조건에서 시험할 때는 20±2°C에서 시험해야 한다.

(5) 굽힘 시험 후의 안쪽 홈은 고려하지 않는다.

6. 시험 결과의 정리

(1) 시험 결과를 정리하여 기록한다.

(2) 강재의 굽힘 시험 결과의 예는 표 5.6과 같다.

표 5.6 **강재의 굽힘 시험 결과의 예**

<table>
<tr><th colspan="5">강재의 굽힘 시험</th></tr>
<tr><td>시험일</td><td>년 월 일</td><td>실온 22°C</td><td>습도 %</td><td>수온 °C</td></tr>
<tr><td>시료</td><td colspan="2">이형 철근(D 16)</td><td>시험자</td><td></td></tr>
<tr><td colspan="2">시험 방법</td><td colspan="3">심봉에 의한 방법</td></tr>
<tr><td colspan="2">측정 번호</td><td>1</td><td>2</td><td>3</td></tr>
<tr><td colspan="2">강재의 종류</td><td>이형 철근</td><td></td><td></td></tr>
<tr><td colspan="2">기호</td><td>SD 300</td><td></td><td></td></tr>
<tr><td rowspan="2">시험편</td><td>지름(또는 두께) a (mm)</td><td>16</td><td></td><td></td></tr>
<tr><td>길이 L (mm)</td><td>400</td><td></td><td></td></tr>
<tr><td colspan="2">심봉의 지름 D (mm)</td><td>44</td><td></td><td></td></tr>
<tr><td colspan="2">받침 사이의 거리
$l=(D+3a)\pm a/2$ (mm)</td><td>84～100</td><td></td><td></td></tr>
<tr><td colspan="2">굽힘 각도 (°)</td><td>180</td><td></td><td></td></tr>
<tr><td colspan="2">시험 결과</td><td>결점 없음</td><td></td><td></td></tr>
</table>

7. 참고 사항

(1) 일반 구조용 압연 강재의 굽힘 시험은 표 5.7의 규정에 따른다.

표 5.7 일반구조용 강재의 굽힘 시험 규정 (KS D 3503)

종류의 기호	굽힘 각도(°)	안쪽 반지름	
SS 235	180	강판, 강대, 평강	두께의 0.5배
		봉강	지름 또는 맞변 거리의 2.0배
SS 275	180	강판, 강대, 평강	두께의 1.5배
		봉강	지름 또는 맞변 거리의 1.5배
SS 315	180	강판, 강대, 평강	두께의 2.0배
SS 410		봉강	지름 또는 맞변 거리의 2.0배
SS 450	180	강판, 강대, 평강	두께의 2.0배
SS 550		봉강	지름 또는 맞변 거리의 2.0배

(2) 철근 콘크리트용 이형 봉강의 굽힘 시험은 표 5.8의 규정에 따른다.

표 5.8 철근 콘크리트용 이형 봉강의 굽힘 시험 규정 (KS D 3504)

종류의 기호		굽힘 각도(°)	안쪽 반지름
일반용	SD 300	180	D16 이하 : 공칭 지름의 1.5배
			D16 초과 : 공칭 지름의 2배
	SD 400	180	공칭 지름의 2.5배
	SD 500	90	D25 이하 : 공칭 지름의 2.5배 D25 초과 : 공칭 지름의 3배
	SD 600	90	D25 이하 : 공칭 지름의 2.5배 D25 초과 : 공칭 지름의 3배
	SD 700		
용접용	SD 400 W	180	공칭 지름의 2.5배
	SD 500 W	180	D25 이하 : 공칭 지름의 2.5배 D25 초과 : 공칭 지름의 3배
특수 내진용	SD 400 S	180	공칭 지름의 2.5배
	SD 500 S	180	D25 이하 : 공칭 지름의 2.5배 D25 초과 : 공칭 지름의 3배
	SD 600 S	90	

8. 관계 지식

(1) 강재의 굽힘 시험은 시험편을 규정의 안쪽 반지름으로 굽힘 각도가 규정의 수치로 될 때까지 구부릴 때, 굽혀진 부분 바깥쪽의 파단, 균열 및 그 밖의 결점을 조사하는 것이다.

(2) 강재의 굽힘 시험에 사용하는 용어는 다음과 같다.

(ㄱ) **안쪽 반지름** 굽혀진 시험편의 안쪽이 굽힘 모멘트를 받고 있는 상태로 구부러진 곡면의 곡률 반지름을 말하지만, 시험에 사용된 누름 심봉의 또는 체결구 끝의 곡률 반지름을 안쪽 반지름으로 한다.

(ㄴ) **굽힘 각도** 시험편의 안쪽이 굽힘 모멘트를 받고 있는 상태에서 양 끝의 직선 부분이 이루는 각이 180°에서 변화한 크기이다.

(ㄷ) **밀착** 안쪽 반지름이 0이고, 굽힘 각도가 180°인 때를 말한다.

참고 문헌

1. KSA : 한국 산업 표준(KS), 한국 표준 협회(2022)
2. 農業土木学会 : 土木材料実験, ユロナ社(1977)
3. 土木材料実験教育研究会 : 新示方書による 土木材料実験法, 鹿島出版会(1997)
4. 日本材料学会 : 建設材料実験, 日本材料学会(1982)
5. 국토교통부 : 콘크리트표준시방서(KSC 14 20 01)(2021)
6. 국토교통부 : 구조설계기준(2021)
7. 건설교통부 : 가열 아스팔트 혼합물 배합 설계 지침(2005)
8. 건설교통부 : 아스팔트 혼합물 생산 및 시공 지침(2015)
9. ASTM : ASTM standard part 13, 14, 15(2022)
10. 國分正胤 : 土木材料実験, 技報堂(1972)
11. 日本土木学会 : 土木材料実験 指導書, 土木学会(2013)
12. 菊川活治 外 3人 : 材料実験, 中部日本教育文化会(1976)
13. 小谷 昇 外 3人 : アスファルト 混合物の 知識(1979)

사진 제공 및 출전

1. 서울과학기술대학교 건설재료실험실
2. (주) 홍진정밀 : HEUNGJIN PRODUCT(2020)
3. (주) 한신금풍 : GENERAL CATALOG 7th Ed. (2011)